창의성과 인공지능

Francisco C. Pereira 지음

김동환 · 박한웅 옮김

개념적 혼성 접근법

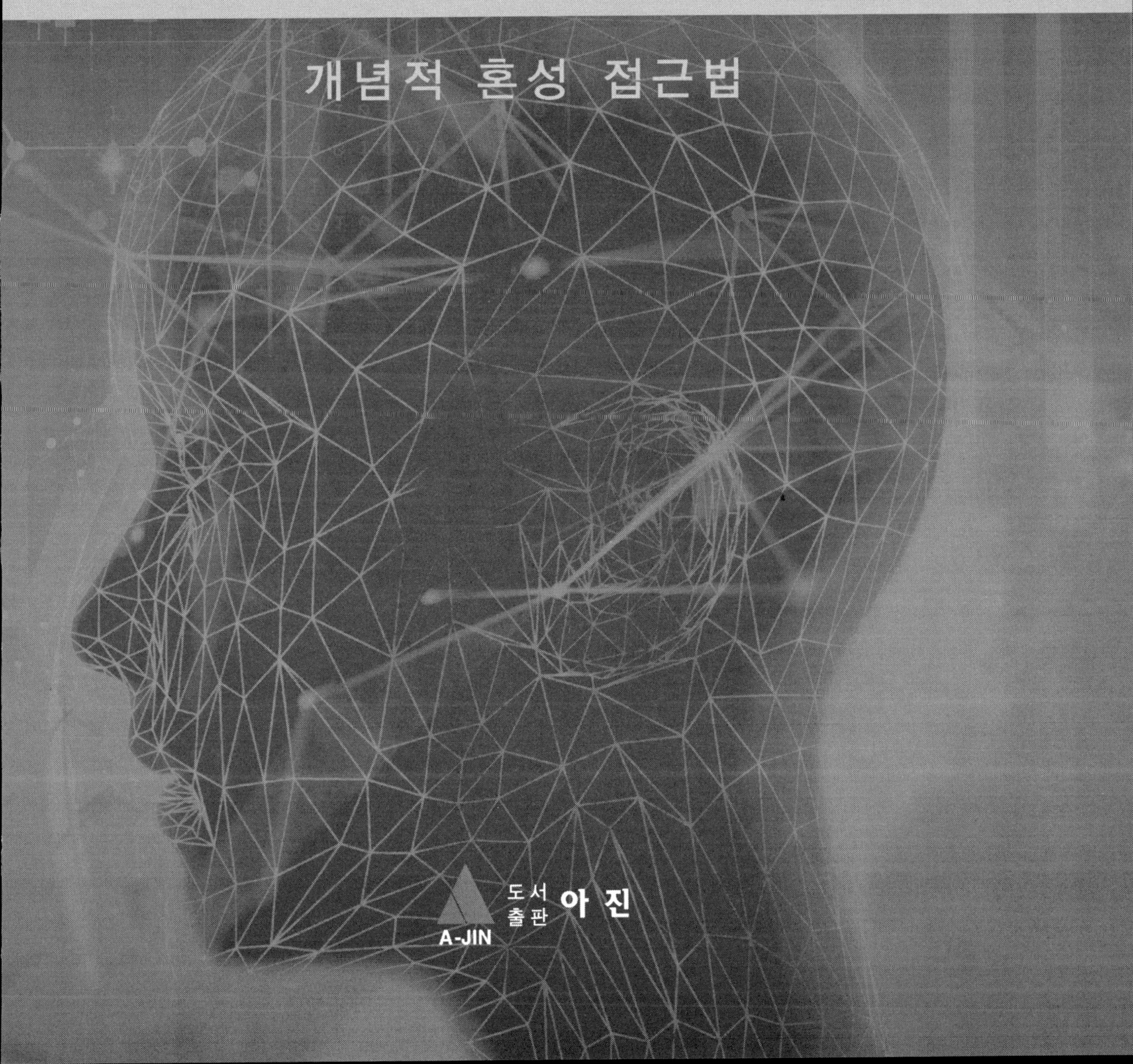

도서출판 아진

A-JIN

"내가 가는 길을 그가 아시나니 그가 나를 단련하신 후에는 내가 순금 같이 되어 나오리라 (욥23 : 10)"

■ 지은이

Francisco Câmara Pereira(프란시스코 카마라 페레이라)(camara@dtu.dk)는 덴마크공과대학(Technical University of Denmark; DTU)의 경영공학과 정교수이고, MIT ITSLab의 연구원이기도 하다. 그는 포르투갈 코임브라대학교(University of Coimbra)의 정보공학(Informatics Engineering)과에서 "An interactive system for conceptual maps construction" (2000)로 석사학위를 받고 "A Computational Model of Creativity" (2005)로 박사학위를 받았다. 그의 주된 연구 관심분야 지능형교통시스템(Intelligent transportation systems), 기계학습(machine learning), 빅데이터(big data), 이동성 분석(mobility analysis), 행동 모델링(behavior modeling)이다.

■ 옮긴이

김동환(Kim Donghwan)은 경북대학교에서 영어학 박사학위를 받았고, 현재 해군사관학교 영어과 교수로 재직 중이다. 『개념적 혼성 이론』(학술원 우수도서) 『인지언어학과 의미』(문화관광부 우수도서) 『인지언어학과 개념적 혼성 이론』 『환유와 인지』(세종도서 학술부문 선정) 을 저술했으며, 『인지언어학 개론』(문화관광부 우수도서) 『언어의 의미』 『은유와 도상성』 『은유와 문화의 만남』 『우리는 어떻게 생각하는가』(학술원 우수도서) 『은유와 감정』 『언어·마음·문화의 인지언어학적 탐색』 『인지언어학 옥스퍼드 핸드북』 『몸의 의미』 『인지언어학적 어휘의미론』 『어휘의미론의 연구 방법』 『영어의 창조적 합성어』 『이야기의 언어』 『은유』 『개념적 환유와 사전학』 『과학과 인문학』 『비유 언어』 『환유와 언어·사고·뇌』 『비유 언어의 관습성』 『하이브리드 은유 이론』 『비판적 담화분석과 인지과학』 『담화, 문법, 이데올로기』 『환유의 인지언어학적 접근법』 『인지언어학 핸드북』 『애쓰지 않기 위해 노력하기』(세종도서 교양부문 선정) 『생각의 기원』 『은유에서의 틀과 구문』 『힘들이지 않는 행동, 무위』을 번역하였다.

박한웅(Park, Hanwoong)은 부산대학교에서 공학 박사학위를 받았고, 현재 해군사관학교 전기공학과 교수로 재직 중이다. 『전기전자공학개론』, 『전기전자공학실험』, 『PLC 제어 기술』, 『80C196KC를 이용한 마이크로프로세서』 등을 집필하였으며, 『에너지개론』, 『전기자동차』, 『연료전지에서의 수송현상』, 『연료전지시스템』, 『배터리응용』 등을 번역하였다. 현재는 메카트로닉스와 신재생에너지, 그리고 이들을 융합하기 위한 인공지능 분야에 관심을 가지고 연구하고 있다.

옮긴이의 말

『창의성과 인공지능: 개념적 혼성 접근법』은 Francisco Câmara Pereira(2007)의 *Creativity and Artificial Intelligence: A Conceptual Blending Approach*(Walter de Gruyter)를 한국어로 옮긴 것이다. 이 책의 저자는 철학, 심리학, 인지과학, 인지언어학, 인공지능과 같은 다양한 분야들에서 나온 창의성에 관한 연구를 철저하게 분석하는 것에서 영감을 받아서 창의성 행동의 기초가 되고 그것을 지배하는 다양한 과정과 원리, 표상을 다룬다. 궁극적으로는 이 책은 포코니에와 터너의 개념적 혼성 이론으로 이어지는 아서 쾨슬러의 이연연상에 집중하면서 혼성공간과 그곳에서 구축되는 발현구조를 근본적인 인지적 기제로 간주하는 이론적 모형을 제안한다. 따라서 저자는 합성과 완성, 정교화, 그리고 프레임과 최적성 제약과 같은 개념적 혼성 이론의 핵심 양상들의 컴퓨팅 구현을 논의하고, 더 나아가 컴퓨터 과학을 전공하지 않는 연구자들뿐만 아니라 인지언어학 전공자가 아닌 연구자들에게 이런 생각의 명확한 통찰력을 제공하기 위해 비공식적인 기술과 실례를 제공한다. 몇 차례의 실험을 하고, 그 실험 결과를 논의하면서 창의성과 개념적 혼성 이론의 타당성을 특별히 강조한다.

인공지능에 관한 연구배경을 가진 이 책의 저자는 일반적인 개념을 소개하면서 시작한 뒤에 실제 구현과 실험을 논의하는 방향으로 나아간다는 점에서 하향식 접근법을 따른다. 그리고 이 책은 다양한 이론적 관점에서 몇 년 간의 탐구와 논의가 맺은 결실이다. 결과적으로, 이 책은 개념적 혼성과 인공지능에서의 창의성에 가해진 몇 가지 비판에 직면해서 두 분야 모두에서 개선책을 제안하고, 결국은 매우 흥미롭고 매력적인 연구 방향에 건설적으로 기여하고자 한다.

이 책은 개념적 혼성 이론에 기초를 두고서 창의성에 대한 컴퓨팅 모형을 구축하려는 시도이다. 개념적 혼성 이론을 전공으로 하는 한 역자는 질 포코니에와 교수와 함께 개념적 혼성 이론의 창시자인 마크 터너 교수가 운영하는 사이트(http://markturner.org/blending.html)를 방문하면서 이 이론의 정보를 얻는데 도움을 받는다. 그 사이트에서는 개념적 혼성 이론을 중심으로 하는 논문과 단행본을 소개하고 있는데, 지금의 이 책도 그 사이트에서 처음 접하게 되었다. 그 사이트에 개념적 혼성 이론을 다루는 단행본이 26권이 소개되고 있었고, 역자는 이 중에서 6권을 우리말로 번역해 국내에 소개를 하면서 개념적 혼성을 소개하는데 전념했다. 하지만 지금의 이 책을 번역하려는 생각은 계속해 왔지만 엄두가 나질 못해 작업하지 못하고 있었다. 그 이유는 간단하다. 역자는 인문학 전공이고, 이 책은 창의성과 인공지능이라는 공학적 개념을 개념적 혼성 이론으로 설명하고 있어서, 공학적 지식이 부족한 역자로서는 부담이 되는 책이었다. 하지만 요즘과 같이 빅데이터, 사물인터넷, 인공지능을 중심으로 하는 4차 산업혁명의 시대에 개념적 혼성이라는 인문학적 개념이 중심에 설 수 있다는 생각이 들었고, 인문학과 공학의 통섭에 대한 사례를 국내에 소개해야 한다는 사명감이 들었다. 이러하여 같은 학교에 근무하는 공학 교수님과 의기투합하여 이렇게 공동번역을 하고 지금의 이 책이 세상에 나오게 되었다. 비록 결과물이 이렇게 나왔지만 그 과정은 순탄하지는 않았다. 인문학 전공자 역자는 공학의 개념이 어려웠고, 공학 전공자 역자는 인문학의 개념이 어려웠다. 지속적인 토론으로 그 공백을 어느 정도 메울 수는 있었지만 그 공백을 완전히는 메우질 못했음을 인정한다. 이 책을 읽는 독자들이 그 공백을 어느 정도 메워줄 것을 믿고 편안히 이 책을 출간하게 되었다.

마지막으로, 이 책의 한국어판을 출간해 준 도서출판 아진의 김근배 대표님, 이 책을 편집해 준 유새하 디자이너, 이 책의 초고를 꼼꼼히 읽으면서 교정해 준 이승주, 조현일 선생, 인문학과 공학의 통섭을 실천해 보여 준 이 책의 저자 페레이라 교수님께 깊이 감사드린다. 우리는 이 책이 학문 간 융합에 관심이 있고, 특히 인지적 접근법의 또 다른 모습을 보고 싶은 독자들께 공감대를 형성하길 희망한다.

2020년 1월 10일

김동환 · 박한웅

감사의 글

이 책의 근거가 되었던 이전 연구와 병행해서, 이 마지막 문서에서보다 더 많은 배우들이 등장하는 전체 작품이 쓰여 졌을 수도 있었다. 사실은 이런 배우들이 없었다면 이 책은 확실히 많은 가치를 잃었을 것이다.

지도교수이자 동료인 아밀카르 카르도소(Amílcar Cardoso) 박사님은 어떤 때는 인내심 많은 지도교수이자 청취자로, 또 어떤 때에는 친구로서 첫 장부터 마지막 장까지 핵심적인 역할을 하면서 나와 함께 있었다.

몇몇 동료들(그리고 친구들)도 자신들은 모르겠지만 때때로 주도적인 역할을 해 주었다. 실제로 이 책의 상당히 많은 부분은 토니 빌(Tony Veale), 파블로 게르바스(Pablo Gervás), 조앙 레이치(João Leite), 제레인트 위긴스(Geraint Wiggins)와 나눈 대화, 그들과의 협력, 그들과 벌인 건설적인 논쟁의 결과였다.

또한 (ECOS 이전과 이후의) AILab(AI연구실)의 여러 동료들이 없었다면, 과학과 친선의 많은 장들이 확실히 돌이킬 수 없게끔 잃어버렸을 것이다. 페노우살(Penousal), 파울로(Paulo), 그릴루(Grilo), 시코(Xico), 레오노르(Leonor), 카를로스 벤투(Carlos Bento) 교수님, 에르네스토 코스타(Ernesto Costa) 교수님, 호르헤 타바레스(Jorge Tavares), 안드레(André), 미구엘 페랑(Miguel Ferrand), 안나 알베스(Ana Alves)가 그런 동료들이다.

이 책의 근간이 되었던 박사학위 논문과 밀접하게 연결된 연구에 크게 기여를 해 준 파울루 리베이로(Paulo Ribeiro), 조앙 페드로 마르틴스(João Pedro Martins), 브루노 레이토(Bruno Leitão), 브루노 마르께스(Bruno Marques)에게 특별히 감사드리고 싶다.

이 연구의 많은 부분은 코임브라대학교(University of Coimbra)의 정보공학(Informatics Engineering)과에서 진행되었으며, 지원을 해 준 그 대학의 동료들과 교직원 이사벨(Isabel), 파울라(Paula), 마누엘라(Manuela), 마샤(Márcia)에게 감사를 드리지 않을 수 없다.

다른 풍경과 등장인물이 나오는 이야기의 다른 면은 집에서 시작된다. 애나(Ana)는 빈번히 무한한 인내심의 저장소에서 끌어낸 가장 강한 지지와 사랑을 주었다. 칼리(Kali), 베카스(Becas), 산사오(Sansao)도 고양이와 개로써 할 수 있는 방식으로 인내하고 나를 꾸준히 지지해 주었다. 칼리와 베카스는 이 기간 동안 우리를 떠나 우리는 깊은 슬픔을 느끼고, 그들이 없었다면 이 작품과 미래 작품들은 결코 같지 않을 것이다.

마지막으로, 나는 나를 필요로 했던 부모님들과 누이와 함께 할 수 없었다. 따라서 그들은 특별히 내가 감사할 자격이 있는 분들이다. 그들은 처음부터 나를 지지해 주었다.

또한 결정적으로 과학에 기여할 수 있는 이 책의 잠재력을 향상시켜 주었던 몇몇 건설적이고 날카로운 논평을 해 준 비평가들에게 감사드린다.

목차

CHAPTER 1

서론

분명한 것은 수학이든 어떤 다른 것이든 발명이나 발견은 생각들을 결합해서 생긴다는 것이다. (아다마르[Hadamard])

발명하기 위해서는 떨어져서 생각해야 한다. (수리오[Souriau])

생각들의 유용한 결합은 가장 아름다운 것이다. (푸앵카레[Poincaré])

1.1. 동기

인공지능(Artificial Intelligence; AI) 연구의 주된 초점은 항상 처음부터 문제해결이라는 논제에 있었다. 이런 관점에서 볼 때, 지능이라는 것은 정확하고 자율적인 로봇 팔의 동작에서부터 자연언어 문장의 이해에 이르기까지 (복잡한) 문제를 해결할 수 있는 능력이라 할 수 있다. *고전적인* 예로는, 문제에 대한 *해결공간(space of solution)* 내에서 탐색하는 상황을 들 수 있으며, 이 경우 *지능형 에이전트(intelligent agent)*는 최선의 방법을 찾게 된다. 일반적으로 사용되는 유추법은 지능형 에이전트가 산(매우 가치 있는 해결책), 계곡(나쁜 해결책), 섬(계곡으로 둘러싸인 산), 평지(해결책의 질이 거의 변하지 않는 영역)가 있는 *탐색공간(search space)*을 돌아다니는 것이다.1)

AI의 문제해결법에 대한 가장 일반적인 비판은 세부적으로 예측되지 않는 상황을 다루는 능력이 제한되어 있다는 것이다. AI 시스템이 아무리 유연하고 복잡하고 적응 가능한 것처럼 보이더라도, 흔히 탐색공간

1) 전문적으로, 해결공간이란 간단히 문제에 대한 해결책들의 집합으로 간주될 수 있다. 탐색공간은 *순서가 있는* 해결책의 집합에 대응한다. 이런 순서는 휴리스틱, 첫 상황과의 거리, 탐색을 유도하는 기준에 의해 주어질 수 있다.

은 엄격하게 한정되어 있다. 탐색공간에서 만족스러운 해결책이 없는 경우, AI 시스템은 기껏해야 탐색공간에서 존재하는 성공률이 가장 높은 결과만 도출할 뿐이다. 관점의 전환, 제약조건의 완화, 새로운 상징 추가 등의 가장 간단한 조작을 통해 해결책을 구할 수 있을 때에도 마찬가지이다. 다시 말해, 이러한 AI 시스템은 흔히 말하는 지능의 기본적인 속성으로 알려진 *창의적 행동(creative behavior)*을 수행하지 못한다.

하지만 AI 시스템에서 창의성이 결여되어 있다고 인식한다 해서 새로운 해결책이 얻어지는 것도 아니고, 컴퓨터가 전기적 신호의 닫힌 세계에 국한된 형식적 기계라는 것이 분명해지는 것도 아니다. 따라서 AI 시스템을 더욱 창의적으로 만들기 위해 무엇을 할 수 있는가, 또는 현재의 컴퓨팅 구조로도 그것이 도대체 가능한가라는 질문이 제기된다. 오늘날의 최신 패러다임(가령, 진화적 연산(Evolutionary Computation), 다중-에이전트 시스템(Multi-agent Systems), 사례기반 추론(Case-based Reasoning)) 중 일부는 첫 번째 질문을 해결하는 데 크게 기여했다. 실제로 우리는 지난 몇 년 동안 그다지 정교하지 못한 시스템을 개발해 왔고, 때로는 놀라운 결과도 내놓았다. 그럼에도, 이런 시스템들 중 그 어떤 것도 선험적 해결이 불가능한 상황에 직면할 때는 확실히 그런 상황을 처리하지 못한다.

두 번째 질문은 주로 창의성 모형의 본질적 요소가 어떤 것인가, 그리고 이런 요소가 형식적 기계 내에 존재할 수 있는가에 관한 것이다. 이에 대한 명확한 답은 없지만, 가능한 해결책을 검토하고 수립할 때 심리학, 인지언어학, 인지과학, 철학 등의 다양한 분야와 교류할 수 있다.

지능(intelligence)과 창의성(creativity)의 관계는 또 다른 질문을 제기한다. 지능과 창의성은 각각 인지의 독립적인 특성인가, 아니면 서로 관련되어 있어 분리할 수 없는 것인가? 더 구체적으로, 전통적인 AI의 관점에서 본다면, 창의성은 탐색에 관한 것이 아닌가? 창의성은 지능에 대한 다른 접근법인가?

이런 질문은 이 책 전체에 걸쳐 제기되고 있고, 이 책에서는 컴퓨터 과학과 AI에 집중하면서 또한 다른 분야에서 이룬 성과를 활용하여 이런 질문에 접근하고자 한다.

독자는 첨부된 CD와 http://eden.dei.uc.pt/~camara/AICreativity에서 이 책에서 기술하고 사용하는 자료를 대부분 찾을 수 있다. 그 외에도 이 웹사이트에서 관련 연구의 가장 최근 자료도 찾을 수 있다.

1.2. 개관

우리는 겉으로는 관련이 없어 보이는 지식들 사이에서 연관성을 찾을 수 있는 능력이 창의적 활동이라는 점에 일반적으로 동의한다. 인지심리학 분야의 많은 연구에서 발견할 수 있듯이, 인간 마음의 창의적 능력은 즉각적이거나 분명히 연관성이 없는 공간들 또는 "관점들"을 통해 탐색하는 능력에 크게 의존한다. 예컨대, Marin & De La Torre(1991)에 따르면, 특히 그다지 분명하지 않은 연관성을 찾는 추상의 능력과 상징적 분석 능력은 창의적 생산과 관련이 있다. 실제로 많은 중요한 발견이나 위대한 음악의 작곡, 그림은 실제 문제와 직접적인 관련이 없는 영역에서 이루어진 부산물일 경우가 많다(가령, 벤젠 분자(Benzene molecule)를 발견한 케쿨레(Kekulé)의 유명한 꿈이 한 예인데, 그가 핵심 원리를 발견한 것은 스스로 자기 몸을 무는 뱀의 꿈을 꾸면서 난로 옆에서 졸고 있을 때였다; Boden 1990). 이러한 심리학 이론 중 하나(Guilford 1967)는 *발산적 사고(divergent thinking)*라는 개념에 집중한다. 아서 쾨슬러(Koestler 1964)는 관련 현상을 이연연상(二連聯想; bisociation)이라고 불렀다. 컴퓨터과학의 관점에서, 발산적 사고와 이연연상을 모형화하는 것은 극히 어려운데, 이는 이런 모형이 결코 형식적으로 명시되어 있지 않기 때문이고, 명시되어 있더라도 컴퓨터로는 구현할 수 없는 인지 능력을 요구하기 때문이다. 그렇다고 해서 컴퓨터가 다중영역 지식기반(multi-domain knowledge base)에서 추론하고 궁극적으로 다른 영역에서 나온 지식을 전이하여 문제를 해결할 수 있는, 발산 정도가 작고 어쩌면 그다지 도전적이지 않은 모형을 구축하는 것이 불가능한 것은 아니다. 영역이 다르면 그 안에 포함된 지식이 다르고 어쩌면 상징과 표상도 다르기 때문에, 전이된 지식이 여전히 새로운 문맥에서도 의미를 가지기 위해서는 다중영역 환경에서 추론의 모형은 *번역(translation)* 기제를 가져야 한다. 영역횡단 관계(cross-domain relationship)를 확립하는 인지적 기제로 널리 알려진 은유(metaphor)와 유추(analogy)는 AI 내에서 어느 정도 깊이 있게 연구된 것이고, 적절한 영역횡단 전이에 대한 좋은 도구이다.

새로운 지식이 새로운 문맥으로 유의미하게 통합되지 않는다면, 완벽한 영역횡단 전이 기제는 쓸모가 없을 것이다. 이러한 통합은 각 부분들이 모인 합이 아니라 하나의 전체로 간주되는 지식 구조를 생성할 수 있는 과정과 원리를 필요로 한다. 다시 말해, 새로운 지식의 전이는 부분들을 혼합하거나 연결하는 것으로 끝나는 것이 아니라, 새로운 구조나 기능, 행동이 발현되어야 한다. 이 문제를 해결하기 위해 인지과학에서는 크게 두 방향으로 연구가 진행되고 있는데, 개념적 조합(Conceptual Combination)과 개념적 혼성(Conceptual Blending)(또는 개념적 통합(Conceptual Integration))이 그것이다. 전자는 전통적으로 언어적 조합(가령, "pet fish(애완 물고기)"나 "mountain stream(산 냇물)")을 어떻게 이해할 것인가라는 문제를 다루고, 후자는 일반적인 인지적 스펙트럼을 가로질러 적용될 수 있는 과정으로 생각된다. 이 둘은 차이점에도 불구하고 서로 다른 근원에서 나온 지식을 통합할 수 있는 인지능력을 이해하려는 공통점이 있다. 이 둘 모두 이미 컴퓨팅 모형화가 이루어져 있다.

마지막으로, 연구 프로그램을 정당화하기 위해서는 평가라는 문제를 반드시 다루어야 하며, 몇 가지 주제만 언급하자면 전문지식, 의도성, 복잡성, 미적 판단, 제약 충족, 참신성 등이 있다. 현재의 문맥에서, 평가라는 것은 방금 창조한 지식 구조가 특정 목적으로 설계된 영역 내에서 추후 사용과 처리를 위해 고려할 가치가 있는지를 주로 다루어야 한다. 다시 말해, 그런 지식 구조가 이 영역 내에서 *참신하고(novel) 유용한지(useful)*에 관심을 가져야 한다. 참신성 평가를 위한 컴퓨팅 접근법은 유사도 측정법(similarity metrics)이나 군집 기법(clustering technique)을 기반으로 하고 있지만, 유용성을 결정하는 것은 규칙 적용이나 제약 충족의 점검을 통해 흔히 이루어진다. 개념적 혼성 이론은 혼성공간의 생성을 지배하는 포괄적인 *최적성 제약(optimality constraint)*을 제안한다. 하지만 이런 제약은 형식적으로 설명되지 않으므로 컴퓨팅 모형화에 도전이 되는 과제이다.

지금까지 영역횡단 전이로부터 *개념창조 모형(Model of Concept Invention)*을 구성하는 몇 가지 요소를 요약했다. 개념창조라는 것은 새로운 개념(또는 지식 구조)을 생성하여 어떤 영역으로 추가한다는 것을 말하는데, 이때 이 영역에서의 새로운 개념은 내적 수단(즉, 연역법)으로는 얻을 수 없지만 여전히 그 영역에서 적합한 개념으로 받아들여진다. 예컨대, 비행기가 발명되기 이전에는 "운송수단"의 영역에 비행기로 이어질 완전한 지식이 없었다. 추진과 지탱 구조라는 다른 개념을 창조하기 위해서는 이전의 어떤 다른 운송수단(심지어 열기구 풍선)에 대해서는 고려되지 않았던 물리 법칙을 준수해야 했다.

1.3. 기여

이 책이 기여할 것으로 예상되는 핵심 내용을 요약하면 다음과 같다.

- 철학, 심리학, 인지과학, 컴퓨터과학 같은 다양한 관점에 따른 창의성 연구에 대한 반성과 개관, 최신 조사.
- 창의성에 대해 현재 연구와 일치하는 과정과 원리에 기반한 형식적으로 명시된 개념창조 모형.
- 부분적으로 개념창조 모형의 실례가 되는 디바고(Divago)라는 구현 시스템. 디바고는 다양한 영역에 적용되었고, 창의성 평가 기준을 통과하는 결과를 도출한 것으로 입증되었다.
- 디바고에 통합될 개념적 혼성의 컴퓨팅 모형(Computational Model of Conceptual Blending). 이런 모형은 개념적 혼성 이론(Fauconnier & Turner 1998)의 모든 근본적인 양상을 포함하는 이 이론의 첫 번째 컴퓨팅 접근법이다.
- 결과와 시스템의 창의성에 대한 평가. 우리는 Ritchie(2001), Wiggins(2001, 2003), Colton, Pease & Ritchie(2001)의 이론을 이용하여 디바고의 창의성을 분석한다.

1.4. 구성

이 책의 구성은 다음과 같다.

- **제2장**은 창의성 연구에 관한 것으로서, 창의성 이론을 위한 필요한 배경, 창의성의 컴퓨팅 접근법, 창의성 평가를 위한 체제를 제시한다. 이 장에서는 다른 장에서 다루는 내용, 즉 개념창조 모형(제4장)

과 디바고의 결과 평가(제6장)의 기초가 되는 일반 지침을 발견할 수도 있다.

- **제3장**에서는 이 연구의 문맥에서 *개념(concept)*이 무엇인지를 정의하고, 또한 *개념창조(concept invention)*를 정의하며, 이를 *개념형성(concept formation)*과 비교한다. 이 둘은 개념구축(concept building)의 두 가지 과정이다. 개념을 연구하는 것은 이 책, 특히 이 장에서 제시하는 개념적 혼성 이론의 근간을 이룬다. 개념적 조합이라는 관련 분야도 특히 C^3에 초점을 두면서 제시하는데, 이는 나중에(제6장에서) 디바고와 비교할 시스템이다. 이 장은 은유와 유추에 대한 컴퓨팅 접근법을 개관하면서 마무리한다. 이런 접근법은 개념망(concept network)을 다루고, 우리는 이런 접근법으로부터 디바고의 한 부분(사상기(Mapper))을 개발했다. 이 장을 읽고 나면 (제5장에서) 이 연구와 관련된 실용적 양상에 대한 첫 번째 직관을 얻고 개념에 관한 필수 개념을 더욱 명확히 인식하게 될 것이다.
- **제4장**은 개념창조 모형을 기술하고 형식화하는 데 집중한다. 이 장에서는 컴퓨팅 모형의 세부사항까지 완전히 구현되거나 명시된 것은 아니라는 의미에서 단지 이론적 모형만 다룰 것이다. 이 모형은 개념을 창조하는 시스템에 존재해야 하는 모듈이 포함되어 있다.
- **제5장**에서는 제4장에서 제시한 모형을 부분적으로 구현하는 시스템인 디바고를 상세히 기술한다. 이때 (필요하다면 형식화를 다시 정의하여) 그 모형의 모듈과 디바고의 *이연연상 기제*의 기초가 되는 개념적 혼성 이론을 고찰할 것이다. 이 장을 읽고 나면 디바고의 지식 표상과 검색 기제, 개념적 혼성 이론을 포함해 디바고에 대해 상세히 알 수 있을 것이다.
- **제6장**은 디바고에 대한 실험을 다룬다. 이 장에서는 다섯 가지 실험을 보여 주는데, 탐색공간 분석을 위한 집-배(house-boat), *최적성 제약*과 관련하여 디바고의 행동 연구를 위한 말-새(horse-bird), 명사-명사 조합의 생성과 C^3와의 비교를 위한 명사-명사, 게임 환경에서 개념을 생성하는 엔진으로서 디바고를 검증하기 위한 가상의 생명체 생성, 디바고에서 구현되는 개념적 혼성 이론을 검증하기 위한 기존의 혼성 실례가 그것이다. 우리는 이런 다양한 상황 내에서, 즉 그 결

과의 참신성과 유용성에 주의를 기울이면서 그 시스템의 행동을 알 수 있다. 이 장에서는 Ritchie(2001)와 Colton, Pease & Ritchie (2001)의 이론에 따라 그 시스템을 분석할 것이다.

- **제7장**은 결론과 앞으로 나아가야 할 미래 방향을 논의한다. 이 장에서는 관심 있는 독자라면 많은 연구 방향이 있음을 알 수 있는데, 이 중에서 일부는 창의성의 포괄적 측면, 개념창조, 혼성과 관련이 있고, 일부는 구체적으로 디바고의 발전에 관한 것이다.

CHAPTER 2

창의성

이 장의 전반부에서는 심리학, 철학, 인지과학, AI 분야에서 다루는 창의성 이론을 제시할 것이다. 후반부에서는 구체적으로 컴퓨팅 창의성(computational creativity)의 분야만 다루고, 이론적 토대와 구현 측면에서 최신 내용을 보여줄 것이다.

2.1. 창의성 이론

유사 이래 창의성은 많은 집필의 동기가 되었는데, 이는 창의성이 우리 경험에서 매력적이고 신비로운 양상이기 때문이다. 하지만 과학적 관점에서 볼 때 창의성 연구는 20세기 후반까지 무시되었다는 것도 주목할 만하다(Albert & Runco 1999). 구조주의, 기능주의, 행동주의와 같은 20세기 초의 심리학파는 창의성 연구에 실제로 아무런 노력도 기울이지 않았다(Sternberg & Lubart 1999). 이런 경향이 바뀌게 된 결정적 계기는 조이 폴 길포드(Joy Paul Guilford)가 *미국심리학회(American Psychological Association)*의 회장취임 연설에서 심리학자에게는 무시되었지만 매우 중요한 속성인 창의성에 주목하자고 요구했을 때였다(Guilford 1950). 그 이후 이른바 창의성의 *황금기*가 시작되었으며, 많은 연구소가 새로이 설립되었다. 하지만 이 혁명은 오래 지속되지 못했다. 실제로 1975년에서 1994년까지, 『심리학 초록』(*Psychological Abstracts*)이란 학술지의 색인목록에 올라있는 논문 중에서 겨우 0.5%만이 창의성을 다루었다(Sternberg & Lubart 1999). 오늘날에는 이 주제에 대한 저작물이 다시 한 번 갑자기 쏟아져 나오고 있는 듯하다(두 번째 *황금기*). 실제로 다양한 분야에서 창의성 연구에 전례가 없을 정도로 많은 노력을 기울이고 있다.

다음 절들에서는 이 책에 영향을 준 창의성 연구를 소개할 것이다.

이는 심리학(2.1.1절), 철학(2.1.2절), 인지과학(2.1.4절) 분야에서 나온 것이다. 우리 연구에 직접적인 영향을 미치지는 않았지만 세 가지 특별한 이유 때문에 칙센트미하이(Csikszentmihalyi 1996)의 업적을 제시할 것이다(2.1.3절). 그의 연구는 창의성과 AI 연구 문헌에서 자주 인용되며,[1] 심리학 분야에서 높이 평가받는 참고문헌이면서, 2.1.1 및 2.1.2절에서 제시하는 일부 결론을 거듭 주장하여 이런 결론이 현재에도 받아들여지고 있음을 입증하고 있다. 2.1.5절에서는 다른 연구들을 개관하면서 창의성의 최첨단 이론을 소개할 것이다. 마지막으로, 2.1.6절에서는 이 책과 관련된 양상을 강조하면서 종합할 것이다.

2.1.1. 발산적 생산

J. P. 길포드가 『지능의 구조』(*Structure of Intellect*)에서 *발산적 생산(divergent production)*의 작용을 소개할 때까지, 일반적으로 창의성은 지능과는 다른 현상으로서, 재능이 있다고 생각되는 사람들에서 공통적으로 나타나는 *마음 상태(state of mind)*이자 운이 좋다고 생각되는 사람들의 축복으로 간주되었다. 길포드 이전의 주목할 만한 연구로는 대략 다음 세 가지를 들 수 있다. 창의성이 (단 하나의 능력이나 특성이 아니라) 복잡하고 다양한 변수를 가진 현상이라고 주장한 Caherine Cox(1926),[2] Von Helmholtz(1896), Wallas(1926)가 그 하나로서, 후자의 두 연구에서는 심리학 내에서 창의성 모형이 무엇을 포함해야 하는지에 대해 고전적 입장인 4단계 모형[3](준비(preparation), 부화(incubation), 계시(illumination), 증명(verification))을 제시했다. 이 모형은 길포드의 생각과 모순되지 않았고, 창의성이라는 주제에 대한 많은 현재 견해와도 일치한다. 2.1.3절에서는 이 모형을 더욱 상세히 검토할 것이다. 우선은 창의적 생산과 가장 관련이 큰 작용인 발산적 생산에 특히 주목하면서 지능의 구조를 간단히 소개할 것이다.

『지능의 구조』의 핵심 목표는 "'지능'이라는 개념에 확고하고 포괄적이며 체계적인 이론적 토대"(Guilford 1967)를 제공하는 것이다. 매우

1) 특히 다중 에이전트 시스템 접근법.
2) Martindale(1999)에서 인용.
3) Albert & Runco(1999)에서 인용.

야심찬 이런 목표는 역사적 관점에서 보아야 한다. 20세기 전반에 "지능"을 정량화해야 할 필요성 때문에 정신적 능력을 측정하는 테스트가 대거 등장했다. 1차, 2차 세계대전의 발발과 함께 (주로 공군이나 정보기관과 같은 곳에서) 신병모집 시 빠르고 효과적인 선발 과정이 중요해지면서 이런 필요성은 증가했다. 지능 테스트에 대한 타당성이 과장되면서 "측정 가능한 능력으로서의 지능은 처음부터 지능시험을 잘 치를 수 있는 능력으로 정의되어야 한다"(Boring 1923)라는 E. G. 보링의 빈정거리는 듯한 말에 힘이 실렸다. 또한 정신측정(psychometry)[4] 분야에 큰 공헌을 했던 길포드는 흔히 시험 이면에는 일관성 있는 심리학 이론이 부족하다고 지적했으며, 이것이 지능의 구조에 대한 일반적인 동기가 되었다. 더욱 구체적인 그의 의도는 지능의 구조를 "지능 요인(intellectual factor)"을 연구하기 위한 참조틀을 제공하는 것이었다. 지능 요인은 *조작/결과/내용(operation/product/content)*의 세 부분으로 표상되는 지능의 측면에 해당한다(그림 1 참조).

4) (역주) 시계나 사진 등 어떤 물건을 손을 대어 그 물건의 소유자에 관한 정보를 읽어내는 능력을 말하고, 사이코메트리라고도 한다.

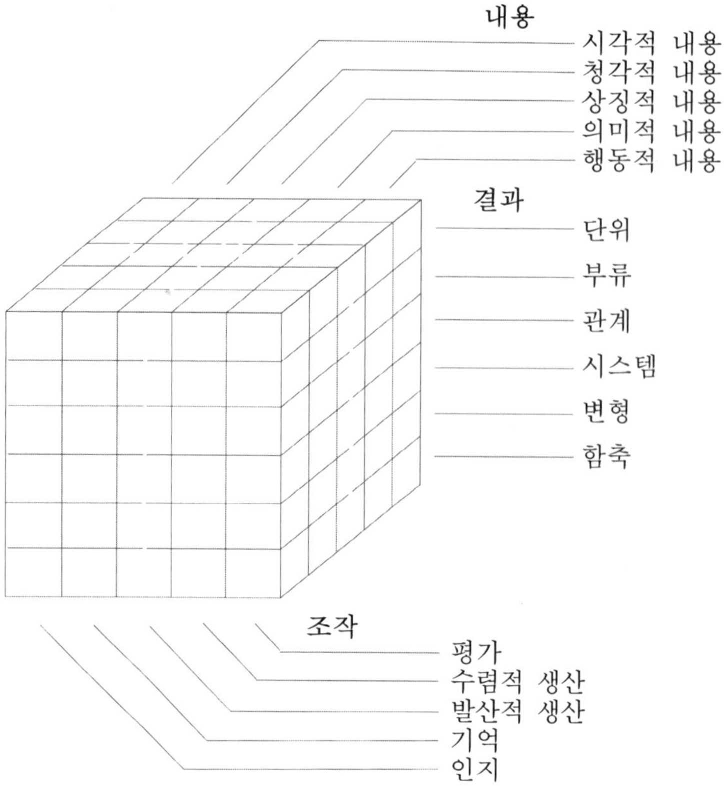

그림 1. 지능의 구조(Guilford 1967)

각 요소에 대해 길포드는 테스트를 제안하는데, 대부분의 테스트는 많은 요인의 상관성을 암시한다. 예컨대, 상징적 부류의 인지(cognition of symbolic class; CSC)에 대해 다음과 같은 테스트를 제안한다.

> 다음의 수 쌍들 중에서 어떤 것이 다른 쌍들과 관련이 없는가?
> A. 1-5
> B. 2-6
> C. 5-8
> D. 3-7
> *정답:* C(모든 다른 경우들에는 차이가 4이다)

이 테스트는 상징적 관계의 인지(cognition of symbolic relation; CSR) 및 의미적 체계의 인지(cognition of semantic system; CMS)와

상관성이 있다. 『지능의 구조』에 의하면, 어떤 주체의 지능을 나타내는 단 하나의 값이 있는 것이 아니라, 여러 값이 그의 주요한 지능과 결합을 나타낼 것이다.

『지능의 구조』가 심리학 분야, 더 구체적으로는 지능의 개념에 주로 기여한 것은 지능이 단편적이지 않다는 것을 증명한 것으로서, 이런 증명은 다양하고 많은 실증적 연구로 뒷받침된다. 즉, (예전에 캐서린 콕스가 주장한 것처럼) 지능에는 고려해야 할 많은 요인이 있고, 유일무이한 절대적 척도는 없다는 것이다. 오늘날에는 이것이 논란의 여지가 없고 명백한 것처럼 보일 수 있지만, 실제로 20세기 마지막 몇 십 년 동안만 해도 IQ와 같은 단 하나의 척도가 사람의 행동과 능력을 평가하기에는 너무 허술한 지표라는 생각이 일반적이었다. 『지능의 구조』가 기여한 또 다른 중요한 점은 창의성을 지능의 근본적인 양상으로 포함시킨 것이다. 더 구체적으로, 길포드는 *창의적 생산(creative production)*을 사람들이 가지고 있는 것으로, 다양한 지적 요인에 의존하지만, 대부분은 *발산적 생산(divergent production*, 이하 DP)이라는 작용에 의존하는 일반적인 능력으로 간주한다. 그는 발산적 생산을 다음과 같이 공식적으로 정의한다. "주어진 정보에서 새로운 정보를 생성하는 것으로서, 여기에서 동일한 근원에서 나온 출력의 다양성과 양을 강조하며, 이것은 전이를 포함할 것 같다"(Guilford 1967). DP는 다음과 같이 네 가지 근본적인 능력으로 구성되어 있다.

- 유창성(fluency): 한 문제에 대한 많은 양의 솔루션 생성
- 유연성(flexibility): 다양한 종류의 솔루션 생성
- 독창성(originality): 사람들 사이에서 드물고 관계가 멀며 *현명한* 반응인 솔루션의 생성
- 정교화(elaboration): 세부내용을 생각할 수 있는 능력

길포드는 『지능의 구조』에서 여러 가지 테스트를 제안한다. DP-테스트에서 실험대상자는 의미 단위(semantic unit)(가령, 사람이 잠을 잘 필요가 없다면 어떤 결과가 발생할지 나열하기), 숫자 부류(figural class)(가령, 숫자에 대해 가능한 많은 분류법 찾아내기), 모양 단위(figural unit)(가령, 원과 같은 단순한 모양으로 가능한 한 많이 정교화시

키기)와 같은 몇 개 영역에서 발산적 생산의 증거를 보여 주어야 한다. 예컨대, 다음 테스트는 의미 부류의 발산적 생산(divergent production of semantic class; DMC)을 측정해야 한다.

왼쪽에 있는 단어의 목록에서 사물의 작은 하위부류를 만들어보라.

	대안적 부류
1. arrow(화살)	
2. bee(벌)	1,2,5,7 (공중에서 발견)
3. crocodile(악어)	3,4,6 (물에서 발견)
4. fish(물고기)	2,3,4,7 (동물)
5. kite(연)	3,4,5,7 (꼬리가 있음)
6. sailboat(돛배)	기타 등등.
7. sparrow(참새)	

길포드는 이런 테스트와 전체 모형을 숙고하면서 창의성의 근본이 되는 또 다른 개념을 제안한다. 그것은 *전이 회상(transfer recall)*이라는 개념이다. "사물은 이전에 경험하지 못했던 단서와 관련되어 회상된다. 전이 회상은 그 정보가 기억 속에 저장되지 않는 단서에 의해 촉발되는 정보를 회수하는 것이다"(Guilford 1967). 다시 말해, 전이 회상은 아무리 해당 문제와 의미상 거리가 멀고 외관상 무관할지라도 기억 속의 지식을 가져와 현재 상황에 적용시키는 작용이다. 이 책에서는 이를 *영역횡단 전이(cross-domain transfer)*라 부른다.

요컨대, 보통 발산적 생산의 작용이란 인간의 창의성과 흔히 연관되는 다양한 현상에 대한 기초이다. 그러나 다음과 같이 길포드가 지적한 바와는 다소 차이가 있다.

> 창의적 잠재력이 단일변수가 아닌 것과 마찬가지로 지능 역시 그러하다. 일상생활에서의 창의적 행위는 지적 자원에 가해지는 요구에 따라 크게 달라진다. 참신성, 재능, 발명성이라는 더욱 명확한 창의성의 징후를 위해 선택되는 행위에는, 아마도 DP-작용 범주의 외부뿐만 아니라 내부에서 핵심 양상이나 변형 능력으로서 하나 이상의 발산적 생산 능력이 포함될 수도 있다.

창의성이 흔히 방법이나 제약 충족, 추리(inference)보다는 자유연상이나 비제약성 추론(reasoning), 의외성과 더욱 관련이 있지만, (이 책에서 설명하거나 인용한) 많은 연구문헌을 검토한 결과 많은 양의 지식 통달한 영역 내의 전문지식, 집중이 근본적이라는 것이 명확해졌다. 따라서 길포드는 그다지 강조하지는 않았지만, (2.1.3절에서 칙센트미하이가 지적했듯이) DP의 반대 작용인 *수렴적 생산(convergent production*, 이하 CP) 역시 근본적이다. 이는 CP가 연역 추론(deductive reasoning)[5]이나 강제 추리(compelling inference)를 제공하기 때문이다. "입력정보가 유일한 해답을 결정하기에 충분할 때는 발산적 생산보다 수렴적 생산이 유력한 기능이다." 수렴적 생산을 평가하기 위한 『지능의 구조』 테스트는 본래 논리적으로 확실하고 유일한 해답이 존재하는 퍼즐, 방정식, 분류과제 및 일반 문제를 풀 수 있는 능력을 측정한다.

길포드는 DP와 CP를 다음과 같이 비교한다.

> [DP에서] 문제 자체는 솔루션에 대한 요구조건이 범위가 느슨하거나 넓을 수도 있다. 또는 그 문제가 적절히 구조화된다면 유일한 솔루션이 도출될 수도 있지만, 사람에 따라 문제가 불완전하게 파악될 수도 있다. 그밖에 어떤 사람은 문제를 완전히 이해할 수도 있지만, 유일한 해답을 즉각적으로 찾지 못한다. CP에서는 정답이 엄격하게 구조화될 수 있고, 또 그렇게 구조화되면 정답은 거의 지체없이 구해진다. 전자에서는 제약이 거의 없고, 후자에서는 제약이 많다. 전자에서는 탐색이 광범위하게 이루어지고, 후자에서는 그 범위가 좁다. 전자에서는 성공에 대한 기준이 모호하고 다소 느슨하며 실제로 다양성과 양을 강조한다. 후자에서는 기준이 더욱 예리하고 더욱 엄격하며 따라서 벅차다.

따라서 길포드에 따르면, CP와 DP는 생산적 능력의 상보적인 두 가지 방법이다. (길포드가 의미파악(comprehension)과 이해(understanding)라는 매우 구체적인 작용으로 간주하는) 인지, 기억, 평가와 더불어 생산적 능력은, 본 저자가 『지능의 구조』의 모든 양상들의 작용적 통합으로서 제안하는 *문제해결(problem solving)* 및 *창의적 생산(creative production)* 모형의 부분을 이룬다. 이 모형은 본질적으로 추측한 것이지만, 독자에게 원래 그림을 재생해 보여주는 것은 흥미롭다(그림 2).

5) (역주) 전제가 되는 일반적 명제와 같이 논리를 사용해서 개별의 사례를 추리하는 방법으로서, 'A는 B이다. C는 A이다. 따라서 C는 B이다'라는 3단 논법이 대표적인 방법이다. 연역 추리는 이미 이론이나 모형, 명제가 존재하고, 그것이 가설로서 개개의 사례에 적합여부를 검증하는 이론검증형의 연구에 사용하는 추론 방법이다.

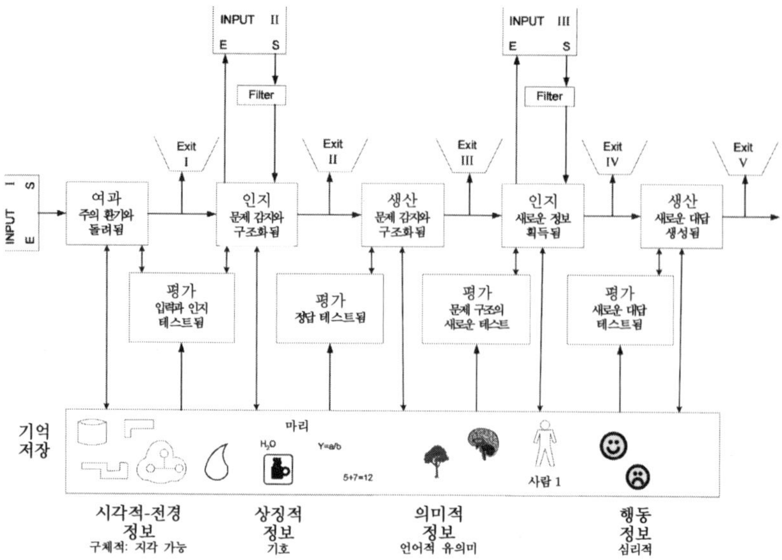

그림 2. 길포드의 *문제해결* 및 *창의적 생산* 모형(Guilford 1967: 315–316)

이 모형을 상세히 제시하는 것은 이 책의 범위를 벗어난다. 길포드 자신도 이 모형을 심도 있게 탐구하지 않았기 때문에, 이 모형은 문제를 풀 때 상황이 어떠해야 하는지에 대한 추상적 제안이다. 하지만 다음 두 가지 양상은 유지되어야 한다. 길포드는 문제해결과 창의적 생산이 동일하다고 주장하면서, 이 둘을 위한 공통 모형을 구축했다. 그는 다양한 종류의 표상, 원근법, 영역이 조직화된 전체에서 모두 공존하는 이질적 기억을 고려한다. 이 책에서는 이를 *다중영역 환경(multi-domain environment)*이라고 부른다.

길포드의 연구가 거의 40년 전의 것임을 고려하면서 그의 연구에 대해 몇 가지 의견으로 이 절을 마무리하고자 한다. 첫 번째 문제는 비언어적 표상보다 언어적 표상의 우월성이다. 이는 사고가 언어에 의해 정의되는 것이지 그 반대가 아니라는 것을 암시한다. 우리 쪽에서 몇 가지 추측을 해본다면, 이는 마음이 물질과 분리되어 있는 그 당시의 이원론적 경향 때문으로 생각된다. 이것은 일부 인지과학자가 의식과 마음을 인지와 전체 물리적 경험의 상호작용에 따른 결과로 간주하는 신체화(embodiment)[6]의 견해와 반대되는 것이다. 다시 말해, 오늘날 길포드의 상징적 내용과 의미적 내용은 사회적 또는 행동적 상징체계 같은 다양한 종류의 상징만큼 언어적 상징과 많이 연결될 것이다.

또 다른 비판은 *영리함*(cleverness)이나 *논리적 가능성의 생성*(generation of logical possibility)과 같은 몇몇 용어의 정의가 모호하다는 것이다. 이런 개념은 발산적 생산과 관련이 있기 때문에 분명하게 정의하는 것이 매우 중요하다. 여기에서도 문맥에 따라 추측할 수밖에 없다. 길포드가 말하는 *영리함* 또는 문제에 대한 영리한 솔루션이란 (평범한 수렴적 솔루션보다) 한 문제에 더욱 효과적인 응답과 탐색공간에서 찾아보기 드문 솔루션을 의미한다. (수렴적 생산과 반대로) 발산적 생산을 논리적 가능성을 생성할 수 있는 능력을 가진 것으로 정의할 때, 길포드는 이를 근거가 불충분한 논리적 사실들(규칙들)의 창조를 의미했다. 하지만 이 사실들은 나머지 지식과 불일치하는 것으로 밝혀지지는 않는다(가령, 연역되지 않지만 기존 지식과 모순되지는 않는 사실들). 이때도 우리는 때때로 불일치가 발생하고, 창의성이 그러한 불일치와 이론 간의 대립에서 나온다고 덧붙이고 싶다(가령, 타원 궤도와 원궤도에 대한 케플러(Kepler)의 발견[7]). 길포드는 확실히 이 의견에 동의할 것이다.

결론적으로, 지능의 구조는 지금 확실히 시대에 뒤떨어진 이론이 되었으며, 이 이론이 기여한 바는 이제 역사적 관점에서 찾을 수 있다. 하지만 창의성의 심리학과 관련해, 발산적 생산과 수렴적 생산에 대한 길포드의 유산은 여전히 끊임없는 참고자료가 된다. 그의 유산은 우리에게 모형화를 위한 영감을 준다.

2.1.2. 이연연상

아서 쾨슬러(Arthur Koestler)의 연구를 상세히 살펴보기 전에, 『창조

6) (역주) 요즈음 인지과학 내에서 많은 관심을 받는 주제로서, 사람의 몸, 그리고 몸과 세계의 상호작용인 '삶에서의 체험'이 사람의 마음과 행위의 원천이고, 개인적·문화적 정체성을 형성하는 방법이다. 신체화는 인간의 상징이 반복되는 신체적 경험의 패턴에 기초한다는 생각을 받아들이므로, 인지와 언어적 의미에 대한 이원론적이고 탈신체화된 전통적 견해를 거부한다. 또한, 철학적 관점에서 이성중심주의를 떠나 인간 경험을 중요시하는 체험주의 철학을 받아들인다. 이 신체화를 연구하고 이해하기 위해서는 사고와 언어가 뇌, 몸, 세계 간의 지속적이고 역동적인 상호작용에서 시작한다는 인식이 요구된다.

7) 이 예는 다음 절에서 한층 더 조사할 것이다.

행위』(*The Act of Creation*)는 *신체화*나 *개념적 혼성*과 같이 여전히 현재 받아들여지고 탐구되는 개념을 포함하는 풍부한 철학적 · 심리학적 참고문헌이다. 여러모로 이연연상[8]은 개념적 혼성 이론을 떠올리게 한다. 실제로 어떤 점에서 개념적 혼성이 "매개변수화된 이연연상(parameterized bisociation)", 즉 더욱 정교한 원리와 제약을 가진 이연연상인지 문제를 제기할 수도 있다. 이것은 적절한 때에 다시 논의할 것이다.

심리학에서 행동주의가 지배하던 1960년대 초에 집필된 이 책은 행동주의와 반대되는 (구조주의 관점에 가까운) 입장을 취하고, 창의적 행동을 설명하는 것을 목표로 하면서, 몇 가지 다른 관점에서 이 과제를 다룬다. 이 책은 확실히 빠진 부분이 많으며 아마도 넓게 다루려다 깊이를 잃어버리기는 했지만, 여기에서 종합하고 우리의 선택을 주장하기 위해 받아들일 몇 가지 개념을 제안한다.

『창조 행위』에서 아서 쾨슬러는 유머, 과학, 예술이라는 흔히 창의적인 것으로 간주되는 인간 행동의 세 가지 측면을 통합하는 이론을 제시한다. 그에 따르면, 심층적인 과정은 동일하지만, 의도와 관점에 따라 다른 문맥에 적용된다. 쾨슬러는 자신의 이론을 뒷받침하기 위해 지식과 문제해결에 관한 다양한 정의를 제안하는데, *사고 행렬(matrix of thought)*, *규칙의 코드(code of rule)*, *전략(strategy)*이 그러한 정의이다.

사고 행렬(또는 간단히 행렬)은 "능력이나 습관, 기술로서, 이것은 고정된 규칙의 '코드'에 의해 지배를 받는 정돈된 행동의 패턴"(Koestler 1964)이다. (능력으로서) 체스 경기를 예로 들면, 사고 행렬은 "둘 수 있는 수의 총체를 나타내는 당신 앞에 놓인 패턴"이다. "행렬을 지배하

8) (역주) 아서 쾨슬러는 창의성의 본질이 이전에는 무관했던 두 가지 의식의 구조를 통합해서 하나의 새로운 패턴을 만들어내는 것이라고 주장한다. 그는 이런 창의성의 본질을 포착하기 위해 bisociation(이연연상)라는 용어를 제시했다. 이 용어는 '연관, 연상'이라는 의미를 가진 association에 '쌍, 복, 이중' 등의 의미를 가진 접두사 bi-를 덧붙여 만든 단어이다. 쾨슬러는 과학적 창의성의 배후에 기존의 연상과 조금 다른 독특한 개념이 존재한다고 주장하며 이를 이연연상이라고 상정하였다. 비슷한 성질의 공유를 전제 조건으로 삼는 연상(association)에 반하여 이연연상은 전혀 연관성이 없는 두 집단의 충돌이다. 자연스럽게 엄청난 긴장, 반항, 자극적 결과가 도출될 수밖에 없다. 그리고 쾨슬러는 이것이 바로 창조성의 핵심이라고 말한다. 위대한 창조자들은 어떤 문제를 마주하였을 때 그 문제를 해결하고자 노력하지만 열정을 쏟아도 답이 나오지 않는 경우가 허다하다. 이때 문제해결이 여의치 않아 지적 좌절에 빠졌을 경우 고민을 하며 방황하다가 갑자기 관계없는 지식과 목표의식이 결합하는 경험을 하게 되는 데 이것이 바로 이연연상이다.

는 코드는 압축되고 '코드화된' 형식 안에 패턴의 본질이 포함되어 있는 간단한 기계적 방정식 안에 들어갈 수 있다." 규칙의 코드는 행렬을 정의하는 것인데, 이는 그 둘 모두 내포적 관점과 외연적 관점이라는 서로 다른 관점에서 동일한 실체를 나타낸다는 것을 의미한다. 체스의 경우 규칙의 코드는 지위와 이동경로를 가진 각 "말(chess pieces)"이다. 전략은 행위의 목표나 패턴을 달성하기 위해 행렬 내에서 요소를 선택하는 것에 해당한다. 체스의 경우에 전략은 "다음 수"를 선택하는 것이다.

AI 문제해결과의 명백한 상관성이 몇 가지 발견되는데, 즉 *행렬*은 주어진 문제에 대한 모든 가능한 솔루션의 집합에 대응한다. 그리고 이러한 솔루션은 타당한 솔루션이 어떤 것이어야 하는가를 정의하는 제약의 집합인 *규칙의 코드*에 의해 한정된다. 그런 다음 *전략*은 탐색 절차로서, 솔루션을 선택하는 데 사용되는 방법이다.

쾨슬러에 따르면, 창의적 과정은 행렬의 *이연연상*과 관련이 있다. 이것은 둘 또는 그 이상의 행렬이 교차될 때 발생하는 현상이다. 즉, 어떤 한 행렬에서 하나의 추론이 따라 나오고 있고, 어떤 이유로(가령, 외부 자극, 필요성, 꿈, 황홀 같은 상태로 인해) 다른 행렬과 "충돌"이 발생하여 대안적 실체로 도약하게 된다.

2.1.2.1. 유머

예컨대, 유머에서 이연연상은 때때로 이중의미, 음성학, 풍자만화, 풍자를 통해 웃음을 유발하는 의외성과 비논리성에 갑작스러운 연상을 도입한다. 짧은 예를 하나 인용해 보자.

> 여자 두 명이 브롱크스의 한 슈퍼마켓에서 쇼핑을 하다가 만난다.
> 한 여자는 기분 좋아 보이고, 다른 여자는 우울해 보인다. 기분 좋아 보이는 여자는 묻는다.
> '왜 속상해 하나요?'
> '속상한 것은 아무것도 없어요.'
> '가족 중에 누가 죽었나요?'
> '아니오, 그런 일은 없습니다.'
> '돈 때문에 걱정하나요?'
> '아니오, 그런 것은 전혀 없습니다.'

'애들 때문에 걱정하나요?'

'글쎄요, 꼭 알고 싶다면, 작은 아들 지미 때문입니다.'

'그에게 무슨 일이 있나요?'

'잘못된 것은 없습니다. 그 애 선생님이 말씀하시길, 그 애가 정신과의사한테 가봐야 한다고 합니다.'

잠시 후. '글쎄요, 정신과의사를 만나는 것이 무엇이 잘못된 거죠?'

'잘못된 것은 없습니다. 정신과의사가 말하길, 그가 오이디푸스콤플렉스랍니다.'

잠시 후. '글쎄요, 오이디푸스이든 슈모이디푸스(Shmoedipus) 간에, 그가 착한 애이고 자기 엄마를 사랑한다면 난 걱정하지 않습니다.'

여기에서는 프로이트 정신의학의 행렬과 상식논리의 행렬 간에 충돌을 볼 수 있다. 즉, 지미가 착한 애이고 자기 엄마를 사랑한다면 크게 잘못된 것이 없다. 쾨슬러는 심지어 "어떤 두 행렬 사이에서 적절한 연결점을 찾아 아드레날린을 한 방울 주입하면 그 두 행렬이 일종의 코믹한 효과를 만들어 낼 수 있다"(Koestler 1964)는 극단적인 주장에 도달한다.

2.1.2.2. 과학

Koestler(1964)는 과학사에서 과학적 발견을 광범위하게 분석하면서 "모든 기본적인 발전은 다소 갑작스럽고 극적인 변화와 관련 영역들 간의 경계 허물기, 이전에는 분리되어 있던 기준틀이나 실험 기법의 융합으로 유발되었다 … 과학적 사상의 역사에서 모든 결정적인 발전은 서로 다른 분야들 간의 정신적 상호교류에 의한 것으로 기술될 수 있다"고 생각할 수 있는 몇 가지 관찰결과를 지적한다. 다시 말해, 관찰된 주요 발전은 모두 이연연상적 사고에서 비롯되었으며, 몇 가지 예를 들자면 아르키메데스, 코페르니쿠스, 케플러, 갈릴레오, 다윈, 푸앵카레, 케쿨레, 아인슈타인의 발견 등이 있다. 요컨대, 이런 각 상황에서, 그 지식은 당시까지 적용 불가능한 것으로 입증되었다. 즉, 기술을 발휘하는 다양한 방법이 아무리 유연하고 적응 가능할지라도, 그 방법 중 어느 것도 원하는 목표로 이어지지 못했다. 해결책은 이전에 연결되지 않았던 사고 행렬들을 새롭게 통합한 결과이다. 이는 "떨어져서 사고하기(thinking aside)"로 이룬 통합이다. 예컨대, 케플러의 행성운동 법칙은 2천년 동안 따로 발전해왔던 천문학과 물리학이 처음으로 통합된 결과이다. 케플러는 티코 브라헤(Tycho de Brahe) 밑에서 도제로 있었는데, 그는 천문학적 관찰을 위한 도구와 방법을 향상시켜서 관찰결과가 비교할 수 없을 정도로 풍부하고 정확해졌다. 새로운 데이터가 주어지면, 기존 천문학에서 예측된 것과 명확한 불일치가 있었는데, 이는 주로 "모든 천체 운동은 균일하면서 완벽한 원을 이루어야 한다"와 같은 독단적인 신조에 기초하고 있었기 때문이다. 케플러는 자신이 믿었던 형이상학·신학적 기초를 대부분 유지한 채, 태양과 행성들 사이에서 작용하는 물리적 힘이 존재한다고 가정함으로써 천문학에서 혁명을 이끌어낼 수 있었다. 이제 행성들은 더 이상 원이 아니라 타원궤도로 돈다.

쾨슬러는 또한 발견자의 *원숙함(ripeness)*이라는 근본적인 측면을 지적한다. 즉, 그는 발견할 준비가 되어 있으면서 발견하기를 좋아해야 하고,[9] 서로 다른 행렬들 내에 숨겨진 유사성을 발견할 수 있는 (즉, 아무도 이전에 발견하지 못한 관련성을 발견할 수 있는) 능력을 가지고 있어야 한다. 또 다른 흥미로운 점은 "언어적 사고가 창의적 행위의 결정적인 국면에서 단지 부수적인 역할을 하는데, 이는 창의적 발견 과정이 무의식적 자원에 의존하고, 언어적 논리의 규칙과 무관한 관념작용 모드로의 복귀를 전제로 하기 때문이다." 결론은 언어가 본질적이긴 하지만 때때로는 함정이나 미끼, 속박이 된다는 것이다.

수학자 앙리 푸앵카레는 다음과 같이 흥미로운 말을 했다.

> 선택된 결합들 중에서 창의성이 가장 풍부한 것은 보통 멀리 떨어져 있는 영역들에서 가져온 요소들로 형성된 것이다. 그렇게 형성된 대부분의 결합은 완전히 무익하다. 하지만 그 중에서 매우 드물게도 어떤 것은 창의성이 가장 풍부한 것이다.

2.1.2.3. 예술

쾨슬러가 분석하는 세 번째 관점은 예술가의 관점이다. 유머에서처럼, 그는 예술과 관련된 신체적 징표, 즉 소름이 끼친다거나 눈물을 흘리는 것처럼 자기 초월의 순간에 우리가 느끼는 많은 감각적 현상에 집중하기 시작하여, (가령, 식별, 공격, 긴장, 완화에 의해) 참여적 감정을 생

9) 해결책이 나타난 무수한 예들이 있지만, 과학자는 그것을 이해하지 못하거나 그것을 해결책으로 볼 능력이 없었다.

성하고 충족할 수 있는 능력을 이용해 행렬의 *정서적 잠재력(emotive potential)*에 이르게 된다. 실재의 흔적을 놓치지 않으면서 스스로 착각하는 형식이라는 예술의 형식을 인식하는 것은, 더 높은 감정적 잠재력으로 이 행렬을 탐구하고, 현재의 선입견과 걱정을 잊은 채 평범한 현실에서 이기심과는 거리가 먼 단계로 이동하는 것을 의미한다. "표면과 단절되지 않으면서 이면의 게임으로 어느 정도 마음대로 회귀하는 능력은 시뿐만 아니라 모든 창의성의 본질처럼 보인다." 따라서 쾨슬러는 해석의 행위 역시 이연연상적이므로 독자와 같은 *수용자*의 관점에서 볼 때 창의적이라고 제안한다.

과학적 발견에서처럼, 이전에 아무도 보지 못한 것에서 유사성을 보는 과정에 의해 은유와 이미지가 존재하게 되고, 그 미적 만족감은 관련된 행렬들의 정서적 잠재력에 의존한다. 쾨슬러에 따르면, 예술의 발견은 "더 높은 정서적 잠재력으로 한 행렬에서 또 다른 행렬로 주의를 갑자기 전이해서" 얻어진다. 다시 말해, 과학에서처럼 예술가의 위대함은 새로운 작풍(作風), 즉 기존의 규칙에서 벗어난 새로운 규약을 창조하는 데 있다. 핵심적인 전환점은 새로운 길을 따라 새 출발할 때부터 시작되며, 여기서 우리는 품격이 높은 이연연상, 즉 서로 다른 기간, 문화, 지식 영역들 간의 상호교류를 발견할 수 있다. 새로운 작풍이 일단 확립되면, "학생들 및 모방자 전체는 다양한 수준의 전략적 기술로 작풍을 구사할 수 있다." 여기서 쾨슬러는 "진정한 창의성(true creativity)"에 대한 자신의 견해를 보여 준다. 즉 "변종을 제시하는 숙련된 과정"이 아닌 "새로운 비법의 발명"을 말한다. 이런 이분법은 2.1.4절에서 다룰 마거릿 보든(Margaret Boden)의 *변형적(transformational)* 창의성과 *탐구적(exploratory)* 창의성에 대응한다.

결론적으로, 쾨슬러는 이연연상이 인간 창의성의 세 가지 측면에서 작용한다고 주장한다. 즉, 이연연상이 유머에서는 행렬들의 충돌에 의해 작용하고, 과학에서는 행렬들의 통합에 의해, 예술에서는 행렬들의 병치(竝置)에 의해 활동한다는 것이다.

쾨슬러는 형식적 방식이나 알고리즘적 방식으로 인간 창의성을 보여주지는 않지만, 창의적 과정의 이면에 있는 가장 뚜렷한 한 가지 현상에 통찰력을 제공한다. 그것은 서로 다른 영역의 지식들을 결합하는 현상을 말한다. 그는 인지에서 무슨 일이 발생하는지를 상세히 설명하는 것에서 나아가, 보통 창의적인 것으로 간주되는 매우 다양한 상황에서 *이연연상*이 일관성 있게 존재한다는 것을 식별하고, 모든 창의적 행위가 이런 기술에 부합되지는 않는다는 것은 논쟁의 여지가 있지만, 이 중에서 많은 현상이 의미적으로 거리가 먼 근원들의 연상으로부터 초래된다는 것은 확실히 사실임을 밝혔다. 그리고 어떤 이유로 새롭고 유용한 지식이 너무 자연스럽게 나타나기 때문에 그런 근원이 더 이상 거리가 먼 것처럼 보이지 않는 방식으로 결합된다. 길포드의 관점에서, 이연연상의 개념은 전이 회상의 개념과 교차하는 부분이 많이 있다. 물론 후자는 기억으로부터 예상 밖의 요소를 회수하는 행동으로 환원되고, 전자는 결합의 실제 과정으로 환원되는 것처럼 보인다.

2.1.3. 체계 모형

창의성에 관한 미하이 칙센트미하이의 연구(Csikszentmihalyi 1996)는 여기서 상세히 개관하는 연구들 중에서 가장 최근 연구이다. 그렇다고 이 연구가 급진적으로 다른 관점을 가지고 있다는 것은 아니다. 실제로 널리 인용되는 이 연구를 검토하는 목적은 쾨슬러와 길포드의 연구가 현재 타당하고 수용되고 있음을 증명할 뿐만 아니라, 현재 연구에 중요한 여러 의견을 제공하기 위함이다.

칙센트미하이와 동료들은 창의적이라고 널리 인정받는 91명을 몇 년에 걸쳐 인터뷰하고 분석한 연구에서, 몇 사람의 호기심과 헌신에 의해 영역이 변형됨에 따라 창의성이 작용하고 문화가 진화하는 방식을 기술한다. 그는 *영역(domain)*, *사람(person)*, *현장(field)*이라는 세 가지 요소의 상호작용을 고려한 *창의성의 체계 모형(systems model of creativity)*을 제안한다.[10] *영역*은 "상징적 규칙과 절차"의 집합으로 구성되어 있다. "수학은 하나의 영역이며, 좀 더 세분화하면 대수학과 정수론도 영역으로 간주될 수 있다. 영역은 다시 흔히 문화라고 부르는 것, 즉 특별한

10) (역주) '사람'은 상징영역에 새로움을 가져오는 개인이고, '현장'은 그러한 새로움을 인정하고 확인하는 전문가들로 이루어진 평가자이며, '영역'은 상징적인 규칙들을 포함하는 문화로서의 사회적 경험요인이다. 어떤 사람이 창의적으로 될 것인지를 결정하는 요인은 한 사람의 창의적 성향만으로는 부족하다는 것으로 창의력 증진 프로그램을 개발하는 과정에서 개인과 현장, 그리고 문화 모두를 포함할 수 있는 경험적 학습을 고려하는 것이 창의성에서 핵심이라는 것이다.

사회나 인류 전체가 공유하는 상징적 지식 내에 자리잡고 있다" (Csikszentmihalyi 1996). 칙센트미하이는 창의적인 *사람*을 레오나르도 다 빈치, 에디슨, 아인슈타인, 모차르트 같이 우리 문화의 어떤 중요한 면을 변화시킨 사람으로 정의한다. *현장*은 영역의 감시자로 행동하는 모든 개인과 기관을 포함하는데, 이들은 그런 사람과 그들의 아이디어를 판단할 동료들이다. 어떤 새로운 예술작품이나 사물, 이론이 인정받고 보존되고 기억할 가치가 있는지 선택하는 것이 바로 현장이다. 이 세 가지 요소는 모두 창의적 생각이나 산출물, 발명이 이루어지기 위해 필요한 것들이다.

따라서 그는 창의성에 대한 매우 강력한 정의를 제안한다. 우리는 이것을 고딕체로 쓴 창의성이라고 쓸 것이다. "창의성은 기존의 영역을 변화시키거나 새로운 영역으로 변형시키는 행위나 생각 또는 산출물이다 … 창의적인 사람은 그의 사고나 행동이 영역을 변화시키거나 새로운 영역을 만드는 사람이다 … 그래서 어떤 의미에서 가장 중대한 창의적 사건이란 완전히 새로운 상징적 시스템이 창조되는 것이다"(Csikszentmihalyi 1996). 문명을 형성하는 이러한 변형 이면의 과정을 이해하기 위해 칙센트미하이는 인생에서 적어도 한 번은 하나의 영역을 창조하거나 크게 변화시킬 수 있었던 개인을 분석하고 인터뷰했다. 그들은 유명한 예술가, 정치가, 경제학자, 과학자였고, 어떤 사람은 자기 분야에서 노벨상이나 중요한 상을 받았다. 아마도 통계적 타당성이 제시되지는 않았지만 (가령, 일반적으로 대조군이나 객관적인 척도는 없다), 이 개인들에게서 공통된 특성을 다음과 같이 밝혀냈다(Csikszentrnihalyi 1996).

1. 창의적인 사람은 육체적 에너지가 왕성하지만 조용히 휴식을 취하는 법도 안다.
2. 창의적인 사람은 대체로 똑똑하지만 동시에 순진하기도 하다.
3. 역설적인 특성은 장난끼와 규율, 책임과 무책임이 서로 관련되어 결합되어 있다는 것이다.
4. 창의적인 사람은 한쪽 끝의 상상력과 환상, 그리고 다른 쪽 끝의 확고한 현실감 사이를 넘나들고 있다. 과거와 단절되지 않으면서 현재에서 벗어나기 위해서는 둘 다 필요하다.
5. 창의적인 사람은 외향성과 내향성 사이의 선상에 존재하면서 반대되는 두 경향을 감추고 있는 것처럼 보인다.

6. 창의적인 사람은 또한 매우 겸손하고 동시에 자부심이 강하다.
7. 모든 문화에서 남자들은 남성적으로 길러지며, 여성적이라고 간주되는 기질을 무시하거나 억누르도록 길러지는 반면, 여자들은 그 반대가 되도록 길러질 것으로 예상된다. 창의적인 사람은 이런 엄격한 성역할의 고정관념에서 어느 정도 벗어나 있다.
8. 일반적으로, 창의적인 사람은 반항적이고 독립적일 것으로 생각된다. 그러나 먼저 문화의 영역을 내면화하지 않고서는 창의적으로 되는 것은 불가능하다 … 따라서 전통적이고 보수적이면서 동시에 반항적이고 인습 타파주의적인 양면을 지니지 않고는 어떻게 창의적일 수 있는지 아는 것은 어렵다.
9. 대부분의 창의적인 사람은 하는 일에 매우 열정적이지만, 그 일에 매우 객관적일 수도 있다.
10. 마지막으로, 창의적인 사람은 개방성과 감수성 때문에 괴로움과 고통뿐만 아니라 커다란 즐거움도 자주 느낀다.

칙센트미하이는 창의적 과정을 탐구하면서, (입증(Verification)을 평가(Evaluation)와 정교화(Elaboration)로 분리한 월러스(Wallas)의 4단계 모형을 계승하는) 전통적인 5단계 기술을 따른다. 즉, 준비(Preparation), 부화(Incubation), 통찰(Insight), 평가(Evaluation), 정교화(Elaboration)가 그것이다. 이후 그는 이 단계들을 영역, 개인, 현장의 체계 모형 내에서 구조화한다.

연구대상자들에게서 확인되듯이, 영역과 현장에 대해 엄청난 양의 정보가 필요하며, 이는 수년에 걸친 고된 연구 끝에 얻어지는 것이 보통이다. 이런 *준비*는 내적 요인(가령, 호기심, 끈기, 재능)만큼이나 외적 요인(가령, 분야 내의 가족, 교육, 사회경제적 요인, 정치적 이슈)에 따라 달라진다. *부화*는 일반적으로 창의적인 사람이 벽에 부딪혔다고 느낀 이후에 *인지의 지하(underground of cognition)*에서 문제를 해결하는 과정으로 설명된다. 즉, "인지적 이론가는 의식적 방향이 허용되지 않을 때, 즉 의도하는 대로 되지 않을 때 생각은 간단한 연상의 법칙을 따른다고 믿는다. 생각들 사이에서 겉으로는 무관한 연상이 이전의 연결에 의해 나타날 수 있음에도 불구하고, 이런 생각들은 다소 임의적으로 결합된다"(Csikszentmihalyi 1996). 애매하고도 종종 논란의 여지가 있는 이 단계는 연구대상자들이 확인해 준 바에 의하면, 종종 예측할 수 없거나 의식적으로 준비되지 않은 상황에서 수년에 걸쳐 문제를 연구한 이후에 (또는 그대로 방치한 이후에) 솔루션이 찾아졌다. 이 연구자가 지적하듯이, 창의성의 문헌에서 반복적으로 발견되는 이러한 *통찰력*은 그 사람(실제로는 전체 시스템)이 그것을 식별할 준비가 되었을 때만 가능하다. 이는 쾨슬러가 설명하는 원숙함(ripeness)이라는 개념에 해당한다. 인터뷰한 사람들이 확인해 준 바에 따르면, 이러한 일이 발생하기 위해서는 그 사람이 엄청난 양의 자신감과 지식, 행운을 가지고 적절한 시기와 장소에 있어야 한다.

*평가*와 *정교화*는 창의적인 사람이 특히 덜 객관적인 영역에서 이러한 평가의 일부가 됨에도 불구하고, 행위나 생각, 산출물이 영역 및 현장과와 직면하게 되면서 점점 전체 시스템에 더욱 의존하고 개인에게는 덜 의존하게 되는 단계이다.

칙센트미하이의 관찰에서 나타나는 중요한 두 가지 양상은, 발산적/수렴적 사고의 이중성과 영역들 사이 및 영역 내부에서의 통합이며, 이 둘은 모두 일관되게 보고되고 분석된다. 이런 관찰들로부터, 2.1.1절에서 다룬 것처럼, 창의적인 사람들은 발산적 사고방식과 수렴적 사고방식이라는 서로 반대되는 두 가지 사고방식 모두를 잘 (그리고 항상 잘 동작하는 스위치를 이용하여) 수행할 수 있다.

> 어떤 영역에서 수용할 수 있는 새로움을 불러일으키는 사람은 서로 반대되는 수렴적 사고방식과 발산적 사고방식을 잘 사용할 수 있는 것처럼 보인다 … 발산적 사고는 좋은 아이디어와 나쁜 아이디어를 구분할 수 있는 능력 없이는 유용성이 많지 않다. 그리고 이러한 선택성에는 수렴적 사고가 포함되어 있다.

발산적 사고는 준비와 부화의 단계에서 매우 중요한데, 이는 이 두 단계가 호기심과 탐색에 의해 특징지어지기 때문이다. 수렴적 사고는 정교화, 평가, 통찰에도 결정적인데, 이는 좋은 아이디어와 나쁜 아이디어를 구분하고 영역의 확립된 규칙을 따르며, 그런 규칙을 새로운 지식과 직면하게 하는 능력을 불러일으키기 때문이다. 하지만 경계는 그렇게 엄격해서는 안 된다. 실제로 창의적인 과정은 발산적 사고와 수렴적 사고 사이에서 뿐만 아니라 직전에 설명한 다섯 단계들 각각과도 빈번하게 뒤얽혀 있다.

길포드의 공헌(발산적 사고와 수렴적 사고)이 칙센트미하이의 연구에서 받아들여지고 지지되는 것과 마찬가지로 쾨슬러의 이연연상도 "예외라기보다는 규범"으로 나타난다. 길포드는 이연연상이라는 이름으로 그런 현상을 구별하지는 않지만, 사고의 영역횡단 전이, 공통점이 없어 보이는 영역들의 결합, 영역들 사이 및 내부에서의 통합이 포함되어 있는 상황들에 대한 예와 보고를 계속해서 제시한다. 그가 지적하듯이, "창의성은 일반적으로 영역들의 경계를 넘어가는 것도 포함하므로, 가령 물리학 중에서 양자역학을 채택하여 분자결합에 적용하는 화학자는 화학영역에만 머물러 있는 화학자보다 화학에 더욱 실질적인 공헌을 할 수 있다"(Csikszentmihalyi 1996).

지금까지 소개한 연구들은 창의성 및 창의성 지지 도구의 모형화에 많은 중요한 문제를 던져준다. 체계의 관점에서 우리는 단 하나의 요소(사람이나 영역이나 현장)에만 집중해서는 안 되는데, 이는 창의성이 이런 요소들의 결합으로부터 생겨나기 때문이다. 이 연구들에서는 또한 새롭고 유용한 생각을 창조하는 데 필요한 많은 특성과 조건도 제시되어 있다. 그러나 매우 추상적인 결론들 중 일부를 더욱 자신 있게 주장하는 데 필요한 과학적 기반이 이 연구들에서 결여되어 있다는 점을 지적하지 않을 수 없다. 이는 연구대상자들이 매우 특별한 집단, 즉 성공했고, 인정받으며, 안정된 기반을 가진 사람들로서, 일반적으로 자신의 업적에 만족하고, 대부분 고령(보통 60살 이상) 집단에 속해 있다는 점이다. 이는 창의적인 사람이나 비창의적인 사람들 대부분이 배제되었다는 것을 의미한다. 이들 중 일부는 그렇게 크게 성공하지는 않았고, 인정받으려고 노력 중이지만, 여전히 매우 창의적이다. 다시 말해, 이들은 체계(사람, 영역, 현장)가 세상에 드러나게 만든 창의적인 사람들의 집단에 해당하지만, 이 체계가 너무 역동적이어서 다른 체계(가령, 대조군)나 체계의 상태(가령, 다른 연령)를 데이터와 대조하지 못할 정도는 아니다.

칙센트미하이가 제기한 또 다른 문제는, 이런 기준에 따르면, 아이들이 재능은 있어도 실제로 결코 창의적일 수 없는데, 이는 "창의성에는 행동 방식이나 사고 방식의 변화를 수반할 뿐만 아니라, 나아가 예전의 행동 방식이나 사고 방식에 정통할 때만 가능하기" 때문이다. 따라서 그는 세계를 새롭고 독창적인 방식으로 경험하는 *개인적 창의성(personal creativity)*과 흥미롭고 자극적인 평범치 않은 생각을 표현할 수 있는 능력인 *재능(talent)*이나 *명민함(brilliance)*이라는 두 요소로 분류할 수 있는 여지를 남긴다. 세 가지로 구분된 "창의성"(진정한 창의성, 개인적 창의성, 재능) 중 어느 것이라도 컴퓨팅 모형화를 위한 흥미로운 과제가 되며, 또한 보든의 분류법(h-창의성과 p-창의성)으로 이끌어서 AI와 컴퓨팅 창의성에 관해 비슷한 분석을 제공한다.

2.1.4. 보든의 분류법

이 절에서 언급하는 연구와 연구자들 중에서 확실히 마거릿 보든(Boden 1990)의 연구는 AI와 창의성 분야에서 가장 많이 읽히고 인용된다. 그 이유를 간단히 살펴보면, 그녀가 전통적으로 창의적이라고 간주되는 철학적·심리학적 문제를 고려하는 관점에서 (AI 분야에서) 이루어졌던 연구들을 분석하려는 노력을 선도했기 때문이다. 그녀는 그렇게 하면서 (인간만큼이나) 프로그램을 분석하기 위한 분류를 제안한다. 이런 분류들 자체는 많은 논란을 일으켰고, 여기서 이 중 몇 가지를 다룰 것이다.

보든이 제안하는 첫 번째 분류는 생각이나 발견에 참신성이 있다는 사실과 관련된 것이다. 즉, 참신성이 단 한 사람에게 참신한가, 아니면 인간 역사 전체에 참신한가이다. 원칙적으로 참신하고 유용한 생각이나 발견 모두는 그것을 만든 사람에게는 창의적이다. 이것을 *심리적(psychological)* 창의성(p-창의성)이라고 부른다. 다른 기준은 역사이다. 어떤 생각이 인간 역사 전체에 참신하고 유용할 때는 *역사적(historical)* 창의성(h-창의성)과 마주한다. 외적인 평가 없이 진정한 창의성은 존재할 수 없다고 많은 학자들은 주장하지만(가령, Csikszentmihalyi 1996, Lubart 1999), 이러한 구분법은 그다지 논쟁의 대상이 되지 않고 있다. 또 다른 문제는, 어떤 생각이 역사적 창의성일 수 있지만 수년 동안 그렇게 받아들여지지 않았기 때문에, 역사적 창의성이 단정적으로 결정될 수 없다는 점이다. 그리고 어떤 생각과 창작자가 사회에서 역사적으로 창의적인 것으로 받아들여졌지만, 그 생각이 실제로는 앞선 다른 사람의 것으로 확인되었을 때처럼 반대의 경우도 발생한다. 인간 역사에서 이런 오판의 예는 수없이 많다. 이런 사실은 역사적 창의성의 타당성을 없애는 것이 아니라, 그 문제가 얼마나 복잡한지를 증명한다. 보든은 주로 개인적 관점에 관심이 있기 때문에 그녀 분석의 주된 초점이 심리적 창의성이다.

Boden(1990)이 제시한 다른 구분법은 참신한 생각이나 발견을 하는 데 필요한 과정에 관한 것이다. 그녀는 *조합적(combinatorial)* 창의성과 *탐구적-변형적(exploratory-transformational)* 창의성이라는 두 가지 종류의 창의성을 제시한다. 조합적 창의성은 "익숙한 생각들의 평범하지 않은 결합이나 그 생각들 사이의 관련성으로부터 발생한다. 시적 영상, 은유, 유추는 이 부류에 속한다"(Boden 1999). 그리고 탐구적-변형적 창의성(ET-창의성)은 어떤 실험대상자가 *개념적 공간(conceptual space)*을 어떻게 다루는지에 관한 것이다. 개념적 공간에 대한 그녀의 정의는 "수학이나 생물학, 다양한 종류의 문학, 시각예술이나 행위예술과 같이 특별한 영역에서 받아들여진 사고방식"(Boden 1999)이다. 보든의 개념적 공간에 대한 많은 설명은 모두 쾨슬러의 행렬과 비슷하다. 물론 둘 다 형식적 정의는 제시하지 않는다. 탐구적-변형적 창의성은 다시 *탐구적* 창의성(e-창의성)과 *변형적* 창의성(t-창의성)으로 나뉜다. 탐구적 창의성은 강한 제약을 깨뜨리지 않고 그 경계 밖으로 뛰쳐나오지 않은 채 개념적 공간 내에서 탐구하면서, 보통 가장 피상적인 차원의 단순한 "비틀기(tweaking)"에 기초한다. 때론 그것이 심리적인 창의적 결과나 심지어 역사적인 창의적 결과를 달성할 수 있지만, 여전히 (잘 한정된) 개념적 공간이 변화되지는 않는다. 변형적 창의성은 "관련된 개념적 공간을 정의하는 (비교적 근본적인) 하나 또는 그 이상의 차원"을 변형하는 것에 관한 것이다. 다시 말해, 변형적 창의성은 재표상, 참신한 개념의 평가나 통합의 변화 같이 개념적 공간의 변화를 필요로 한다. 이런 종류의 창의성을 보든은 *불가능주의적(impossibilist)*인 것으로 간주하는데, "불가능주의에서는 관련된 특별한 개념적 공간에 관해 이전에 생성되지 않을 수도 있었던 생각이 창조될 수 있다(그런 생각은 그 공간의 변형으로 가능해진다)"(Boden 1990: 519–520). 따라서 탐구적 창의성과 변형적 창의성 사이에는 명확한 대립이 있으며, 어떤 연구자들에게는 이 대립이 추상화 정도에 대한 것일 뿐이다. 실제로 이러한 분류는 많은 논란을 불러일으켰다.

첫 번째 논란은 변형적 창의성 역시 상위 수준에서는 탐구적이라는 것이다(Wiggins 2001; Colton 2001; Ram et al. 1995). 다시 말해, 변형적 창의성의 본성이 주어지면, 개념적 공간을 변형시킬 수 있는 유일한 방법은 결정적 규칙을 바꾸는 것이다. 여기에는 그 자체의 결정적 규칙을 인식하는 것, 다시 말해 상위 수준의 추론을 할 수 있는 것이 포함될 것이다. 이 논법을 따르면, 이러한 상위 수준의 규칙 변화가 반드시 (어떤 점에서는, 심지어 상위의 상위 수준일 수 있지만) 탐구적일 것이라는 결론에 이르게 된다. 이런 논법은 Wiggins(2001)에서 공식화되었다.

또 다른 비판은 개념적 공간의 정의가 모호하다는 것이다(Wiggins 2001; Ritchie 2001). 보든이 음악이나 문학, 물리학과 같은 폭넓은 전문지식 분야에서 나온 많은 예를 제시하지만, 컴퓨팅 모형화 관점에서는 개념적 공간이 실제로 무엇으로 구성되는지 충분히 명확하지 않다. 더 구체적으로, 이 공간은 *솔루션 집합(solution set)*, 즉 문제에 대한 솔루션 집합에 대응해야 하는가? 이 개념적 공간은 순서가 있어서 다음에는 *탐색공간*이 되는가? 이 문제는 변형적 창의성 및 탐구적 창의성의 컴퓨팅 모형화(및 분석)를 고려할 때 중요할 수도 있다. 예컨대, 개념들의 순서를 바꾸는 것은 솔루션 집합이 아닌 탐색공간을 변형시키는 것에 해당한다. 후자의 경우 새로운 개념의 도입이 없기 때문에, 그것이 이전에 생성될 수 없었을 것(따라서 그것은 탐구적 창의성이어야 한다)이라고 말할 수 없다. 반면, 많은 발견과 예술 혁명(즉, 역사적인 창의적 사건)은 *불가능한* 개념의 발생보다는 이러한 개념적 공간의 재구성에 더욱 기반했을 수 있으며, 이는 변형적 창의성이 반드시 *우월한* 창의성은 아니라는 것을 의미할 것이다. 개념적 공간을 보다 정확히 정의하면, 이러한 문제가 더욱 분명해질 수 있을 것이다.

여기에서 제시할 마지막 논란은 조합적 창의성과 탐구적-변형적 창의성 간의 구분에 관한 것이다(Ritchie 2001). 본래 보든 자신은 이런 구분을 넌지시 말했기 때문에 이전의 문제들만큼 많은 논란이 제기되지 않았지만, 이 구분은 우리의 연구에 특히 흥미로운 것이다. (정의에서 알 수 있듯이) 조합적 창의성의 문제를 이전 개념들의 관련에서 비롯된 새로운 개념의 생성으로 간주한다면, 모든 가능한 조합이 포함된 개념적 공간 역시 받아들여질 수 있다. 그렇게 함으로써 가능한 조합의 개념적 공간을 탐색하는 행동과 (그 개념적 공간에서 존재할) 조합을 생성시키는 행동 사이에는 아무런 차이가 없다. 마찬가지로, 새로운 관련을 통해 이전에 생성되지 않았을 수 있는 새로운 개념이 나타난다면,

우리는 변형적 창의성을 달성했을 수 있다. 다시 말해, 조합적 창의성이 (역시 이 책에서 다루어진 것이기도 한) 특별한 종류의 창의성으로 간주될 수 있다 하더라도, 탐구적-변형적 창의성 현상의 집합과 구별되는 것이 아니라 그 집합에 포함되어야 한다. 우리가 아는 한, 이것은 탐구적-변형적 창의성과 조합적 창의성에 대한 논란의 여지가 없는 공통적인 관점이다.

마거릿 보든이 많은 연구에서 사용하고 적용했던 창의성과 AI를 포괄적으로 분석했다는 것은 의심의 여지가 없다. 우리도 그녀가 다룬 몇 가지 개념을 사용할 것이다. 특히, 그녀는 컴퓨터가 창의적일 수 있는가라는 도발적인 질문에 크게 기여했다. 실제로 컴퓨터는 창의적일 수 있지만, 이는 적어도 자아인식이 요구되지 않는 수준에서 인간의 창의성에 비해 매우 제한된 수준이다. 컴퓨터의 창의성은 매우 기계론적이고 *비공상적(unromantic)* 수준일 수 있지만, 그럼에도 창의적 행동의 결과라고 당연히 생각되는 산출물 때문에 우리 인간이 놀랄 수도 있다. 2.2절에서는 이러한 체계 몇 가지를 개관할 것이다.

2.1.5. 기타 등등

창의성 연구가 최근 증가한 것을 고려하면, 모든 기본적인 연구를 빠트리지 않고 자세히 개관하는 것은 간단한 일이 아니다. 창의성 연구에는 매우 다양한 방법이 있으므로, 가장 두드러지고 각 분야를 망라하는 것 중에서 가장 많이 인용되는 연구를 요약할 것이다. 예컨내, 인지심리학(Finkc, Ward & Smith 1992), 융합 이론(confluence theory)(Sternberg & Lubart 1996),[11] 신경과학(Martindale & Greenough 1974), 동기와 의도(Amabile 1983), 전기적 사례 연구(biographical case study)(Weisberg 1999)가 그런 연구이다.

핑크와 동료들은 이른바 생성탐구(Geneplore) 모형을 제안했는데, 이 모형에 따르면 창의적 사고에는 생성적(generative) 사고와 탐구적(exploratory) 사고라는 두 가지 주요 단계가 있다(Finke, Ward & Smith 1992). 많은 잠재적인 생각이나 솔루션은 광범위한 탐구에 의해 창조된다. 그들은 연구실 실험으로부터, 실험대상자들이 일련의 "*발명*

11) 칙센트미하이의 체계 모형도 이 범주에 속한다.

전(preinventive) 구조"를 생성한다고 결론을 내렸는데, '발명 전'이라는 말은 "어떤 새로운 산출물을 위한 완전한 계획이나 성가신 문제에 대한 시험 솔루션, 어려운 퍼즐에 대한 정답이 아니라는 의미에서이다" (Ward, Smith & Finke 1999). 이러한 부분적 구조들에 집중하여 그것을 확장하여 문제에 대한 실행 가능한 솔루션을 구축하려는 탐구와 해석의 단계가 발생한다. 생성적 단계나 탐구적 단계 동안 언제라도 제약이 부과될 수 있다. 이 모형은 "인지 과정 외의 다른 요인이 누구라도 '창의적'이라고 판단될 구체적인 산출물을 생산하는 것에 기여한다는 것을 인정한다"(Ward, Smith & Finke 1999). 폭넓은 관점에서 생성탐구 모형은 길포드가 제안하고 칙센트미하이가 동의하는 발산적-수렴적 모형에 속한다.

스턴버그와 루바트(Sternberg & Lubart)의 *투자 이론(investment theory)*은 융합 이론(confluence theory)(창의성의 다양한 면을 설명할 수 있는 가능성을 제공하는 이론)의 범주에 속한다. 투자 이론은 "생각의 영역에서 창의적인 사람들이 '싸게 사서 비싸게 파는 것'을 기꺼이 할 수 있는 사람들"이라는 것이다. 싸게 산다는 것은 알려지지 않았거나 관심 밖에 있는 등의 장애가 있지만 성장 잠재력을 가지고 있는 생각을 추구한다는 것을 뜻한다 … 그런 사람은 이러한 장애에도 아랑곳하지 않고 결국 비쌀 때 팔게 된다"(Sternberg & Lubart 1996). 광범위한 실험을 통해 스턴버그와 루바트는 지적 능력, 지식, 사고방식, 개성, 동기, 환경이라는 각기 다르지만 서로 관련된 여섯 가지 자원의 상호작용을 전제하는 모형을 개발했다.

다른 연구에서는 마틴데일과 그리노(Martindale & Greenough)가 창의성시험(원격연상시험(Remote Associations Test), 발산적 사고의 유사성시험(Similarities Test))을 수행할 때, 전기피부반응 변동(galvanic skin response fluctuations), 심박 변이도(heart rate variability), 피질 활성화(cortical activation)뿐만 아니라 다른 생체 측정법을 관찰하여 각성 및 주의력의 수준이 어떻게 변하는가를 연구했다(Martindale & Greenough 1974; Martindale 1999). 한 가지 흥미로운 결론은 창의적인 사람들의 각성 수준은 기본적(이 문맥에서는 *안정적이라는 의미*)이지 않고 매우 가변적이라는 것이었는데, 이는 "주의력의 초점이 흐려지고, 사고가 연상적이며, 많은 정신적 표상이 동시에 활성화되는 정신적 상태에서 창의적 영감이 일어난다"(Martindale 1999)는 것을 의미한다. 더욱이 이들은 또한 자신들의 연구를 일차-이차 처리 명제(primary-secondary process thesis)(Kris 1952)와 관련시키는데, 이 명제에서 창의적인 사람은 덜 창의적인 사람들보다 두 가지 사고방식(일차 사고와 이차 사고) 사이에서 교환할 수 있는 능력이 더 크다고 말한다. 일차 과정 사고는 꿈과 공상(뿐만 아니라 정신이상과 최면상태) 같은 상태에서 나타나며, 자폐적이고, 자유연상적이며, 아날로그적이다. 이차 과정은 추상적이고, 논리적이며, 현실 지향적인 사고이다. 마틴데일은 크리스의 제안을 입증하는 증거를 발견했는데, 이는 창의성의 기반이 되는 것은 단지 일차 과정 사고뿐만 아니라 이차 과정과의 체계적인 뒤얽힘이라는 것을 의미한다. 다시 한 번, 앞서 논의한 발산적 사고(일차 과정)와 수렴적 사고(이차 사고)라는 생각과 확실히 유사하다는 것을 알 수 있다.

동기와 의도에 대한 테레사 애머빌(Teresa Amabile)의 연구도 문헌에서 자주 인용된다. 그녀는 동기가 어떻게 창의성에 영향을 미치는가에 대해 양면적 가설(two-pronged hypothesis)을 제안하다. "내재적으로 촉발된 상태는 창의성에 도움이 되는 반면, 외재적으로 유발된 상태는 창의성에 손해가 된다"(Amabile 1983). 내재적 동기는 일 그 자체의 즐거움과 관련되지만, 외재적 동기는 그 일의 외적인 목표를 충족시키기 위해 활동에 참여하는 것과 관련이 있다. 그녀는 또한 내재적 동기, 영역 관련 지식과 능력, 창의성 관련 기술 등을 가진 융합 모형을 제안한다. 여기에는 "a) 복잡성을 극복하고 문제해결 과정에서 정신적 갖춤새(mental set)가 깨뜨려지는 것을 포함하는 인지적 스타일, b) 반직관적인 접근법을 시도하는 것과 같이 새로운 생각을 생성하기 위한 휴리스틱의 지식, c) 집중적인 노력, 문제를 잠시 한쪽으로 치워놓을 수 있는 능력, 왕성한 에너지로 특징지어지는 일하는 방식이 포함된다."

재표상의 문제는 일부 연구자들(Karmiloff-Srnith 1993; Oxman 199)이 강조하는데, 이들은 표상적 재기술 과정이 이전의 암묵적이던 지식이 더욱 명확히 인식되는 창의적인 영역 탐구에 선행한다고 제안한다. 따라서 새로운 패턴이 나타나고, 영역 간 새로운 연결이 만들어질 수 있다.

마지막으로 (본질적으로 전기적 사례 연구를 기반으로 하는) 전혀 다른 방향으로, 로버트 와이스베르그(Robert Weisberg)는 창의성과 지식 간의 관계에 대한 *긴장 관점(tension view)*에 반대하면서 앞서 기술한 많은 연구에 도전한다. 긴장 관점에 따르면, 어떤 문제에 대한 지식이 완전하지 않아서 벽에 부딪히기 때문에, 자유연상과 발산적 사고 등을 통해 새로운 솔루션을 발견할 수 있는 능력에 의존한다. 지식 진화에 대한 이러한 불연속적 견해는 "현대 이론에서 우위를 차지하고"(Weisberg 1999) 있다. 와이스베르그는 새로운 발견과 혁명적인 예술작품이 성숙성과 지식의 풍부함의 결과라고 주장하면서 연속적 견해를 제안한다. 이러한 *토대 관점(foundation view)*은 창의성과 지식이 확실히 관련이 있다고 결론내린다. "어떤 사람은 혁신을 이루어내지만 다른 사람은 그렇지 않은 이유는, 단지 전자는 후자가 알지 못하는 무언가를 알았다는 사실 때문이다"(Weisberg 1999).

처음에 지적했듯이, 중요한 연구를 모두 개관한 것은 아니다. 하지만 이 책에서는 독자에게 지엽적 문제까지 총망라하는 지식을 제공하는 것보다는 기초와 이를 종합하는 능력을 제공하고자 한다. 여기에는 두 가지 생각이 있다. 하나는 컴퓨팅 모형화 관점에서 다양한 방법을 취할 수 있다는 것이고, 다른 하나는 거의 모든 방법에는 공통된 측면이 있다는 것이다. 다음 절에서는 이런 측면을 다룰 것이다.

2.1.6. 종합

여기에서 언급된 모든 연구를 보면, 창의성이 *참신하고(novel) 유용한(useful)* 산출물을 창조하는 것이라는 데는 논란의 여지없이 동의한다. 창조(생성, 산출), 참신성(독창성), 유용성(가치, 적절성, 유용성, 의의, 적응성), 산출물(생각, 개념, 문제의 솔루션) 등을 가리키는 다양한 단어가 있지만, 이들은 동일한 주제에 대한 관점이 비슷하거나 다르다는 점은 의심의 여지가 없다. 논란의 여지가 없는 것은 아니지만, 대다수의 연구들 역시 참신하고 유용한 산출물을 유발하는 인지 과정이 발산적 사고와 수렴적 사고라는 대립되는 사고*방식*으로 구성되어 있다는 것에 동의한다. 발산적 사고는 논리적 추론을 무시하는 생각, 또는 전례 없는 연상에 해당하는 생각을 허용하는 특징이 있다(가령, 불합리한 결론, 모순적인 연상, 불일치하는 사실들의 집합).[12] 이에 반해 수렴적 사고는

12) 여기에서 우리는 길포드가 정의한 발산적 사고의 독창성 측면을 강조하고, 유연성, 유창성, 정교화에는 이차적인 역할을 부여한다. 우리의 견해에서 유연성

논리적 추론에 대응하는데, 이는 잘 정의된 제약을 따르면서 보통 질서 정연하면서 목적을 가진 사고와 관련되어 있다.[13] 이미 2.1.1절에서 이 두 가지 개념을 제시했지만, 이 두 개념은 의미는 같지만 용어는 서로 다른 일차/이차 과정(Kris 1952), 생성적/탐구적(Finke, Ward & Smith 1992)(또는 정도가 약하게는 이연연상(Koestler 1964)), 변형적/탐구적(Boden 1990), 부화/정교화(Wallas 1926) 등과 관련되어 왔기 때문에, 좀 더 실제적인 의미에 맞게 사용될 필요가 있다. 이러한 재정의가 필요한 또 다른 동기는 창의적인 산출물이란 것이 참신하고 유용하면서 창조의 과정에 발산과 수렴이 포함되어 있는 것이라면, 발산적 과정과 수렴적 과정 모두를 모형화하지 않고서는 창의적 시스템을 구축할 수 없다고 주장하는 것이다. 더욱이 발산은 주로 참신성을 부여하는 것에 책임이 있고, 수렴은 유용성을 부여하는 것에 책임이 있다. 이런 문제들은 이후 다시 다룰 것이다.

지식이 창의성에 기본적으로 중요하다는 것도 계속 강조된 바 있다. 사실상 이 연구에 참여한 모든 연구자들은 창작자가 해당 영역에 대한 심오한 지식 없이는 중요한 발견이나 예술작품을 이룰 수 없다고 주장했다. 더욱이 어떤 연구자들은 영역 간 전이와 환경의 인지를 강화하기 위해서는 폭넓은 지식을 갖는 것 역시 중요하다고 주장한다. 여기서 우리는 두 가지 관점을 깊이(in-depth)와 넓이(in-breadth) 측면에서 설명했다. 다시 한 번 우리는 이 두 범주에 각각 수렴과 발산을 관련시키고자 한다. 이는 해당 영역에서 나온 지식이 재차 유용한 솔루션을 수립하기 위한 수렴에 이익을 주어서 좋은 솔루션과 나쁜 것을 구분하게 돕지만, 다양한 영역에서 나온 지식은 문제해결에서 발산을 촉진할 것임을 의미한다.

많은 연구자들은 창의성 역시 다양한 수준이 존재한다고 주장해 왔다. 어떤 연구자는 창의성의 수준들이 연속체를 이룬다고 주장하고(가

은 단지 독창성에만 의존하는데, 왜냐하면 우리는 각각의 해결책이 다른 것들과 충분히 달라야만, 즉 독창적이어야만 다양한 해결책을 얻을 수 있기 때문이다. 다른 한편으로, 우리는 유창성을 사고 자체의 특징이 아니라 사고자의 특징으로 간주한다(사고는 독창적일 수는 있지만 결코 유창할 수는 없다). 마지막으로 과거의 연구를 분석하자면, 정교화는 수렴적 측면에 속하는 것으로 간주되었다.

13) 논리적 추론에 대한 이러한 정의는 심리학 관점에서 비롯된 것으로서, 인공지능 논리학 관점에서는 불완전할 수 있다. 하지만 우리는 이런 개념들을 문헌 자체가 허용하는 것보다 더 형식적으로 기술할 수는 없다.

령, Koestler 1964), 다른 연구자는 명확히 구분된다고 주장한다(가령, Boden 1990). 한 쪽 끝에는 창의성이나 변형적 창의성 또는 진정한 창의성이 있다. 다른 쪽에는 개인적 창의성이나 탐구적 창의성 또는 보통의 창의성이 있다. 우리는 이것들이 동의적인 개념이라고 말하는 것이 아니라, 지금까지 분석된 것이 양극성(bipolarity)을 가지고 있음을 강조하려는 것이다.

마지막이자 더욱 논란의 여지가 많은 문제는 창의성에 미치는 사회의 역할에 관한 것이다. 어떤 연구자(가령, Csikszentmihalyi 1996)는 사회가 없다면 진정한 창의성[14]이 있을 수 없다고 주장한다. 즉, 어떤 것이 외부에서 창의적인 것으로 판단되지 않는다면 창의적이지 않다는 것이다. 그것은 몇 가지 실체들(칙센트미하이의 경우에 개인, 영역, 현장)의 상호작용에 의존하는 역동적인 귀속이다. 다른 연구자(가령, Finke, Ward & Smith 1992)는 창의성이 그 자체로 존재한다고 주장한다. 즉, 개인은 사회로부터 피드백을 받지 않고서도 창의적인 생각을 생성할 수 있다는 것이다. 이 두 가지 견해는 보든이 말하는 역사적 창의성과 심리적 창의성에 각각 해당하므로, 창의성의 본질 차이라기보다는 관점의 차이를 반영하고 있다.

2.2. 컴퓨팅 창의성

이 절에서는 창의적 행동을 보여줄 수 있는 컴퓨팅 시스템을 구축하려는 컴퓨팅 창의성(computational creativity) 분야를 소개한다. 이것은 창의적 행동에 대해 보편적으로 받아들여지는 정의는 아니기 때문에(행동이 창의적일 때, 어쨌든 우리는 이를 어떻게 알 수 있는가?), 일부 연구는 앞 절에서 언급한 논쟁을 인공지능(Artificial Intelligence)의 분야로 옮겨 계속해 나간다. 이로 인해 즉시 나타나는 한 가지 효과는 창의성에 대한 형식적 설명의 필요성이고, 다른 하나는 그런 시스템의 실험적 구현이다.

14) 칙센트미하이는 개인적 창의성을 참작하지만, 이것은 그 시스템과 *참된* 창의성에서는 부차적이다.

2.2.1. 창의성을 특징짓는 두 가지 설명

보든의 기술적 계층구조가 남긴 유산으로 인해 창의성 관점에서 AI 시스템을 분석하는 것으로 관심이 촉발되었다(가령, Ram et al. 1995; Bentley 1999). 많은 논리적인 취약점이 있고 그 중 일부는 이미 지적한 바 있음에도 불구하고, 그러한 분석의 필요성이나 최소한 AI 내에서 창의성을 고찰해야 하는 필요성이 강조되었다. 그러나 형식적 접근법과 안정적인 인식론적 · 방법론적 해결이 결여되어 있기에, 이 연구는 해결할 수 없는 문제가 끊임없이 재순환될 상황에 놓여 있다. 어떤 시스템이 논란의 여지가 없이 창의적이거나 심지어 지적이라고 말하는 것은 현재 불가능해 보이지만, 형식적인 컴퓨팅 설명과 보든의 이론을 바탕으로 한 기준에 따라 그런 시스템을 분류하는 것은 가능할 수 있다.

우리는 AI 시스템의 창의성을 특징짓기 위한 두 가지 접근법을 제시할 것이다. 첫 번째 접근법은 보든의 이론을 형식화하려는 시도에서 나오고 과정을 중요시하는 반면, 두 번째 접근법은 평가를 다루면서 결과물에 초점을 맞춘다. 제4장과 제6장에서 시스템을 분석할 때 이런 연구를 적용할 것이다. 이 절에서는 일반 독자의 이해를 돕기 위해 형식적 설명은 가급적 줄이고자 했다. 어떤 면에서 기술적인 세부사항에 관심이 있는 독자를 위해 개념을 분명히 하는 것이 불가피하지만, 그래도 비형식적 기술을 덧붙일 것이다.

2.2.1.1. AI에서 창의성 특징짓기

위긴스(Wiggins 2001; Wiggins 2003)는 탐구적 창의성을 한 영역의 가능한 모든 개념의 공간에서 개념의 탐색으로 간주한다(가령, 음악 영역에서 탐구적 창의성은 모든 가능한 소리의 반복진행의 집합이다). 이런 탐색은 "수용 가능한" 영역(보든의 개념적 공간)을 한정하는 규칙의 집합 $\mathscr{R}(\mathcal{R})$에 의해 선험적으로 제약을 받는다. 가령, 이 집합은 스타일의 규칙으로 이루어져 있다. 이것은 창의적 요소와 비창의적 요소로 구성될 수 있지만, 스타일 규칙에 따라 모두 올바르다. 이 요소들의 집합 역시 (Wiggins 2001에서) 집합 $\mathscr{C}(\mathcal{C})$로 알려져 있다.

위긴스가 제안하는 또 다른 규칙의 집합은 "가치 있는(valued)" 요소들의 집합이다. 이것은 "정확한"이나 "스타일에 따라"와는 상관없이 문제를 푸는 데 성공하거나 추구하고 있는 목표를 달성하는 요소들이다(가령, 스타일 규칙을 위배하지만 어떤 이유로 좋은 선택인 음악 작품). 이 집합 $\mathscr{E}(\mathcal{E})$는 역동적인 면(가령, 미적 변화, 특정한 목표, 특정한 문맥, 개인적 기분 등)에 의존하기 때문에, 형식적으로나 비형식적으로 정의하기가 훨씬 어렵다.

마지막으로, 제안된 세 번째 규칙의 집합 $\mathscr{T}(\mathcal{T})$는 개념적 공간을 탐구할 때 따라야 하는 *전략*을 한정한다. 이것은 (사람이든 아니든 간에) 창의적 에이전트가 가능한 요소들의 공간에서 *여행하기(travel)* 위해 하는 선택을 나타내는데, 이런 선택은 의도적인 것일 수도 있고 무의식적인 것일 수도 있다. 예컨대, 어떤 사람들은 "하향식(top-down)"으로 작업하는 것을 선호한다. 즉, 전체 구조를 정의한 뒤에 그 생각들을 구체화하면서 나아간다는 것이다. 다른 사람들은 "상향식(bottom-up)"을 선호하는데, 이들은 임시적 방법론이나 심지어 임의성에 의존한다. 그러나 발견된 모든 요소가 수용 가능하다($\mathscr{C}$에 속한다)는 것이 보장되지는 않는다. 다시 말해, $\mathscr{T}$를 적용하여도 수용 가능하지 않은 결과가 나올 수도 있다. 이런 양상은 창의성에 있어서 매우 중요한데, 이는 전체 시스템을 다시 생각할 수 있는 길을 열어 주기 때문이다.

Wiggins(2001)에 따르면, 세 가지 집합 $\mathscr{R}$, $\mathscr{E}$, $\mathscr{T}$의 상호작용으로부터 탐구적 창의성의 관점에서 개념들의 모집단(universe)에 대한 탐구를 분석할 수 있다. 과학과 예술이 규칙이나 목표, 방법론을 바꿈으로써 진화하는 것과 마찬가지로, 이들 각 집합도 시간이 지나면서 바뀔 수 있다. Wiggins(2001)를 비롯한 Colton(2001), Ram et al.(1995)과 같은 연구자들이 탐구적 창의성의 과정(세 집합)도 그 자체로 탐구적이라는 결론을 내리게 되는 것은 이러한 끊임없는 변화 때문이다. 다시 말해, 위긴스는 위에서 언급한 것과 동일한 형식화를 사용하여, 변형적 창의성이 상위수준에서의 탐구와 동등하다는 것을 증명한다. 즉, 세 집합 중 (적어도) 하나에서 변화가 있을 때만 변형적 창의성이 발생할 수 있고, 한 수준 위로 도약하여 가능한 규칙 집합의 공간(가령, 스타일 규칙 집합의 공간, "가치 판단"의 공간, 전략의 공간)에서 탐구를 고려한다면, 동일한 분석을 할 수 있다는 생각이다. 물론, 다음과 같은 의문이 일어날 수는 있다. 이 회귀는 언제 멈추는가? 또는 이것은 창의성의 행위에 대해

결정적인가? 이런 변형들은 상위수준 행위라기보다는 상향식으로 유도되거나 발현적(가령, 뜻밖의 발견, 경험적 관찰, 감각적 진화)이지 않은가? 물론 위긴스의 설정은 사물이 어떻게 인지적으로 작동하는지에 대한 실제 주장이라기보다는 AI 내에서 창의성의 분석과 논의를 위한 제안에 가깝고, 그런 의미에서 적용할 흥미로운 기반이 되어 왔다.

2.2.1.2 창의성 평가

위긴스의 형식화는 과정의 몇 가지 양상(제약, 전략, 개념적 공간)에 집중하고 산출물에는 그다지 주의를 기울이지 않았지만, Ritchie(2001)는 시스템의 결과(즉, 산출물), 최초 데이터, 그 구성을 발생시킨 항목(*발분집합(inspiring set)*)에 기초하여 창의성을 평가하는 *기준(measure)*[15)]을 제안한다.

이런 기준을 설명하기 전에 몇 가지 용어를 정의해야 한다. 첫 번째는 *기본항목(basic item)*으로서, 이것은 프로그램이 생산하는 실체를 말한다. "이것은 무엇이 프로그램에서 성공적이거나 타당한 출력으로 간주되는가에 대한 정의가 *아니라* 프로그램이 생산하는 데이터 유형에 대한 진술일 뿐이다." 리치는 산출된 항목을 분석하기 위해 *전형성 등급(typicality rating)*(*typ*)과 *가치 등급(value rating)*(*val*)이라는 두 가지 *등급 평가함수*를 제안한다. 또한 *발분집합 I*의 개념도 있는데, 이는 명시적으로나 함축적으로 생성시스템 이면에 있는 기본항목의 집합이다. 예컨대, 규칙기반 시스템의 경우, 이런 규칙에 의해 함축적으로 정의되는 요소들은 발분집합 속에 있다. 사례기반 시스템의 경우, 처음에 저장된 사례들 역시 발분집합의 부분이다. 그리고 사례기반 학습 시스템의 경우, 훈련 단계에서 주어진 실례들이 발분집합에 속한다. 새로운 생각을 얻는 데 시스템이 얼마나 성공적인지를 평가하기 위해 발분집합을 한정하는 것이 중요하지만, 시스템 설계자는 자신의 선택 이면에서 작용하는 모든 영향을 거의 의식하지 못하기 때문에, 보통 발분집합을 발

15) 리치가 그것들을 "기준"이라고 명명했지만, 실제로는 그러한 것으로 행동하지 않는다. 어떤 것도 창의성에 대한 (또는 반대하는) 명시적인 조건이 아니다. 이런 기준들이 창의적 인공물의 *바라는* 특징으로 간주되는 것을 피하기 위해, 우리는 간단히 그것들을 *척도*라고 부른다. 이런 척도는 간단히 시스템의 창의성을 특징짓게 하는 수치적 평가 방법으로 가정된다.

견하기는 어렵다. 예컨대, 어떤 형식의 음악을 작곡하기 위한 시스템은 (발분집합의 부분인) 음악의 조각들을 분석하여 설계되었을 수 있지만, 그 시스템이 음악학 이론에서 만들어진다면 발분집합을 정의하는 것은 훨씬 어려운 과제일 것이다.

마지막으로, 네 가지 표기법을 정의해야 한다. X와 Y는 항목의 두 집합이고, F는 typ나 val 같은 함수이다.

$T_{\alpha,\beta}(X) \overset{def}{=} \{x \in X \mid \alpha \le typ(x) \le \beta\}$:	정상성 범위에 속하는 X의 부분집합
$V_{\alpha,\beta}(X) \overset{def}{=} \{x \in X \mid \alpha \le val(x) \le \beta\}$:	질 범위에 속하는 X의 부분집합
$AV(F,X) \overset{def}{=} (\Sigma_{x \in X} F(x) / \lvert X \rvert)$:	유한집합 X에서 함수 F의 평균값
$ratio(X,Y) \overset{def}{=} \lvert X \rvert / \lvert Y \rvert$:	두 유한집합 X, Y의 상대적 크기

리치는 시스템 출력 R의 창의성을 평가하기 위해 14개의 기준을 제안한다. R이 단 한번 실행의 결과물(들)에 해당한다고 가정해도, 시스템의 일반적인 행동을 포괄하기 위해 이러한 기준은 일련의 실행에 일반화되는 것으로 제안된다. 따라서 이 경우 우리는 독자에게 R을 한 시스템이 제 시간에 주어진 시점까지 산출할 수 있었던 결과의 집합으로 간주하게 한다. 이런 기준은 결과의 평균 품질, 전형성, 그리고 R과 전형적 항목 및 가치 있는 항목의 집합에 대한 비율의 관점에서 시스템의 행동을 정량화할 의도로 만들었다. 일반적으로, 각 개별 기준은 창의성에 대해 아무말도 하지 않을 것이다. 각 기준은 산출물 분석의 전체 그림에 그 자체의 부분으로만 기여한다. 하지만 그 중 몇 가지 기준(나중에 나오는 기준)은 다른 기준과 결합한 것이고, 창의성 잠재력을 추측하게 한다.

기준 1 $AV(typ,R) > \theta$: θ가 적절한 경우

첫 번째 기준은 항목의 전형성의 평균과 θ(값)을 비교한다. 다음 기

준은 전형적 항목이 결과에서 차지하는 유의미한 비율이 어느 정도인가를 연구한다.

기준 2 $ratio(T_{\alpha,1}(R),R) > \theta$: α,θ가 적절한 경우
기준 3 $AV(val,R) > \theta$: θ가 적절한 경우
기준 4 $ratio(V_{\gamma,1}(R),R) > \theta$: γ,θ가 적절한 경우

기준 3과 4는 처음 두 개 기준과 동일한 추론 과정을 따르지만, 가치(val)에 적용된다. 대신, 기준 5는 시스템의 성공을 다음과 같은 전형적 항목의 집합 내에서 매우 가치 있는 항목을 큰 비율로 얻을 수 있는 능력으로 분류한다.

기준 5 $ratio(V_{\gamma,1}(R) \cap T_{\alpha,1}(R), T_{\alpha,1}(R)) > \theta$: α,γ,θ가 적절한 경우

다음 세 개의 기준은 매우 가치 있지만 비전형적 결과의 집합과 출력이나, 비전형적 결과의 전체 집합, 또는 매우 가치 있는 전형적 결과의 집합과 비교한다.

기준 6 $ratio(V_{\gamma,1}(R) \cap T_{0,\beta}(R), R) > \theta$: β,γ,θ가 적절한 경우
기준 7 $ratio(V_{\gamma,1}(R) \cap T_{0,\beta}(R), T_{0,\beta}(R)) > \theta$: β,γ,θ가 적절한 경우
기준 8 $ratio(V_{\gamma,1}(R) \cap T_{0,\beta}(R), V_{\gamma,1}(R) \cap T_{\alpha,1}(R)) > \theta$: β,γ,θ가 적절한 경우

어떤 프로그램은 전체 발분집합을 복제할 수 있는데, 이 경우 (최소한 일부) 출력이 참신하지 않기 때문에 그 프로그램이 창의적이지 않다고 말할 수 있다.

기준 9 $ratio(I \cap R, I) > \theta$: θ가 적절한 경우

따라서 이 기준에서의 높은 가치란 시스템에서 창의성을 찾을 때 원하지 않는 어떤 것이다. 반대로 시스템은 발분집합에 속하지 않는 산출물

을 만들어낼 수도 있다. 따라서 기준 10에서는, (생성된 항목의 집합에서 속하면서) 역시 발분집합에 속하는 항목들에 대해 생성된 모든 항목들의 비율을 계산한다.

기준 10 $ratio(R, I \cap R) > \theta$: θ가 적절한 경우

기준 11과 12는 발분집합에 속하지 않는 생성된 항목들에 대해 몇 가지 가능한 관점을 제안한다. 즉, 전형적 항목들의 비율(기준 11)과 가치 있는 항목들의 비율(기준 12)이 그것이다. 전자는 복제가 아니지만 여전히 "규범"에 맞는 (즉, 여전히 전형적인) 결과를 생산할 수 있는 시스템의 능력을 강조한다. 후자는 복제가 아닌 가치 있는 항목을 시스템이 얼마나 잘 생산할 수 있는지를 평가한다.

기준 11 $AV(typ, (R-I)) > \theta$: θ가 적절한 경우
기준 12 $AV(val, (R-I)) > \theta$: θ가 적절한 경우

마지막으로, 기준 13과 14는 매우 전형적인 결과와 가치 있는 새로운 결과의 비율을 평가한다. 후자는 창의성이 "참신하고 가치 있는" 산출물이라는 견해와 정확히 일치한다.

기준 13 $ratio(T_{\alpha,1}(R-I), R) > \theta$: α, θ가 적절한 경우
기준 14 $ratio(T_{\gamma,1}(R-I), R) > \theta$: γ, θ가 적절한 경우

이런 기준은 적용할 때 두 가지 문제가 확실히 제기된다. 첫 번째 문제는 등급 평가함수 *val*과 *typ*에 관한 것이다. 즉, *val*은 어떤 타협을 요구하는데, 이런 타협은 창의성에 대한 일상적인 관찰로서는 거의 명시적으로 이루어지지 않는다. 여기서 말하는 창의성이란 *가치 있는* 결과가 정확히 무엇으로 구성되어 있는가를 말한다. 두 번째 문제는 해당 변수($\alpha, \beta, \gamma, \theta$)에 관한 것이다. 수용 가능한 가치를 찾는 것은 서로 다른 상황에서 이루어지는 실험에 의존할 것이다. 그러나 지금까지 이런 가치들을 적용한 경우는 없었다. 그 척도는 기준들마다 다를 것이다(가

령, 기준 4-9는 구간 $[0, 1]$에서 가치를 가지고, 기준 8은 양의 실수, 기준 10은 항상 1보다 더 높은 가치를 가진다). 이 연구에서 α, β, γ는 0.5라고 가정한다.

리치가 고려하는 또 다른 논제는 참신성과 유용성이 아닌 전형성과 가치이다. 유용성과 가치는 보통 (어떤 것이 목적을 달성한다면 가치가 있다는 의미에서) 같은 의미를 뜻하지만, 전형성은 참신성과 반대이다. 이런 개념들이 너무 단순화될 위험이 있지만, 여기에서는 전형성이 참신성의 반대이고(즉, $nov(x) = 1 - typ(x)$), 가치는 유용성과 동일하다고 간주한다. 이는 제6장에서 다룰 분석에 중요하다.

컴퓨팅 시스템이 직접 적용된 예는 거의 없었으므로, 이런 기준에 대한 실증적 가치와 고찰은 이용할 수 없다. 그 이유는 다음과 같이 세 가지를 들 수 있다. 첫째, 그 체제가 여전히 미완성 단계에 있으므로 추가 연구를 필요로 한다. 둘째, 시스템이 창의적 잠재력을 측정하고, 그와 동등한 것들을 비교해야 할 실질적인 필요가 없었다. 이는 어떤 사람들이 창의적 시스템에 대해 하는 주장과 대조되는 사실이다. 셋째, 그 기준들은 컴퓨팅 창의성을 분석하는 데에 부적당하거나 유용하지 않은 것으로 간주될 수 있다. 세 번째의 가능성에 관해서는, 이것들이 컴퓨팅 시스템의 창의성을 형식적으로 분석하기 위한 지금까지 유일한 설명들이라는 점은 확실하다(Figueiredo & Campos 2001의 뜻밖의 발견 방정식 또는 놀라움을 측정하는 것에 관한 연구(Macedo & Cardoso 2001) 등과 같이 조악한 형식화는 예외이다). 절대적인 방식으로는 아닐지라도 우리가 제안하는 모형의 창의성을 결정하는 것이 긴요하기 때문에, 이런 생각들을 우리 시스템을 분석하는 데 적용할 것이다.

이 두 접근법이 공통점이 많다는 것 역시 명백하다. 예컨대, 위긴즈의 $\mathscr{R}$와 $\mathscr{E}$는 각각 리치의 typ과 val에 대응한다. 하지만 근본적인 차이는 있다. 리치는 시스템의 결과와 평가 도식의 *내부*를 살펴서 이들에 따라 모든 기준을 정의하기 때문에 탐구적 창의성만 고려하지만,[16] 위긴스의 형식화는 시스템과 가능한 항목들의 모집단($\mathscr{U}$)을 대립시켜 메타층위 분석과 나아가 변형적 창의성을 가능케 한다. 그림 3에서는 위긴스의 체

16) 그는 변형적 창의성을 기준 6으로 기술되는 상황으로 제안하지만(high val, low typ), 이에 대해서는 그 항목들을 높이 분류하는 (아직 정의되지 않은) 등급 평가함수 typ'이 있다.

제 내에서 개념의 분류를 요약하고, 발분집합, 전형성, 가치, 제시된 기준을 고려한다. 이 그림은 다음과 같은 세 집합 간의 상호작용에 기초한다. 즉, 전략 $\mathscr{T}$로 얻을 수 있는 개념들의 집합인 ≪ $\mathscr{R}$, $\mathscr{T}$, $\mathscr{E}$≫, 규칙 $\mathscr{E}$에 의해 정의되는 항목들의 집합인 [[$\mathscr{R}$]], 규칙 $\mathscr{E}$에 따른 가치 있는 항목들의 집합인 [[$\mathscr{E}$]]가 그것들이다. 따라서 변형적 창의성은 도달 가능한 개념들의 집합을 변화시키는 효과를 가질 것이다. "도달 가능한 창의적 개념들"의 집합은 기준 5, 10, 11, 12, 13, 14의 묘사를 따서 명명되었지만, "창의적"이라는 말은 "가치 있는 비전형적 개념들"의 집합에 붙여야 한다고 주장할 수 있는데, 이는 후자가 참신성과 가치를 선호하기 때문이다.

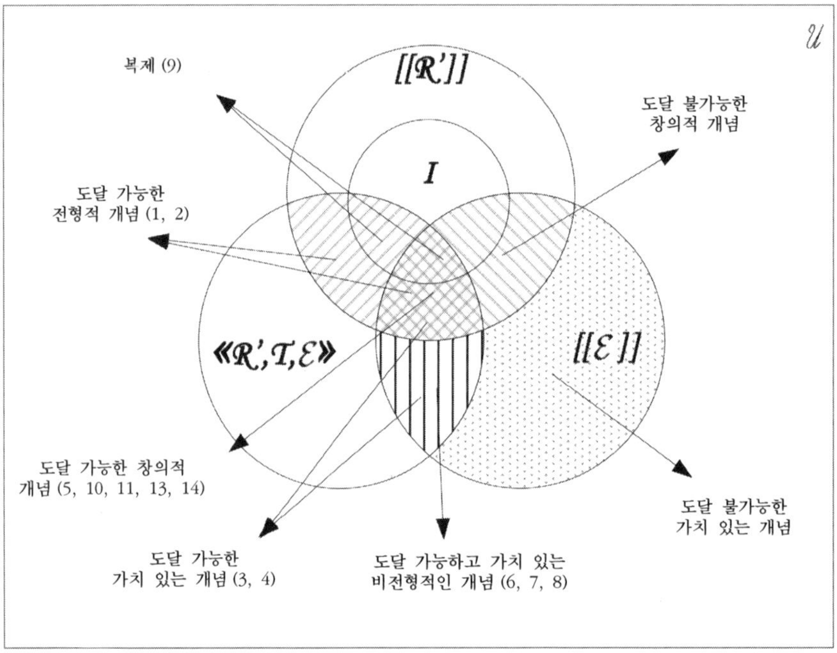

그림 3. ≪$\mathscr{R}$, $\mathscr{T}$, $\mathscr{E}$≫, ⟦$\mathscr{R}$⟧, ⟦$\mathscr{E}$⟧에 따른 모집단 $\mathscr{U}$ 내에서 개념들의 분류. $\mathscr{C}$ = ⟦$\mathscr{R}$⟧임을 명심하라.

2.2.2. 창의적 시스템

2.2.2.1. 무엇이 창의적 시스템인가?

먼저, 컴퓨팅 시스템을 창의성의 목록에 포함할 수 있는 필요조건(충분조건은 아님)을 정의해야 한다.

- 컴퓨팅 시스템은 (그것이 알고 있는) 이전 솔루션의 복제가 아닌 솔루션을 만들어 내는 것이 목표여야 한다.
- 컴퓨팅 시스템은 제안된 임무에 대해 수용 가능한 솔루션을 만들어내는 것이 목표여야 한다.

물론 이러한 필요조건은 보든의 심리적 창의성 관점에서 참신성과 유용성에 대한 고전적 정의에 해당한다. 따라서 우리는 *고전적인* 극단적 시스템을 감안하고 있다. 즉, 좋은 항목을 찾을 수 있는 임의적인 과정, 무작위 대입 방법(brute-force blind method)으로 탐색공간 전체를 탐색하는 시스템, 매번 다른 결과를 생성하지만 인간들에게는 모두 비슷해 보이는 시스템 등이 그런 극단들이다. 이러한 분류에 따르면, 이것들은 모두 창의적 시스템이지만, 우리는 두 번째 조건, 즉 잘 정의된 목표를 달성한다는 조건에만 집중하는 AI 시스템의 (훨씬 큰) 집합은 주로 배제하고자 한다. 지능의 경우처럼, 그러한 시스템에는 완전히 비창의적인 것에서부터 명확히 창의적인 것에 이르기까지 창의성 *등급*의 연속체가 존재하며, 이를 세분화하기 위해 다음과 같은 일부 차원들을 조사할 수 있다.

- 위의 조건들을 위배하지 않고서 그것이 처리할 수 있는 복잡성: 창의적 능력은 보통 매우 복잡한 문제에서 더욱 두드러진다(또는 결정적이다). 매우 복잡한 환경에서 기준을 충족시킬 수 있는 프로그램은 확실히 창의성 연속체에서 (매우) 창의적인 쪽에 있다.
- 추상화의 다양한 수준에서 추론할 수 있는 능력: 동일한 문제에 대해 다양한 수준의 추상화를 다룰 수 있는 시스템은 그런 능력이 없는 시스템보다 메타레벨의 추론(그리고 변형적 창의성)이라는 목표에 확실히 더 가깝다.
- 다양한 종류의 표상을 처리할 수 있는 능력: 창의성에 관한 문헌(가령,

Karmiloff-Smith 1993)에서 자주 언급되듯이, 표상은 창의적 결과를 강화한다.

- 두 개 이상의 영역에서 작용할 수 있는 능력: 창의성은 고립된 상태로는 고려될 수 없다. 구조적 변화 없이 두 개 이상의 영역을 다룰 수 있는 시스템은 다른 영역과 함께 작용할 수 있도록 재프로그래밍이 필요한 시스템보다 더 창의적이다. 전자는 영역횡단 전이 능력에 더 가까워야 한다.
- 자체 산출물을 평가할 수 있는 능력: 자체 평가나 자체 비판 역시 창의적 생산에 중요하다고 알려져 있다. 자체 산출물을 평가할 수 있는 시스템은 창의적인 경향이 있다.

2.2.2.2. 일부 시스템과 모형

이 책에서 언급하는 모든 연구에서 창의적 시스템 분야를 개관하는 것은 다음 두 가지 특별한 이유로 어렵다. 첫째, 지난 5년 동안 창의적 시스템이 놀라울 정도로 크게 확산되면서 다양한 영역과 방법들로 퍼져 나갔다. 둘째, 단지 몇 가지 시스템만이 "창의적 시스템"으로 식별되고, "사이버예술(cyber art)", "생성시스템(generative system)", "창의적 설계(creative design)"와 같은 다른 분류를 선호한다. 더욱이 이들 중에서 몇 가지 시스템만이 기본적인 "창의성의 컴퓨팅 모형"을 의식적으로 따른다. 따라서 지금까지 사용된 모형들을 분석하기 위해서는 기존의 구현들로부터 이 모형들을 추상할 필요가 있다.

개관을 위해 선택한 시스템들은 다음 세 가지 조건을 준수한다. 각 시스템은 다른 곳에서도 이용 가능하도록 구현 지침서가 마련되어 있어야 하고(많은 상용 구현은 배제한다), 최근에 출간된 것이어야 하며(일부 *고전적인* 예는 제외),[17] 단지 약식으로 가정되더라도 창의적 시스템에 대한 위의 정의를 충족해야 한다.

제시된 접근법들은 상징적 시스템, 하위상징적 시스템, 하이브리드 시스템이라는 전통적인 AI 패러다임 분류군에 속해 있다. 따라서 이러한 분류법에서 시작하여 개관을 구조화할 것이다. 그럼에도 우리는 창의성이라는 주제에 관해 지금까지 논의한 논제에 따라 그것을 조직하고자 한다.

첫 번째 논제는 2.1절에서도 다루었던 *인지/사회*라는 관점의 대립에

17) 우리는 지난 4년을 이해하기 위해 "최근에"를 관습화하는데, 왜냐하면 2000년 이후에 그 주제 전용인 행사들은 해마다 개최되었다.

관한 것이다. 어떤 연구는 창의성이 다중 상호작용의 결과로 나타나는 다중-에이전트 환경을 통해 이루어진다는 칙센트미하이의 *체계 관점*을 따른다. 이런 접근법의 예로는 하이브리드 사회(Hybrid Society)(Cardalda 1999), 디지털시계의 영감(The Digital Clockwork Muse; TDCM)(Saunders & Gero 2001), 설계 상황(Design Situations; DS)(Sosa & Gero 2003), 불확실한 미지의 환경에 대한 놀람/호기심 기반 탐색(Surprise/Curiosity-based Exploration of Uncertain and Unknown Environments; SC-EUNE)(Macedo & Cardoso 2001) 등이 있다. 다른 한편으로, 인지적 관점(즉, 기계는 단 하나의 행위자다)에 기반하는 접근법을 따르는 시스템이 있다. 이런 시스템은 영역 의존적 규칙(가령, 모차르트 미뉴에트(Lothe 2000), 아론(Aaron)(Cohen 1981))과 확률 모형(가령, 푸가 제시부 생성(fugal exposition generation)(Craft & Cross 2003), 포스터모더니즘 생성기(Postmodernism generator)(Bulhak 2000))을 적용하고, 과거 경험(가령, 재구축자의 사례기반 추론 접근법(Case-based Reasoning approach of ReBuilder)(Gomes et al. 2002)과 ASPERA(Gervás 2000a))과 진화적 연산(가령, NevAr(Machado & Cardoso 2002)과 Poevolve(Levy 2001))을 다시 사용하며, 은유(가령, 사퍼(Sapper)(Veale 1995; Veale & Keane 1997; Veale & O'Donoghue 2000), 유추(가령, 카피캣(Copycat)(Hofstadter & Mitchell 1988))나 개념적 조합(가령, C^3(Costello 1997))과 같은 특정한 인지적 현상을 모형화한다. 물론 다중-에이전트 시스템에서 개별 에이전트들은 각각의 과정을 가질 필요가 있으므로, 이 두 관점이 완전히 양립할 수 없는 것은 아니다.

두 번째 논제는 평가에 관한 것이다. 즉, 시스템은 마지막 산출물을 얻기 위해 어떠한 수단에 의해 자체평가를 수행하고 있는가? 또는 사용자가 참여하여 상호작용한 결과로 산출물이 생성되는가(이 경우, 인간과 기계로 이루어진 일반 시스템은 두 에이전트 시스템으로 간주될 수 있다)? 일반적으로, 다중-에이전트 시스템은 내장된 평가 전략을 전제하여, 흔히 에이전트들 간의 상호작용의 일부가 되지만('TDCM(디지털시계의 영감)'에서 그러하듯이 평가가 긍정적일 경우 어떤 에이전트는 다른 에이전트를 보상한다), 하이브리드 사회는 예외이다(인간은 인류 평등주의적 다중-에이전트 시스템의 일부일 수 있으며, 산출하고 평가할 수 있다). 단일-에이전트 구조 역시 확률이나 규칙 또는 (신경회로망과 같이) 선행학습 기제를 통해 일종의 자체평가 시스템이 내장되어 있다. 이런 자체평가는 미적 판단보다는 스타일이나 목표에 따른 산출물의 적절성에 더 의존한다. 그러나 우리는 미학을 고려하는 다양한 자체평가 방법을 찾을 수 있기 때문에(가령, NevAr는 지각에 기반한 미적 원리를 적용할 수 있고, HR에는 흥미성 휴리스틱(interestingness heuristics)이 포함되어 있다), 이를 너무 엄격하게 읽어서는 안 된다. 어떤 시스템은 생성 과정에서 사용자의 적극적인 참여에 의존한다. 대표적인 예는 대화형 유전 알고리즘(interactive genetic algorithm, 이하 IGA)으로서, 여기서 알고리즘이란 사용자가 평가하는 항목을 생성시키고(가령, NevAr와 Sims 1991[18]), 이 평가는 다음 항목을 산출하는 데 사용된다. Max(Campos & Figueiredo 2001)는 (사용자 프로파일에 따라) 흥미로운 페이지를 찾기 위해 웹을 검색하는 에이전트로서, 이는 순환이 계속 이루어지도록 적절한 피드백을 Max에 제공해야 하는 사용자에게 뜻밖의 발견을 위한 통찰력을 촉발시키기 위한 것이다. MuzaCazUza와 ReBuilder는 (각각) 음악과 소프트웨어 재사용에 대한 두 가지 사례기반 추론 시스템으로서, 이것은 사례의 적응을 위해 사용자에게 의존한다(ReBuilder의 경우, 그것은 유추 사상 적응법을 제공한다).

세 번째 문제는 기억의 사용과 관련이 있다. 시스템은 과거의 실행을 추적하므로 과거의 경험에서 이득을 볼 수 있는가? 이것은 앞서 논의한 *준비* 단계의 실례로 간주될 수 있다. SC-EUNE, NevAr, ReBuilder, Max, 메타캣(Metacat), 사퍼와 같은 일부 시스템만이 이런 특성을 보인다.

메타층위의 추론을 할 수 있는 것, 즉 *추론방법*에 대해 추론할 수 있는 것은 HR, 메타캣, 사퍼 등 세 가지 시스템에서만 찾아볼 수 있다. 하디(Hardy)와 라마누잔(Ramanujam)의 이름을 딴 HR(Colton et al. 1999)은 순수수학에서 발견을 수행하기 위해 사이몬 콜튼(Simon Colton)이 설계하였다. HR은 그 자체의 수학적 개념을 구축하고, 그 개념들에 대해 추측하며, 참인 추측을 증명하려고 하고, 거짓 추측에 대한 반례를 발견하는 것을 포함해 수학의 완전한 순환을 수행한다. HR은 일곱 가지 휴리스틱과 아홉 가지 산출규칙에 따라 새로운 개념을 구축

18) 이 두 경우는 더욱 구체적으로 대화형 유전 프로그래밍(interactive genetic programming; IGP) 시스템이다.

한다. 이 모두는 수학 분야에서 가장 포괄적인 가능성이다. HR은 메타층위의 추론 버전을 가지고 있는데(Colton 2001), 이 버전에서 HR은 개념, 개념의 추측, 하위층위 이론의 추측을 포함하는 상위층위의 이론을 구축한다. 예컨대, 그것은 "기능"이라는 상위층위의 개념을 형성할 수 있다(이런 개념에 대한 예를 구성하는 쌍에서 발견되는 각 첫 번째 사물에 대한 특유한 두 번째 사물이 있다). 하위층위 기능의 예는 소수(素數), 완전수, 쌍 등에 대한 정의이다. HR 또한 다중-에이전트 버전이 있으며, 여기에서 서로 다른 전략을 가진 네 개의 HR 기반 에이전트는 병렬로 실행되는데(Colton et al. 2000), 새로운 개념과 추측을 교환함으로써 상호협력한다.

메타캣(Marshall 2002)은 카피캣(Hofstadter & Mitchell 1988)의 가장 최신 버전으로서, 근원과 목표 간의 사상뿐만 아니라 그들 내부의 설명적 관계를 찾고, *슬립넷(Slipnet)* 내부의 개념과 연관시키기 위해 상향식 병렬 전략을 적용하는 퍼즐 유추(가령, "abc→abd::xyz→?")를 해결하기 위한 시스템이다. 슬립넷은 개념들 간의 가변적 거리를 가진 의미망(semantic network)으로서(개념의 예로는 알파벳 글자, *반대쪽* 또는 *선행글자*와 같은 관계, *최우측* 또는 *알파벳 첫글자*와 같은 속성을 들 수 있다), 확산적 활성화(spreading activation) 알고리즘은 그럴듯한 사상(가령 "abc→abd::xyz→?"에서, "c"는 "z"에 대응하고 둘 다 최우측에 있으며, 알파벳 상에서는 "c"가 "d"의 선행글자이다)을 결정하는데 사용된다. 개념들의 집합이 활성화될 때, 후보 솔루션이 투사된다. 이것이 실패하면, 카피캣은 활성화된 개념(가령, 최우측 또는 최좌측)과의 거리가 짧은 개념으로 *미끄러져 가서(slip)*, 다른 활성화 패턴을 시도할 것이다. 메타캣은 카피캣의 형제로서, 일련의 메타층위의 특징들이 추가된 것이다. 메타캣은 실행 이력을 유지하여, 슬립넷 개념 쌍으로 구성된 추론 *주제(theme)*를 창조한다. 예컨대, "a"와 "z" 간의 알파벳 위치 대칭성이라는 개념을 표현하기 위한 주제는 *알파벳 상의 위치*나 *반대쪽*이라는 슬립넷 개념을 가질 것이다. 카피캣은 서로 다른 실행들 사이의 유추를 비교하기 위해 사용하는 일화기억(episodic memory)[19]에 이

19) (역주) 개인적으로 경험한 사건들에 관한 것으로, 어떠한 사건이 언제 어디서 일어났으며, 서로는 어떤 관계인지 등에 대한 기억이다. 예컨대, 친구와 같이 저녁을 먹었던 것, 거리에 지나가던 차를 보았던 것, 그리고 학교에서 만났던

새로운 정보를 저장한다(그것은 "이것을 보면 문제 X가 생각난다(this reminds me of the problem X)"와 같은 문장을 출력한다). 또한 실행 이력을 분석함으로써 퍼즐 솔루션 이면에 있는 이유를 정당화할 수도 있다. 하지만 메타캣은 이러한 메타층위 지식(이력과 주제)을 피상적으로 사용하는데, 이는 HR과는 달리 (사용자와의) 의사소통 목적을 위해서만 그런 지식을 사용하고, 자신의 내적 지식을 향상시키거나 바꾸지 않으며, 심지어는 현재 문제를 해결하기 위해 이전 솔루션을 사용하기도 한다는 의미에서이다.

(3.4.2절에서 상세히 제시할) 사퍼 역시 사상 과정을 안내하는 "구성공간(construction space)"을 바꿈으로써 메타층위 수정이 가능하다(Veale & O'Donoghue 2000). 이러한 능력을 가진 시스템은 입력 데이터가 동일할 때에도 서로 다른 은유 해석을 제시할 수 있어야 한다.

개념들을 영역횡단 전이를 할 수 있는 능력은 2.1절의 창의성 이론 전체에서 반복적으로 주장되고 있음에도 불구하고, 대다수의 시스템에는 이런 능력이 없다. 설상가상으로, 대부분의 시스템은 자체의 단일영역으로만 작업하도록 맞추어져 있다. 이 문제에서 또 다시 놀라운 점은 HR만이 영역횡단 전이를 할 수 있고(Steel 1999) 다양한 영역들로 작업을 할 수 있는 유일한 시스템이라는 것이다. 하지만 이 두 능력이 겸비된 경우는 거의 없다. HR의 영역횡단 버전은 수학 분야의 개념에 특별히 주의하여 만든 것이지만,[20] 이 버전을 수학과 분리된 영역에 적용하는 것(가령, 동물 분류(Colton et al. 2000))은 독립적인 방식으로 이루어졌다. 다른 두 시스템은 보통 추상적 층위에서 영역횡단 전이를 할 수 있다. 사퍼는 우리 연구에 중요하기 때문에 3.4.2절에서 철저하게 다룰 은유 해석 시스템이며, Drama는 3.4.3절에서 간략히 기술할 것이다. 둘 모두 의미망 사이에서 공간횡단 사상이 발견되는데, 이는 지식을 전이하는 데 사용될 수 있다. 즉, 유추에 의한 문제해결에 사용될 수 있다.

이러한 분석으로부터 이제 창의성의 컴퓨팅 모형의 분류법을 추출할 수 있으며, 이를 요약하면 다음과 같다.

방문객의 얼굴을 기억하는 것과 같이 자신의 개인적·자서전적 과거에 대한 기억을 의미한다.

20) 예컨대, (그래프 이론에서) 이중적 마디의 순서를 예측하기 위해 (수 이론에서 나온) 삼각수를 사용하는 것.

- *체계 모형(Systems model, 이하* SM). 창의성은 행위자들 사회가 상호작용한 결과이다. 각 행위자는 역할이 비슷하거나 다를 수 있고, 아래의 방법에 따라 구현될 수도 있지만, 다른 행위자들과의 상호작용은 창의적 항목을 발견하는 데 매우 중요하다.
- *진화 모형(Evolutionary model, 이하* EM). 창의성은 인공물이 진화한 결과로 나타난다. 이러한 진화는 궁극적으로는 최대로 수렴되는 후보 인공물들의 동시적 흐름과 병행해서 일어난다. 판단(적합성 기능)은 사용자(IGA의 사용자) 또는 신경망이나 휴리스틱 규칙 같은 알고리즘을 통해 내려진다.
- *영역 중심적 모형(Domain-centered model).* 창의성은 특정 영역에 대한 전문지식으로부터 나타난다. 영역이 다르면 특정한 방법이나 지식 구조가 달라진다(하지만 일반적인 접근법은 동일하다). 이 모형은 다음과 같이 세 가지 하위모형으로 나뉠 수 있다.
  - *전문가 체계 모형(Expert Systems model, 이하* ESM). 항목은 적용 영역의 잘 확립된 제약과 방법론적 규칙을 따라서 생성된다. 창의성은 잘 한정된 의사결정 지점에서 임의성을 허용함으로써 자극을 받는다.
  - *사례기반 추론 모형(Case-based Reasoning model, 이하* CBRM). 창의성은 현재 상황에 주의를 기울이면서 과거의 경험을 재사용하고 적응한 결과이다. Ram et al.(1995)에 따르면, 이것은 문제의 해석, 문제의 재형식화, 사례와 모형 회수, 정교화와 적응, 평가라는 다섯 단계로 달성된다.
  - *확률 모형(Stochastic model, 이하* STM). 창의적 항목은 선택된 데이터를 분석하여 얻어진 비결정적 오토마톤(automaton)으로부터 생성된다.[21] STM이 잘 훈련된다면, 평가나 기억과 같은 문제는 오토마톤에 내포되고, *틀린* 결과나 처음 데이터와 상당히 다른 결과를 거의 출력하지는 않는다.
- *인지 중심적 모형(Cognition-centered model, 이하* CCM). 창의성은 컴퓨터로 모형화될 수 있는 정신적 과정으로부터 생겨난다. 이 모형은 영역에 독립적이므로, 항목은 적용 층위에서 구상화될 필요가 있는 개념적 층위에서 표상된다. 이러한 구상화는 외적으로 이루어질 수도 있지만, 개념 기술과 일치해야 한다.

21) 이런 시스템들은 생성적 목적을 위해서라기보다는 분석적 의도(가령, 예측이나 분류를 위해)로 여러 번 형성되었다고 말해야 한다. 물론 둘 다로 사용될 수는 있다.

표 1과 2에는 분석한 시스템의 특징을 요약해 두었다. 표에는 여기에서 상세히 기술하지 않은 시스템도 있는데, 이는 설명해도 이 책에 필요한 사실이 더 없기 때문이다. 더 많은 시스템도 배제되었으므로(상용 시스템은 신경 쓸 필요가 없다), 이는 광범위한 접근법을 망라하고자 하는 매우 작은 최신의 표본이다.

표 1. 분석한 창의적 시스템의 포괄적 기술 (1부)

이름	*주제*	*추론 패러다임*	*영역*
HR	Concept Formation	Rule-based	Many (essentially Maths)
SC-EUNE	Surprise Modelling	Rule-based	Architecture
TDCM	Aesthetic evolution	IGA+NN	Artistic images
Design Situations	Design	Hybrid	Deign
Hybrid Society	Aesthetic evolution	IGA+NN	Music
NevAr	Image generation	IGP	Artistic images
MuzaCazUza	Melody generation	CBR	Music
ReBuilder	Software Reuse	CBR+Analogy	Software Engineering
Max	Serendipity	Rule-based	Web searching
Metacat	Analogy	Hybrid	Puzzles
ASPERA	Style imitation in poetry	CBR	Poetry
Conklin & Witten(1995)	Music prediction	Statistic	Music
Craft & Cross(2003)	Style imitation in music	Statistic model (n-gram)	Music
Sims(1991)	Image generation	IGP	Artistic images
Copycat	Analogy	Hybrid	Puzzles
Lothe(2000)	Style imitation in music	Rule-based	Music (Mozart Minuets)
EMI	Style imitation in music	Statistic model (n-gram)	Music
Manurung et al.(2000)	Poem generation	Hybrid (rule-nased+GA)	Poetry
Poevolve	Poem generation	IGA+NN	Poetry
WASP	Poem generation	Rule-based	Poetry
JAPE	Pun generation	Rule-based	Humour
Postmodernist generator	Thesis generation	Statistical	Literature/humor
MAKEBELIEVE	Text Generation	Rule-based	Stories
Dupond	Text Generation	Rule-based	Conversation
Brutus	Text Generation	Rule-based	Stories
Aaron	Image generation	Rule-based	Artistic images
HAHAcronym	Acronym generation	Rule-based	Humour
Sapper	Metaphor	Hybrid	Many
Drama	Analogy	Hybrid	Many
C^3	Conceptual Combination	Rule-based	Noun-noun compound

표 2. 분석한 창의적 시스템의 포괄적 기술 (2부)

이름	구조	모형	삽화적 기억	평가	참고문헌
HR	Allows both	CCM, ESM	No	Built-in	Colton et al.(1999)
SC-EUNE	Multi-agent	CCM, SM	Yes	Built-in	Macedo & Cardoso(2001)
TDCM	Multi-agent	SM, EM	No	Built-in	Saunders and Gero(2001)
Design Situations	Multi-agent	SM	No	Built-in	Sosa & Gero, 2003)
Hybrid Society	Multi-agent	SM	No	Interactive	Cardalda(1999)
NevAr	Single agent	EM	Yes	Inter./Built-in	Machado & Cardoso(2002)
MuzaCazUza	Single agent	CBRM	No	Interactive	Ribeiro et al.(2001)
ReBuilder	Single agent	CBRM, CCM	Yes	Interactive	Gomes et al.(2002)
Max	Single agent	CCM, ESM	Yes	Interactive	Campos & Figueiredo(2001)
Metacat	Single agent	CCM	Yes	Built-in	Marshall(2002)
ASPERA	Single agent	CBRM	No	Built-in	Gervás(2000a)
Conklin & Witten(1995)	Single agent	STM	No	Built-in	
Craft & Cross(2003)	Single agent	STM	No	Built-in	
Sims(1991)	Single agent	EM	No	Interactive	
Copycat	Single agent	CCM	No	Built-in	Hofstadter & Mitchell(1988)
Lothe(2000)	Single agent	ESM	No	Built-in	
EMI	Single agent	STM	No	Built-in	Cope(1991)
Manurung et al.(2000)	Single agent	EM,ESM	No	Built-in	
Poevolve	Single agent	EM	No	Built-in	Levy(2001)
WASP	Single agent	ESM	No	Built-in	Gervás(2000b)
JAPE	Single agent	ESM	No	Built-in	Binsted(1996)
Postmodernist generator	Single agent	STM	No	Built-in	Bulhak(2000)
MAKEBELIEVE	Single agent	ESM	No	Built-in	Liu & Singh(2002)
Dupond	Single agent	ESM	No	Built-in	Mendes(2004)
Brutus	Single agent	ESM	No	Built-in	Bringsjord & Ferrucci(2000)
Aaron	Single agent	ESM	No	Built-in	Cohen(1981)
HAHAcronym	Single agent	ESM	No	Built-in	Stock & Strapparava(2003)
Sapper	Single agent	CCM	Yes	Built-in	Veale & Keane(1997)
Drama	Single agent	CCM	No	Built-in	Eliasmith & Thagard(2001)
C^3	Single agent	CCM	No	Built-in	Costello(1997)

아마도 창의적 시스템 분야가 초기이거나 각 시스템의 목적이 다르기 때문에, 해당되는 창의성을 형식적으로 분석한 시스템은 거의 없다. 위긴스, 리치 등의 형식주의는 거의 적용되지 않았는데, 이는 발분집합이나 해당되는 많은 변수에 대한 값을 결정할 때 발생하는 문제를 고려하면 이해할 만하다. WASP(Gervás 2002)와 Dupond(Mendes 2004)만이 이런 형식화를 이용하여 분석했고, (Pereira, Mendes, Gervás & Cardoso 2005에서 강조했듯이) 두 시스템을 다른 시스템과 비교하는 것은 한층 복잡하다. 이 책에서는 창의적 시스템의 평가에 대한 이 근본적인 측면에 또 다른 기여를 할 것이다.

창의적 시스템이 현재 확산되고 있음에도 불구하고 대다수는 탐색적이라는 점에 유의하면서 이 절에 대한 결론을 내리고자 한다. 지금까지 변형적 창의성이 HR와 메타캣 같은 시스템으로 달성되었다고 할 수 있지만, 이는 초보 수준일 뿐이다. 이러한 시스템은 메타지식을 다루지만, 여전히 개념적 공간, 전략, 지식 표상, 평가 기능을 실제로 *변형시키는* 것과는 거리가 멀다.

CHAPTER 3

개념 연구

이 책에서는 개념창조 모형을 제시하기 때문에, *개념(concept)*과 *개념창조(concept invention)*가 정확히 무엇인지 정의해야 한다. 더 나아가 그러한 개념들로 연구하는 층위에서 적용되는 인지적·컴퓨팅 기초를 제시하고 설명해야 한다. 따라서 이 장에서는 개념과 개념창조를 정의한다(그리고 이를 *개념형성(concept formation)*과 대립시킨다). 또한 이 책 곳곳에서 등장하는 개념적 조합, 개념적 혼성, 은유와 유추도 소개할 것인데, 이것은 모두 개념 또는 개념망(network of concepts) 층위에서 작동한다.

3.1 개념이란 무엇인가?

개념에 대한 가장 구체적인 정의는 생각이나 사물, 행동을 가리키는 추상물이라는 것이다. 개념은 동적인 실체일 수 있다. 즉, 시간이 흐르거나(즉, "전화기"의 개념은 기술 발달로 진화했다), 사람(가령, "악어"가 어떤 사람에게는 "애완동물"이지만 다른 사람에게는 그렇지 않다) 또는 상황에 따라(가령, "거대함"이란 개념은 "코끼리"를 "인간"에 비교할 때와 "공룡"에 비교할 때 상당히 다를 것이다) 변할 수 있다. 흔히 과학 영역에서 개념은 형식적이고 정적일 수도 있다(가령, "소수(素數)"의 개념은 변하지 않는다). 개념에 대한 정의뿐만 아니라 개념을 인지에서 표상하는 방법을 두고 많은 논쟁이 있었다. 여기에는 다음의 세 가지 주된 견해가 있다.

- 원형 견해(Prototype view)(Rosch 1975). 개념이란 어떤 실례가 언제 그 개념의 예인지 아닌지를 구별하는 데 사용되는 명시적 정의라기보다는 원형에 의해

마음속에서 표상된다. 개념은 "평범한" 특징을 가지고 있는 "이상적(idealized)" 원형이나(가령, "새"의 원형으로는 "날개가 있다", "깃털이 있다"가 있다), "모범적(paradigmatic)" 원형에 의해 표상된다(가령, 컵 대한 커피잔, 또는 큰 스푼에 대한 나무스푼). 물론 개념이 반드시 고정된 특성으로 정의될 수 있는 정적인 실체는 아니기 때문에 이 견해는 문제가 있다.

- 전형 견해(Exemplar view)(Medin & Schaffer 1978). 개념은 가장 평범한 전형(典型)에 의해 표상된다. 따라서 한 실례를 분류하는 것은 기억한 전형들 중 어느 것이 가장 비슷한 것인가를 결정하는 데 있다. 이 견해는 우리가 일화기억 속에서 경험을 조직한다는 것을 암시한다. 전형 견해를 독립적으로 고찰한다면 특별한 양상에서 실패한다. 지식이 개별적인 경험에 의존한다는 것에는 의견이 일치한다 해도 추상화하고 경험에서 일반화할 수 있는 능력은 필수적인데, 그렇지 않다면 기억은 추론하는 데 불충분하기 때문이다.
- 이론 견해(Theory view)(Murphy & Medin 1985). 개념의 표상은 *미시이론(micro-theory)*에 기초한다. 미시이론은 개념(또는 관련 개념들)에 대한 사실과 개념들 간의 인과적 연결로 개념을 기술한다. 예컨대, "새"라는 개념에는 "날다", "날개가 있다"라는 사실이 있지만, 인과성을 설명하는 규칙도 있을 것이다(가령, *왜 새는 나는가? 왜 새는 나무에서 둥지를 트는가?*). 따라서 미시이론은 (인과적 연결을 가진) 개념망과 개념에 대한 규칙으로 구성되어 있다. 이 견해는 또한 다음과 같은 두 가지 문제를 제기한다. 미시이론의 경계는 어디까지여야 하는가(가령, 새의 날기를 설명할 때, 물리적 법칙이나 상식을 이용해야 하는가, 나아가 어느 정도까지 상세하게 해야 하는가)? 개념은 동적일 수 있기에, 하나의 이론으로 개념을 표상하는 것은 비-단조 추론(non-monotonic reasoning)의 다양한 문제가 생긴다(변화를 어떻게 표상하는가? 일관성과 취급 용이성을 어떻게 유지하는가?).

AI에서는 이 세 가지 견해가 적용되었다. 몇 가지 예만 언급하자면, 원형 이론은 어떤 기계학습(machine learning) 시스템처럼 개념을 속성-값 집합(attribute-value set)으로 표상하는 시스템에서 공통으로 적용된다(가령, 버전공간(version space) 학습; Mitchell 1978, *의사결정 트리(decision tree)*). 사례기반 추론 시스템에서는 전형 견해가 흔히 적용되는데, 여기서 일화기억은 예전 문제를 새로운 문제와 비교하는 데 사용된다. 이론 견해는 Logics(가령, 귀납적 논리프로그래밍(Inductive Logic Programming)), (3.4.2와 2.2.2절에서 제시한) 사퍼 및 카피캣 같은 의미망을 사용하는 시스템에 공통으로 적용된다.

이 책 전체에서, 다른 견해를 명시적으로 진술하는 경우를 제외하고는 개념을 말할 때는 우리의 연구 및 다른 연구들과 관련해 이론 견해를 가정한다. 개념과 범주 간의 관계를 진술하는 것도 중요하다. 우리 연구에서 범주 자체도 개념이지만, 범주는 구성원자격의 관점에서 바라본 것이다(가령, 개와 늑대라는 개념은 개속(屬) 동물(canine) 범주에 속하지만, 개속 동물과 고양잇과 동물이라는 개념은 "포유동물" 범주에 속한다.) 이것은 때때로 더욱 포괄적인 개념(개념 그 자체이기도 한 범주) 내에서 수집되는 서로 관련된 개념들의 망을 존재론이 포함하는 AI 존재론 공학(Ontology Engineering) 철학을 따른다

3.2 개념 구축

문헌 전체에서, 개념의 발견, 형성, 발명, 생성, 설계, 창조라는 용어에 다소 혼란이 있는 듯하다. 때로는 이 개념들이 서로 동의적이지만, 때로는 다른 것으로 간주된다. 우리는 개념을 구축하는 두 가지 방법인 개념형성(concept formation)과 개념창조(concept invention)를 구분한다. 우리는 심리학으로부터 개념형성에 대해 합의된 정의를 제안하는데, 이는 (억시 합의 하에) 개념발견과 일치한다. 개념창조(또는 생성이나 발명)에 대한 정의는 별로 형식적이지 못한 원리에 기초하므로 그리 합의가 된 것이 아닐 수도 있다.

3.2.1 개념형성

심리학에서 개념형성(또는 개념학습이나 개념발견)은 사물이나 사건의 범주가 갖는 공통된 특징에 반응할 수 있는 능력을 개발하는 것과 관련이 있다. 주체는 개념을 형성할 때 적절한 특징에 집중하고 무관한 특징은 무시한다. AI에서는 데이터 분석으로부터 패턴을 추상하는 기계학습이 이 작업을 보통 떠맡는다. 실제로, 기계학습 시스템의 목표는 개념을 형성하는 것이다. 이런 의미에서 기계학습 시스템이 (패턴 탐지 인공신경망(Artificial Neural Network)이나 분류용 의사결정 트리 같이 잘 정의된 목표를 위해 구축된 시스템과 반대로) 새로운 개념의 형성을 의

도적으로 선호한다면, 이 시스템은 창의적인 것으로 분류될 수 있다. 좋은 예는 과학적 발견 분야이다. 여기서 다시 HR(Colton et al. 1999)을 언급해야 하는데, 이는 수학 개념형성에 중심을 두면서 기계학습을 이용하는 시스템들(가령, AM과 EURISKO [Lenat 1984]) 중에서 HR이 가장 최신이기 때문이다.

우리는 이런 정의로부터 개념형성이 종합보다는 분석과 더 관련이 있음을 알 수 있다. 다시 말해, 개념형성에 관한 연구는 새로운 개념의 창조보다는 데이터 규칙성을 추상화하는 문제를 더욱 많이 다룬다.[1] 이 두 과정 사이에는 근본적인 차이가 있다. 데이터 규칙성을 추상화하는 것은 데이터 규칙성에 대해 논리적으로 정당한 설명을 찾는 것에 기초하지만, 새로운 개념을 창조하는 것은 논리적 정당성에는 관심을 두지 않고서 개념을 도출하는 데 기반을 둔다. 그렇다고 해서 개념형성이 창의적이지 않다는 것은 아니다. 오히려 반대로, 인간이 이룩한 많은 주요 업적 이면에는 확실히 이전에 누구도 발견하지 못한 규칙성과 연관성을 인식할 수 있는 능력이 있다.

3.2.2 개념창조

어떤 개념을 생성 과정으로부터 추론할 수 없고, 내포적으로나 외연적으로 이전에 존재하지 않았을 때, 그 개념은 (형성된 것이 아니라) 창조된 것이다. 다시 말해, 개념창조의 과정은 근거가 불충분하다. 이러한 정의는 임의성에서부터 휴리스틱에 기반한 탐색에 이르기까지 매우 폭넓은 가능성을 망라한다.

개념창조에서 평가는 근본적인 쟁점이 된다. 타당성이라는 선험적 개념이 없기 때문에, 생성된 개념을 평가하려면 기준을 충족해야 한다. 이런 기준은 창의성(즉, 참신성과 유용성)이나 문제해결(즉, 목표 충족)의 기준과 일치할 수 있다. 이 역시 어려운 기준이기 때문에, 개념창조는 타당성을 보장할 수 있는 다른 정당한 절차를 촉진하기 위한 생성 단계로 보통 적용된다. 예컨대, 과학적 발견 시스템(가령, HR, AM,

1) 따라서 어떤 문맥(가령, Learning Cycle of Lawson-Abraham [Lawson et al. 1989]은 "학생과 교사가 데이터로부터 그 개념, 흔히 교실 논의를 도출하는 단계(개념적 발명 단계)를 포함한다)에서 이름 "개념적 발명"은 이제 성공 못하는 것으로 보인다. "discovery"나 "formation"과 같은 단어는 명확히 덜 모호하다.

EURISKO)에서, 추측은 휴리스틱을 적용해서 생성된다. 개념적 설계에서, 개념창조(또는 생성)의 과정은 구조적 관계를 수립하고 규칙성을 찾아서 그것을 개념 변이형으로 결합시킴으로써 시작된다(Reffat 2002). 일반적인 AI 시스템에서, 개념창조는 (가령, HR에서의) 휴리스틱, (가령, 카피캣에서의) 병렬처리, (가령, NevAr에서의) 진화적 기법 등을 기반으로 하여 구현되었다. 이때 주된 쟁점은 새로운 개념이 어떤 경우에도 데이터 분석에 의한 *논리적 결론*이 아니라, 나중에 탐구할 한정된 추측(bounded guess)이라는 것이다.

결론적으로, 실제로 형성과 창조가 그렇게 엄격하게 분리되지 않는다(오히려 둘 사이에는 연속적인 단계가 있다)는 점을 강조해야 한다. 모든 발견에는 추측(즉, 아직 입증되지 않는 새로운 개념을 창조하거나 숙고하는 것)이 포함되어 있다. 이는 미학과 직관, 자유연상과 같이 근거가 불충분한 과정에서 상당히 큰 힘을 발휘한다. 앞서 언급한 시스템(HR, AM, EURISKO)에서 추측 생성 단계는 근본적이며, 아직 입증되지 않는 개념이 얼마나 흥미로운지를 평가하기 위한 산출 규칙과 휴리스틱을 적용해서 달성된다.

형성과 창조를 구분하는 것은 제약충족의 문제로 환원될 수 있다. 형성은 분명하지 않은 창조보다 충족해야 할 더 강한 제약을 가진다. 하지만 이들은 확실히 구분되지만 여전히 상호의존적인 창의성의 두 단계에 대응하기 때문에 더욱 명확한 구분이 필요하다. 그 두 단계란 합리성(rationality)과 상상력(imagination)이고, 다시 한 번 수렴(convergence)과 발산(divergence)이다. 합리성은 매우 제약되어 있으므로 더욱 제한적이지만 *컴퓨터로* 구현할 수 있는데 반해, 상상력은 형식적 기계에서는 거의 실행되지 않는 가능성의 세계를 허용해 준다. 컴퓨팅 창의성을 모형화할 때에 적어도 철학적으로는 개념을 연구 대상으로 하는 이 두 가지 형식을 고려해야 한다.

3.3 개념 섞기

3.3.1 개념적 조합

개념적 조합은 둘 또는 그 이상의 개념을 함께 조합하고, 종종 그 자체의 발현구조(emergent structure)를 가진 새로운 개념을 유발하는 과정이다. 보편적인 인지 과정으로 간주되긴 하지만, 개념적 조합을 연구하는 단체에서 주된 연구 동기는 언어 합성성이다. 더 구체적으로는 명사-명사(가령, "pet fish(애완용 물고기)")와 형용사-명사(가령, "blue cup(파란색 컵)") 조합의 해석이다. 이런 문맥에서 첫 번째 단어("pet", "blue")는 *수식어(modifier)*라고 부르고 두 번째 단어("fish", "cup")는 *머리어(head)*라고 부른다. 네 가지 조합 유형이 제안되었다(가령, Hampton 1997, Keane & Costello 2001 참조). 관계적(relational) 조합, 특성 사상(property mapping), 접속적(conjunctive) 조합, 알려진 개념(known-concept)이 그 네 가지 유형이다. 관계적 조합은 수식어와 머리어 사이에서 어떤 관계를 확립한다(가령, "당신이 메시지를 적기 위해 침대 *옆에 둔* 연필"인 "bed pencil(침대 연필)". Keane & Costello 2001). 특성 사상은 한 개념의 특성이 다른 개념에게 드러나는 것에 관한 것이다(가령, "침대처럼 *생긴* 연필"인 "bed pencil(침대 연필)". Keane & Costello 2001). 접속적 조합은 두 개념을 어떤 방식으로 결합하여, 그 해석은 수식어 개념과 머리어 개념 둘 다이다(가령, "인형 침대인 크고 편평한 연필"을 말하는 "bed pencil"). 알려진 개념이나 어휘화된 합성어는 흔히 의사소통에서 사용되고 확립되는 것이고(가령, "pencil case(연필통)"), 때때로는 단 하나의 어휘적 단위를 효과적으로 형성한다(가령, "railway(철도)" 또는 "lipstick(립스틱)").

개념적 조합에 대해 네 가지 주요 이론이 있다. 추상적 관계(Abstract relation)Gagné & Shoben 1997), 이중-과정(Dual-Process)(Wisniewski 1997), 합성적 원형(Composite Prototype)(Hampton 1987), 제약(Constraints)(Costello 1997)이 그것이다. 추상적 관계 이론은 제한된 수의 술어만이 수식어와 머리어 명사를 관련지을 수 있다고 말한다. CAUSE, HAS, MAKES, MADE OF, FOR, IS, USES, LOCATED, DERIVED FROM, ABOUT, DURING, BY이 그런 술어이다. 이중-과정 이론은 구조적 정렬(structural alignment)과 시나리오 구성(scenario construction)이라는 개념적 조합에 대한 두 가지 종류의 과정을 제안한다. 구조적 정렬은 특성과 접속적 해석을 설명하는 데 반해(두 개념의 속성들이 정렬된), 시나리오 구성은 관계적 해석을 설명한다(가령, "a night flight is a flight taken at night(야간비행은 밤에 하는 비행이

다)").

다른 두 이론은 우리의 연구에 중요하므로 더 많은 주의를 기울일 것이다. 제임스 햄프턴의 합성적 원형 모형은 접속적 결합(가령, "pet bird(애완용 새)")에 집중하고, "새"이기도 한 "애완동물"과 같은 개념을 형성할 때 사람들은 "새"와 "애완동물"의 원형 표상을 가져와서 그 원형들을 합성물로 결합해서 접속물을 표상한다. 이 새로운 개념은 어떤 원리에 따라 하나 또는 다른 구성소 부모로부터 그 자체의 속성-값을 계승한다. 예컨대, "애완동물"에 대한 *위치* 슬롯은 값 *집에서*를 가지지만, "새"에 대한 동일한 슬롯은 값 *야생에서*를 가진다. "pet bird"은 "새"라기보다는 "애완동물"로부터 그 값을 계승한다. 다른 속성들에서는 반대가 발생할 수 있다(가령, 슬롯 *덮기: 깃털*은 "애완동물"이라기보다는 "새"로부터 계승되는데, 여기에서 가장 일반적인 값은 *털로 덮인*이다)(Hampton 1997). 속성 계승에 대한 두 가지 영향력은 속성의 중심성(가령, 집에 있기로서의 "애완동물"의 *위치*는 중심적이지만, *색깔*은 그렇지 않다)과 합성물에서의 가능성(가령, 값 *이동하다*는 "애완용 새"에서는 가능할 수 없다)이다. 합성적 원형 모형의 또 다른 중요한 양상은 *발현(emergence)*이다. 그것은 접속물에서는 참인 것으로 간주되지만 어느 한 구성소에서는 참이지 *않은* 속성을 말한다. 발현적 특성의 주된 근원은 간단히 세상사 지식, 즉 "외연적 피드백(extensional feedback)"인 것처럼 보인다(Hampton 1987). Hampton(1997)이 "우리는 개념적 조합의 어떤 모형도 그런 효과를 직접적으로 설명하지 못한다"라고 주장하지만, 그는 발현의 두 가지 구체적인 근원을 제시한다. 하나는 접속적 범주에 들어 있는 항목들의 전형성이 그런 범주들에서 발견되는 실례의 종류에 따라 다를 수 있는 사례기반(exemplar-based) 이론이고(가령, "small spoon(작은 스푼)"은 전형적으로 금속으로 만들어지지만 "large spoon(큰 스푼)"은 그렇지 않다), 다른 하나는 배경 이론이 발현적 속성을 추론하기 위해 적용되는 이론기반(theory-based)이다(가령, "beach bicycle(해변 자전거)"는 타이어가 특별히 넓어야 한다). 제임스 햄프턴에서 나온 이 모든 생각들은 또한 3.3.2에서 제시하는 개념적 혼성에서 탐구할 수 있다.

핀탄 코스텔로(Fintan Costello)와 마크 킨(Mark Keane)의 제약 이론(Costello 1997)은 개념적 조합을 진단성(diagnosticity), 개연성

(plausibility), 정보성(informativeness)이라는 세 가지 제약을 충족시키는 표상을 구성하는 과정으로 기술한다. 진단성은 조합할 각 개념으로부터 나온 진단적 특성의 존재를 요구한다. 한 개념의 진단적 특성은 그 개념의 실례에서는 종종 발생하지만 다른 개념의 실례에서는 거의 발생하지 않는 것이다(이것은 현저성(salience)과 비슷한 것이다. Milosavljevic & Dale 1996). 개연성 제약은 과거 경험에 기초해서 함께 발생하는 것으로 이미 알려진 의미적 요소에 대한 선호도를 요구한다. 이 제약은 해석 "천사 돼지는 몸통에 날개가 있는 돼지이다"가 "천사 돼지는 꼬리에 날개가 있는 돼지이다"보다 선호된다고 예측한다. 정보성은 해석이 필요한 양만큼의 새로운 정보를 전달할 것을 요구한다. 정보성은 어느 한 구성소 개념에 상대적으로 새로운 무언가를 의사소통하지 않는 그럴 듯한 해석을 배제한다. 예는 "연필 침대는 나무로 만든 침대이다"(Keane & Costello 2001)이다.

코스텔로와 킨은 그들 이론의 컴퓨팅 모형을 실행했다. 그 시스템은 개념적 조합의 제약(Constraints on Conceptual Combination)(또는 C^3)이라고 부르고, 제5장의 디바고와 비교될 수 있다.

곧 볼 수 있듯이, 개념적 조합은 인지 과정으로 간주되는데, 물론 그 분석은 일반적으로 특별한 언어로 제약되며, 주로 영어로 제약된다. 하지만 어떤 언어와 어족들에 특정한 양상이 있다. 실제로 네덜란드어와 독일어는 동일한 종류의 조합을 허용하지만, 포르투갈어나 프랑스어 등은 그렇지 않다. 포르투갈어의 경우에, 조합에서 전치사(가령, de, para 등)를 사용하는 것은 비중의성을 보장한다. 원칙상, 포르투갈어에서 두 개의 잇따른 명사들은 접속적 해석에 대응한다(그리고 특성 해석에는 거의 대응하지 않는다). 제시한 네 개의 이론 중에서 합성적 원형 모형만이 완전히 언어 독립적인 것처럼 보이는데, 이는 그것이 접속적 조합으로 향하기 때문이다. 그렇다고 해서 다른 이론이 덜 타당하거나 인지나 창의성과 무관하다는 것은 아니다. 오히려 다른 이론이 개념의 층위라기보다는 언어의 층위에 있는 문제를 선호한다고 말할 수 있다. 이 점에서 다른 이론은 해석과 자연언어 이해의 모형으로서, 시각예술이나 음악, 과학적 발견 같은 영역에는 주의를 기울이지 않는다. 이런 영역에서도 개념적 조합은 항상 존재하고, 종종 다양한 분야와 매체에서 공유된다(가령, 바로크 스타일에서, *장식*이나 *사치*와 같은 추상적 개념, 그리고 몇몇 분야를 가로지르는 운동이 그 예이다). 따라서 이런 모형이 창의성 모형으로서는 선험적으로 제한적이라고 결론내릴 수 있다(햄프턴의 모형은 일반적인 개념에 집중하고 발현을 고려한다는 점에서 예외이다).

3.3.2 개념적 혼성

개념적 혼성(Conceptual Blending)(CB) 또는 개념적 통합(Conceptual Integration) 이론은 질 포코니에(Gilles Fauconnier)와 마크 터너(Mark Turner)가 개발하고, 은유(metaphor), 환유(metonymy), 반사실적 추론(counterfactual reasoning)과 같은 특정한 인지적 현상 쪽으로 동기화되었다(Fauconnier & Turner 1998). 개념적 혼성은 일반적으로 두 개의 입력 지식구조(*정신공간(mental space)*)를 포함하고, 이 구조들은 주어진 사상에 따라 혼성공간(Blend)이라는 제삼의 정신공간을 생성한다. 이 새로운 정신공간은 입력공간들에서 나온 부분적 구조를 유지하고, 그 자체의 발현구조를 추가한다.

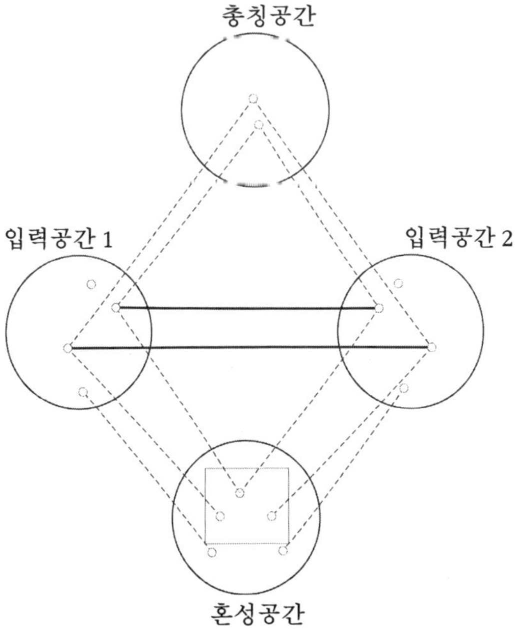

그림 4. 개념적 혼성의 네공간 모형

더욱 최근에 포코니에와 터너는 개념적 혼성을 다양한 인지적 현상을 위한 설명으로 제안한다. 이 주장은 그들의 단행본 『우리는 어떻게 생각하는가』(*The way we think*)(Fauconnier & Turner 2002)에서 한층 더 받아들여졌다. 이 단행본에서 저자들은 "인지적으로 현대의 인간의 본질과 기원"을 설명하기 위한 틀을 제안한다. 이런 대담한 주장에 비판의 목소리가 들렸다. 우리는 개념적 혼성을 상세히 설명한 뒤에 이런 비판을 요약할 것이다. 곧 보게 되듯이, 우리도 이런 비판에 동의하지만, 개념적 혼성의 본질적인 성분은 가치를 인정받아야 한다. 무엇보다도 개념적 혼성은 하나의 틀로서, 그리고 (Fauconnier & Turner 2002 이전에) 제시되는 방식에서 AI(인공지능)와 더 구체적으로는 컴퓨팅 창의성에서 고려될 수 있다. 이제 개념적 혼성이 그 자체로 창의성 모형으로 간주될 수 있는가라는 질문이 제기된다. 앞서(제2장) 제시한 견해에 따르면, 개념적 혼성만으로는 창의성 모형이라고 말할 수 없다. 이는 개념적 혼성 이론에서는 참신성에 의도적으로 전념하는 것이 아무것도 없기 때문이다. 혼성공간이 창의적인지 또는 그렇지 않은지를 구분하는 방법도 제안되지 않았다(가령, "red pencil"이 복잡한 구조를 가졌다고 해서 창의적이라고 할 수 있는가?). 두 입력공간이 어떻게 또는 왜 창의성이 가능하도록 선택되어야 하는가라는 단서가 없다. 다른 한편으로, 개념적 혼성 이론은 (앞서 간략히 기술한 Hampton(1987)이 제안하는 것과 같은 개념적 조합 철학을 따르는) 이연연상을 위한 다단계 방법을 제안하는데, 이것은 이 책에서 제시하는 창의성 모형(Creativity Model)에 중추적이다. 그리고 매우 많은 논제에서 형식적으로 한정되지 않았지만, 이 체제는 연구한 다른 (조합의) 모형들보다 더 상세하고 더 많이 설명된다. 따라서 우리는 참신성과 유용성 휴리스틱을 결합해서 개념적 혼성과 AI 탐색 모형의 조합을 창의적 시스템으로 제안할 것이다.

방금 보여 주었듯이, 포코니에와 터너는 개념적 혼성을 형식적으로나 컴퓨터로 기술하지 않는다. 우리가 알고 있는 한, Goguen(1999), Veale & O'Donoghue(2000), Lee & Barnden(2001) 외에 이 주제에 대한 형식적 설명은 소수에 지나지 않고, 명확히 주류의 개념적 혼성 공동체에서는 형식화를 우선시 하지 않는다(Fauconnier & Turner 2002: 110-111에서 컴퓨팅 모형화에 대한 논의 참조).

명확히 개념적 혼성이 상황, 직관이나 사회적 행동, 예상, 상식과 같은 복잡한 성분에 따라 다양할 수 있는 많은 특이성을 가지기 때문에 이 모형의 컴퓨팅 실현은 큰 도전이다. 다시 말해, 모형화하기가 확실히 어려운 몇 가지 논제가 있다. 그러나 AI와 개념적 혼성의 교차점은 이 체제의 컴퓨팅 모형은 아니더라도 컴퓨팅 창의성 분야에 중요한 기여를 할 수 있는 방법과 알고리즘을 가져다줄 수는 있다.

3.3.2.1. 체제

혼성공간은 한 개념이나 개념들의 망으로서, 그 존재와 정체성은 물론 그것을 생성하는 데 참여했던 지식의 조각들(입력공간)에 부착되어 있긴 하지만 사용을 통해 점차적으로 독립성을 획득한다. 혼성공간은 종종 다른 개념들의 구조를 가지고 있지만 그 자체의 (발현)구조도 가진 개념으로 생각된다. 많은 종류의 상황에서 혼성공간의 예를 발견할 수 있다. 사람들은 적어도 그리스 신화(가령, 페가수스(Pegasus))에서부터 오늘날(가령, 포켓몬(Pokemon) 캐릭터)까지 혼성공간을 만들고 있다. 혼성공간의 예는 일상 의사소통(가령, "John digested the book(존은 그 책을 소화했다)"), 기술적 혁명("컴퓨터 바이러스"), 예술(가령, 무조르그스키(Mussorgsky)의 "전람회의 그림(Pictures at an exhibition)," 칸딘스키(Kandinsky)의 "즉흥(Improvisations)"), 광고(가령, Swatch(스와치)는 "swiss"와 "watch"의 혼성어이다)에서 존재한다. Mandelblit(1997), Sweetser & Dancygier(1999), Coulson(2000), Veale & O'Donoghue (2000)의 연구는 개념적 혼성이 언어학, 창의적 인지, 유추, 은유에 기여하는 방법을 논의한다.

개념적 혼성의 첫 번째 기본 요소는 정신공간이다. 정신공간은 "화자가 상정되거나 상상된 상황이나 과거나 현재, 미래의 상황에 대해 생각하거나 이야기할 때 구축하는 부분적이고 일시적인 개념적 구조"(Grady et al. 1999)이다. "정신공간은 국부적 이해와 행동을 목적으로 우리가 생각하고 이야기할 때 구축되는 작은 개념적 꾸러미이다. (...) 그리고 정신공간은 매우 부분적이다. 정신공간은 요소들을 포함하고, 전형적으로 프레임으로 구조화된다. 정신공간들은 상호 연결되고, 사고와 담화가 전개되면서 수정될 수 있다. 정신공간은 일반적으로 사고와 언어에서 동적인 사상을 모형화하는 데 사용될 수 있다"(Fauconnier & Turner 2002:

40). 상징적인 AI 관점에서, 정신공간은 의미적 네트워크로 표상할 수 있는데, 이것은 개념을 식별하는 마디(node)[2](정신공간의 요소)가 있고, 이것들은 관계에 의해 상호 연결되는 도표이다. 정신공간에 대한 정의는 여전히 많은 다른 표상을 허용하지만(가령, 사례기반 추론(Case-based Reasoning)에서 사례,[3] 밈학(Memetics)에서 밈(meme),[4] 주어진 순간에 신경망(Neural Network)의 활성화 패턴[5]), 이것들은 특히 사상에 관해 확실히 더욱 복잡한 컴퓨팅 처리를 요구할 것이다. 그림 5는 "컴퓨터"와 "바이러스"에 대한 두 가지 가능한 정신공간 표상이다.

2) 이런 문맥에서 개념은 마디로 식별되지만, 그 정의는 다른 개념들과의 관계로부터 나온다. 이것은 이 장의 처음에 제시한 이론 견해와 일치한다.

3) (역주) 과거에 문제를 해결하는데 사용하였던 사례나 경험에 비추어 현재의 새로운 문제를 인식하고 유형화하여 해결책을 추론하는 방법이다. 이를 위해서는 과거의 사례나 경험이 현재의 문제에 적용될 수 있는지 여부를 살피고 과거의 해결책을 응용하여 해결책을 도출해 내는 것이 중요하다. 사례기반 추론은 과거의 사례로부터 새로운 문제 상황을 해석하거나 적절한 해결책을 만들기 위해 활용하는 인간의 지적 활동을 모형화한 것이라 할 수 있다. 사례기반 추론은 과거 문제로부터 얻은 상황 경험이나 지식을 사례로 기억해 두었다가 새로운 문제 상황에 직면하게 되면 기억된 사례 중에서 똑같거나 또는 가장 비슷한 사례를 선택하여 그 사례가 제시하는 해결책을 새로운 문제에 적용하여 답을 제시한다.

4) (역주) 세상에는 사실이 아니고, 쓸모도 없지만 오직 그럴듯하기에 생명력을 지니는 견해들이 있다. 그런 것들이 하도 많아 1990년대에 이미 그런 것을 탐구하는 것을 밈학이라는 학문까지 나왔다. 이 학문은 사실도 아니고 일말의 가치도 없지만 사람의 직관을 양분 삼아 마치 전염병처럼 입과 귀를 타고 번지는 것들을 연구한다.

5) (역주) 인간이 뇌를 통해 문제를 처리하는 방법과 비슷한 방법으로 문제를 해결하기 위해 컴퓨터에서 채택하고 있는 구조이다. 인간은 뇌의 기본 구조 조직인 뉴런(neuron)과 뉴런이 연결되어 일을 처리하는 것처럼, 수학적 모형으로서의 뉴런이 상호 연결되어 네트워크를 형성할 때 이를 신경망이라 한다. 이를 생물학적인 신경망과 구별하여 특히 인공 신경망(artificial neural network)이라고도 한다. 신경망은 각 뉴런이 독립적으로 동작하는 처리기의 역할을 하기 때문에 병렬성(parallellism)이 뛰어나고, 많은 연결선에 정보가 분산되어 있기 때문에 몇몇 뉴런에 문제가 발생하더라도 전체 시스템에 큰 영향을 주지 않으므로 결함 허용(fault tolerance) 능력이 있으며, 주어진 환경에 대한 학습 능력이 있다.

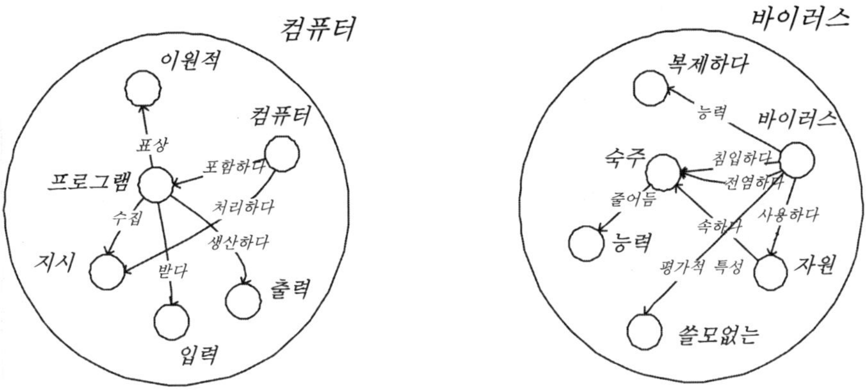

그림 5. 컴퓨터 프로그램과 바이러스에 대한 두 개의 간단한 정신공간

혼성공간을 생성하려면 두 정신공간 사이에서 사상을 찾아야 한다. 이것은 공간횡단 (또는 영역횡단) 사상이라고 부른다. 이런 사상은 한 정신공간의 요소와 또 다른 정신공간 속의 요소를 연결한다. 사상은 서로 다른 과정들(가령, 동일성, 구조 정렬, 슬롯 채우기, 유추)을 통해 달성될 수 있고, 일대일일 필요는 없다. 즉, 한 요소는 둘 이상의 상관물을 갖거나 상관물을 전혀 갖지 않을 수도 있다. "컴퓨터 바이러스"에 대한 가능한 사상은 그림 6에서 볼 수 있다.

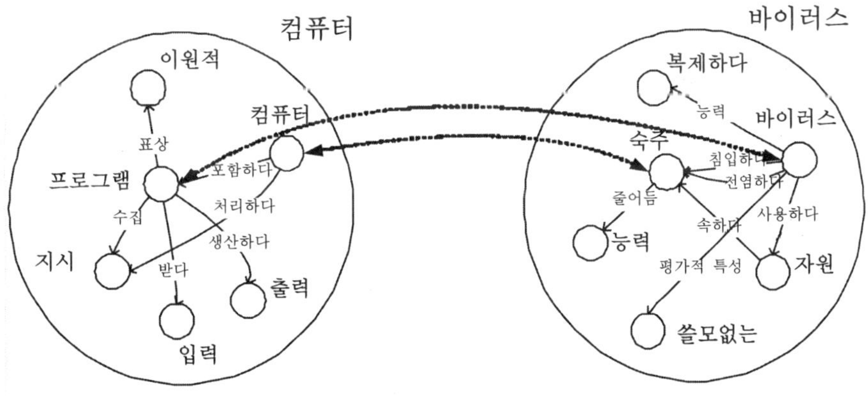

그림 6. 컴퓨터와 바이러스의 정신공간들 간의 공간횡단 사상

또 다른 중요한 개념은 프레임(frame)이다. "요소와 관계가 우리가 이미 알고 있는 꾸러미로 조직될 때, 정신공간은 틀부여되고, 그 조직은

프레임이라고 부른다"(Fauconnier & Turner 2002: 102-103). 따라서 프레임은 실체나 행동, 추리의 추상적 원형이다. 예컨대, "버스"의 정신공간은 "수송수단" 프레임에 따라 조직되고, "메리의 결혼" 정신공간은 "결혼" 프레임에 따라 조직된다. 이것은 초기 AI 연구에서 나온 프레임과 스크립트를 생각나게 하지만, 이 경우에 프레임은 동적일 뿐만 아니라(일반적인 개념처럼, 시간과 개인, 문맥에 따라 변할 수 있다) 합성적일 수도 있다(프레임에 대한 추상의 많은 층위가 있다). 정신공간의 기초가 되는 원칙적인 프레임은 *조직(organizing)* 프레임이라고 부른다(가령, "수송수단"은 "버스"의 조직 프레임이지만 "그릇"은 그렇지 않다). 그림 7에서는 "컴퓨터"와 "바이러스" 정신공간의 두 가지 조직 프레임인 *프로그램 프레임*과 *바이러스 프레임*을 제시한다.

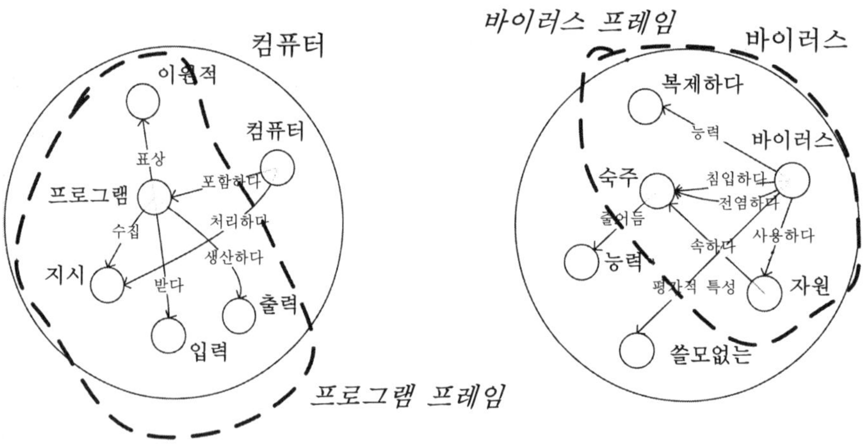

그림 7. 컴퓨터와 바이러스 정신공간의 조직 프레임

이런 프레임은 혼성공간에서 순서를 보전하는데, 이는 혼성공간 구축의 과정을 인식 가능한 전체로 안내한다는 점에서이다. 그렇다고 해서 혼성공간이 단 하나의 프레임을 통합한다는 것은 아니다. 때때로 "컴퓨터 바이러스"의 예(그림 8)에서처럼, 혼성공간은 두 프레임에서 구조를 계승한다. 이 예에서 볼 수 있듯이, 어떤 요소는 투사되지 않을 수도 있다. 이런 경우에, 컴퓨터 바이러스의 "입력"과 "출력" 요소는 흔히 평범한 프로그램에서보다 훨씬 더 난해하다(또는 은폐된다).

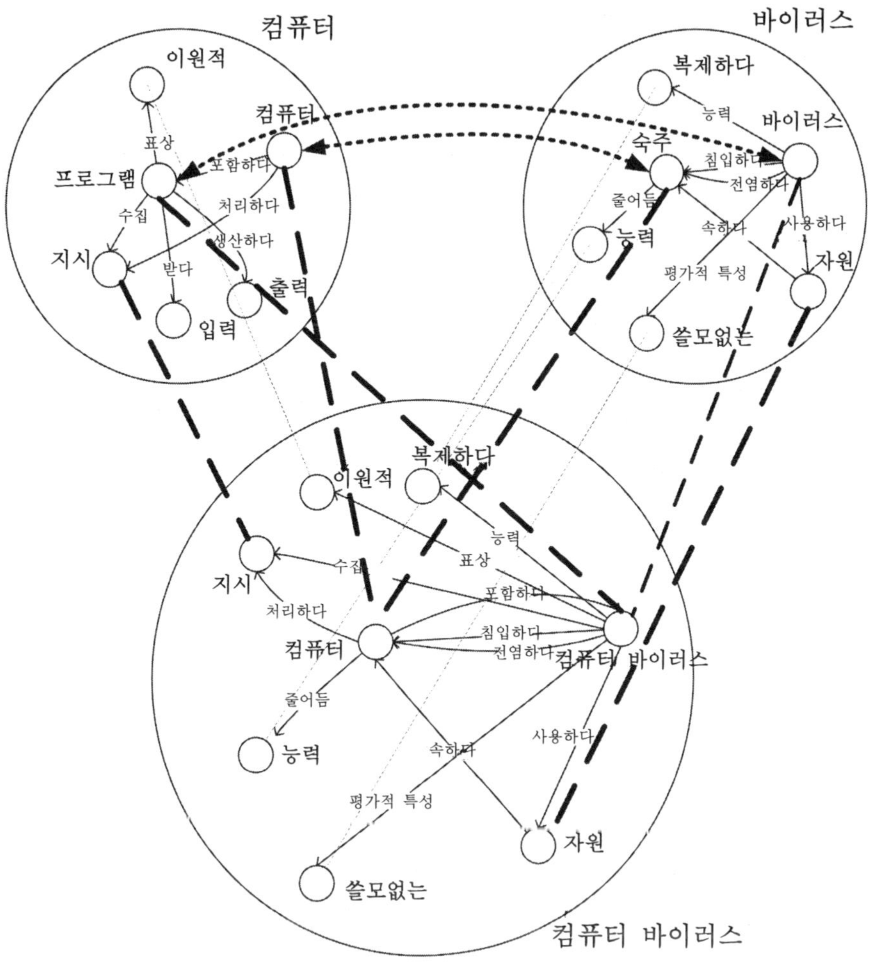

그림 8. 컴퓨터 바이러스 혼성

개념적 혼성에서 혼성공간은 (반드시 순차적인 것은 아니지만) 세 단계로 생성된다.

- 합성(Composition). "각 입력공간의 내용을 혼성공간으로 투사하는 것. 때때로 이 과정은 입력공간에서 나온 요소들을 '융합(fusion)'한다"(Grady et al. 1999). 입력공간으로부터 이루어진 투사는 모두 함께 개별 입력공간에서는 존재하지 않았던 새로운 관계를 이용 가능하게 만든다. 쌍을 이룬 요소들은 혼성공간으로 투사될 뿐만 아니라, 다른 주변 요소와 관계도 투사된다. 이것은 선택적 투사(selective projection)이다. 즉, 어떤 요소는 혼성공간으로 투사되지만

다른 요소는 투사되지 않는다.

- 완성(Completion). "입력공간들로부터 투사되는 요소가 장기기억에 들어 있는 정보와 일치할 때 환기되면서 혼성공간 속의 패턴을 채우는 것. 이런 방식으로 완성 과정은 종종 혼성공간에 있는 발현적 내용의 근원이다"(Grady et al. 1999). 배경 프레임의 지식, 인지모형과 문화모형은 입력공간으로부터 혼성공간에 투사되는 합성 구조가 혼성공간에서 더 큰 자체 독립적인 구조의 부분으로 간주되게 한다. 계승된 구조에 의해 유발되는 혼성공간 속의 패턴은 더 큰 발현구조로 "완성된다."
- 정교화(Elaboration). "혼성공간에서 사건의 시뮬레이션 된 정신적 수행으로서, 이것은 무한히 계속될 수 있다"(Grady et al. 1999). 따라서 혼성공간 속의 구조는 정교화된다. 이것은 "혼성공간 운용(running the blend)"이라고 부른다. 그것은 그 자체의 발현적 논리에 따라 혼성공간 내에서 수행되는 인지적 작업으로 구성되어 있다.

아서 쾨슬러의 『창조 행위』에서 나온 "승려의 수수께끼(Riddle of the Buddhist Monk)"라는 또 다른 오래된 예로 혼성 구성의 과정을 예증해 보자.

> 한 승려가 동틀 무렵 산으로 올라가기 시작하여 해질 무렵 산꼭대기에 다다라, 거기에서 며칠 동안 명상한 뒤, 동틀 무렵 산에서 내려오기 시작하여 해질 무렵 산기슭에 다다랐다. 승려의 출발, 정지, 보폭에 대하여 가정하지 말라. 수수께끼: 두 가지 상이한 오르내림에서 한 날 한 시에 그가 지나가는 경로의 한 지점이 있는가?

포코니에와 터너는 이 수수께끼에 대한 쾨슬러의 정답을 따르면서 그것이 두 개의 입력공간을 혼성한다고 제안하는데, 하나는 정상으로 올라가는 이동('d_1'날)에 관한 것이고, 다른 하나는 산기슭으로 내려오는 이동('d_2'날)에 관한 것이다. 총칭공간은 두 입력공간의 공통성을 포함한다(이동하는 개인, 그의 위치, 산기슭과 정상을 연결하는 경로, 여행일, 명시되지 않은 방향으로의 이동)(Fauconnier & Turner 2002: 45-46). 따라서 추리는 이렇게 진행된다. 첫째, 입력공간 요소들의 합성은 개별 입력공간에서는 존재하지 않는 관계를 혼성공간에서 이용 가능하게 만든다. 혼성공간에서는 한 명이 아니라 두 사람이 있다. 둘째, 완성은 혼성공간에 부가적인 구조를 가져다준다(가령, "두 사람이 한 경로의 반대 끝에서 같은 시간에 이동을 시작한다"의 *프레임*). 이 시점에서 혼성공간은 통합된다. 즉, 혼성공간은 친숙한 프레임("두 사람이 한 경로의 반대 끝에서 같은 시간에 이동을 시작한다")의 한 실례이다. 이제 이 프레임에 의해 *혼성공간을 운용할* 수 있다. 즉, 혼성공간을 정교화할 수 있다. 이 경우에, 그것은 직관적인 이동 법칙을 반대 방향으로 적용하는 것에 해당하며, 두 가상의 승려 a_1과 a_2가 마침내 어떤 지점에서 서로를 만나도록 해 준다. 그렇게 해서 수수께끼는 풀린다. 이것은 포코니에와 터너가 말하는 *발현적 행동(emergent behavior)*이다. 이 추리는 그림 9로 나타낸다(Fauconnier & Turner 2002: 43-44). 이 예는 또한 개념적 혼성과 창의성에 대한 앞선 논의로 우리를 다시 데리고 간다. 개념적 혼성은 실제로 승려가 같은 날에 두 번의 이동을 수행하도록 두 입력공간을 혼성하라고 *말하지* 않는다. 이것은 이 수수께끼에 대한 창의적 해답과 비창의적 해답을 구분하는 결정적인 단계이다. 오히려, 우리가 이런 결정을 일단하면, 개념적 혼성은 그 혼성을 수행하고, 그 결과를 결정하게(즉, 한 지점이 존재한다) 한다. 실제로, 매우 복잡한 첫 단계(문제를 해결하기 위해 어떤 입력공간을 선택할 것인가)가 있는데, 그것은 지금까지 개념적 혼성 이론이 설명하지 않는 것이다.

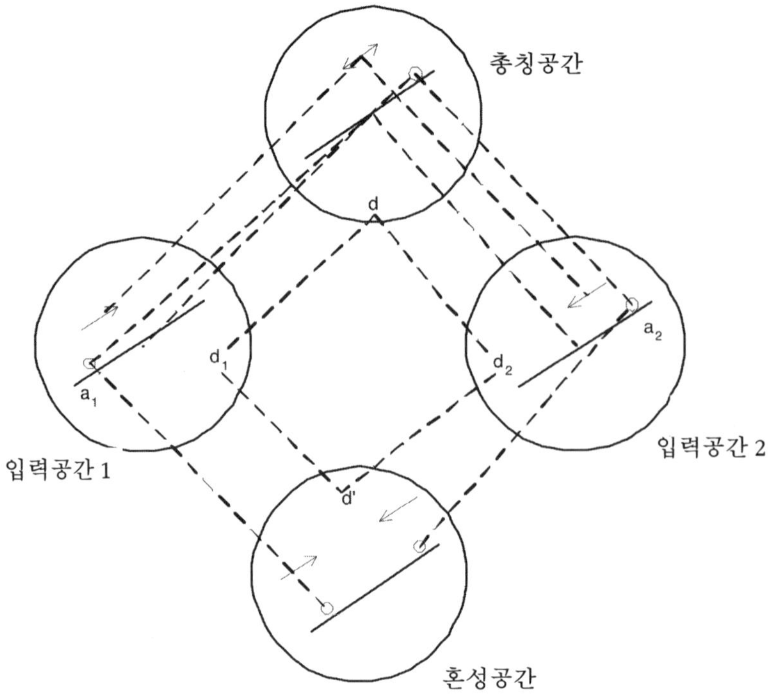

그림 9. 승려의 수수께끼에 대한 혼성공간

일반적으로, 데이터를 혼성공간으로 투사하는 것은 어떤 식으로든 총망라하는 것이거나 미리 결정된 것이 아니다. 각각의 요소는 혼성공간으로 “본래대로” 투사되거나, 다른 개념들과 “융합되거나,” 또 다른 요소로 투사되거나(흔히 상관물의 투사), 심지어 투사되지 않을 수도 있다. 이러한 선택적 투사는 혼성 과정에 상당한 복잡성을 가져다주는데, 이는 그것이 가능한 조합의 수를 매우 많은 수로 끌어올리기 때문이다. 확실히 새로운 혼성공간 구축을 위해 잠재적 혼성공간의 이러한 공간을 완전히는 횡단하지 않을 것이다. 매우 다른 방식으로, 투사는 *최적성 원리(Optimality Principle)*를 충족시키기 위한 제약의 유도를 받는 수용 과정을 통해 선택된다(Fauconnier & Turner 2002).

- 통합(Integration): 혼성공간은 하나의 단위로 조작될 수 있도록 단단하게 통합된 장면을 구성해야 한다.
- 패턴완성(Pattern Completion): 다른 것이 동일하다면, 기존의 통합된 패턴을

부가적인 입력공간으로 사용하여 혼성공간의 요소를 완성하라.

- 위상(Topology): 다른 것이 동일하다면, 입력공간과 혼성공간으로 투사된 입력공간 속의 어떠한 요소에 대해, 혼성공간의 요소들의 관계가 그 상관물의 관계로 일치하는 것은 최적이어야 한다.
- 중추적 관계의 최대화(Maximization of Vital Relations): 다른 것이 동일하다면, 연결망 속의 중추적 관계를 최대화하라. 터너와 포코니에는 열 다섯 개의 중추적 관계를 식별한다. 변화, 동일성, 시간, 공간, 원인-결과, 부분-전체, 표상, 역할, 유사, 비유사, 특성, 유사성, 범주, 의도성, 유일성이 그것이다.
- 중추적 관계의 강화(Intensification of Vital Relations): 다른 것이 동일하다면, 중추적 관계를 강화하라.
- 망(Web): 다른 것이 동일하다면, 혼성공간을 단위로 조작해 쉽고 부가적인 감시나 계산 없이 입력공간과의 적절한 연결망이 유지되어야 한다.
- 풀기(Unpacking): 혼성공간 하나만으로도 지각자는 입력공간들, 공간횡단 사상, 총칭공간, 이 모든 정신공간들 간의 연결망을 재구성하기 위해 혼성공간을 풀 수 있도록 해 주어야 한다.
- 적절성(Relevance): 다른 것이 동일하다면, 혼성공간 속의 요소는 적절성을 가져야 한다. 이는 다른 정신공간과의 연결을 확립하는 것과 혼성공간을 운용하는 것에 대한 적절성을 포함한다. 즉, 그것은 존재해야 할 *타당한 이유*를 가져야 한다.

이런 제약은 *경쟁하는 압력(competing pressure)*으로 작동하고, 그 과정에서 각각의 영향력은 상황에 따라 달라야 한다. 그리고 하나의 값이 증가하면, 다른 것은 감소할 수 있다. 우리가 알기로, 혼성공간의 예를 측정하거나 이런 원리를 형식적으로 상술하는 최적성 압력에 관한 객관적인 연구는 아직 없다. 이로서 과학적 연구에서 개념적 혼성을 평가하고 적용하는 데 상당한 방해가 된다.

포코니에와 터너는 혼성 연결망의 많은 분류 중에서 특히 거울 연결망(mirror network), 단일범위 연결망(single-scope network), 이중범위 연결망(double-scope network)이라는 세 가지 종류를 강조한다. 거울 연결망은 두 입력공간이 동일한 조직 프레임을 공유하고 혼성공간도 그러한 연결망이다. 단일범위와 이중범위 연결망에서는 입력공간의 조직 프레임이 서로 다르다. 단일범위 연결망에서 혼성공간은 한 가지 입력공간의 조직 프레임만 가지지만, 이중범위 연결망에서는 혼성공간의 조직 프레임이 두 입력공간의 조합으로부터 유발된다. Fauconnier & Turner(2002)가 주장하듯이, 후자는 인간의 현대 인지에 근본적이고, 더욱 창의적인 것으로 간주된다. 위의 예에서 "컴퓨터 바이러스"는 이중범위 혼성으로 간주되는데, 이는 그 구조가 두 입력공간의 구조를 결합해서 나오기 때문이다. 이에 반해 "승려"는 거울 연결망인데, 이는 두 입력공간 모두 정확히 동일한 구조를 공유하고(둘 다 경로, 승려, 방향, 산 등을 가진다), 방향에서만 차이가 나기 때문이다.

개념적 혼성은 이전의 지식을 통합하여 새로운 개념을 생성하고 그 자체의 발현구조를 갖기 때문에 창의성을 모형화하는 데 진취적으로 기여한다(전체는 부분의 합 이상이다). 개념적 혼성은 영역 독립적인 평가 방법을 가지고(가령, 최적성 원리), 종종 은유와 개념적 조합 같은 창의성과 연상되는 과정과 일치한다(Fauconnier & Turner 1998, Veale & O'Donoghue 2000, Coulson 2000). 마지막으로, 개념적 혼성은 그 자체가 결정론적 과정이 아니라, 상호 작용하고 동등하게 타당한 솔루션들의 (잠재적으로 큰) 다양한 공간을 생산할 수 있는 제약들을 "병렬식으로" 고려하는 문맥 의존적인 과정이다. 다시 말해, 우리는 동일한 출발 조건을 가지고서 모두 동일한 전체적 값을 가지는 많은 다양한 결과를 얻을 수 있다.

이 책에서는 개념적 혼성의 컴퓨팅 모형을 제안하기에 *확증된* 예를 적용할 것이다. 우리는 이런 예를 *확증된* 것이라고 부르는데, 이는 이런 예가 종종 개념적 혼성 문헌에서 접근하는 다양한 논문에서 인용되고 전형적인 상황을 나타내기 때문이다. 이런 예는 주요한 참고문헌에서 나온 것들이다(Fauconnier & Turner 2002; Coulson 2000). 제6장에서는 혼성 모듈을 확인하기 위해 이런 예를 적용할 것이다. 이 모든 예는 부록 B에 기술되어 있다.

지금까지 컴퓨팅 개념적 혼성(computational Conceptual Blending)에 관한 연구는 거의 없지만, 세 가지 예만 지적할 수 있다. 조셉 고겐의 대수기호학(Algebraic Semiotics) 접근법(Goguen 1999), 혼성을 설명하기 위한 빌과 오'도노휴의 사퍼 확장(Veale & O'Donoghue 2000), 반사실문에 대한 반덴과 리의 개념적 혼성 접근법(Lee & Barnden 2001)이 그 세 가지이다. 조셉 고겐은 *대수기호학* 형식주의를 사용해서 개념적 혼성을 기술해야 한다고 제안한다. 대수기호학은 사용자 인터페이스 설계, 자연언어, 예술을 포함하는 "인터페이스"의 일반적인 의미에서 인터페이스 논제를 다루는 복잡합 기호의 형식 이론이다. 기호학의 문맥에서는 *기호(sign)*에 대한 두 가지 견해가 있는데, 하나는 소쉬르(Saussure 1983)의 것이고, 다른 하나는 퍼스(Peirce 1958)의 것이다. 고겐은 주로 퍼스의 정의를 따른다.[6]

> *표상체(representamen)*의 형태를 하고 있는 기호는 누군가에게 어떤 면이나 어느 정도 다른 무엇을 지시하는 것이다. 기호는 누군가에게 호소한다. 다시 말해, 그 사람의 마음속에서 동등한 가치를 갖는 기호 또는 아마도 더 발전된 기호를 창조한다. 그것이 만들어내는 이 기호를 나는 첫 번째 기호의 *해석체(interpretant)*라고 부른다. 이 기호는 다른 무엇, 즉 그것의 *대상(object)*을 지시한다. 그것은 모든 면에서 대상을 지시하지 않고, 일종의 관념에 준거하여 지시하기에 그것을 나는 표상체의 *토대(ground)*라고 부르곤 했다. (Peirce 1958: 2.228)

이 기호 모형에 따르면, "정지"의 교통표지는 차량을 향하고 있는 빨간색 빛(표상체), 정지하는 차량(대상), 빨간색 빛은 차량이 멈추어야 한다는 것을 암시한다는 생각(해석체)으로 구성되어 있다. 고겐의 연구에서 복잡한 신호(즉, 신호 체계)는 내적 구조를 가진 하위기호들의 몇 가지 층위를 가질 수 있는 기호이다. 따라서 그는 대수기호학을 기호 체계의 컴퓨팅 처리로 개발했다. "변별적 구조가 대수 이론으로 기술될 수 있다는 컴퓨터과학에서 나온 통찰력에 의지해서 기호 체계는 추가 구조를 가진 대수 이론으로 정의되고, 기호학적 사상(morphism)은 (어느 정도까지) 추가 구조를 보존하는 대수 이론의 사상(mapping)으로 정의된다"(Goguen 1999). 고겐은 혼성공간을 기호 체계의 기호학적 사상(입력공간)으로 기술하면서 대수기호학을 개념적 혼성을 형식화하는 방법으로 적용한다. 더 구체적으로, 그는 두 범주 이론 구문인 3/2 푸시아웃과 3/2 쌍대극한이 기호학적 사상을 성질에 의해 순서를 정한다는 의미에서 "가능한 한 최고의" 혼성공간을 제공한다고 주장하다. 이 성질을 측정하는 방법에 대한 몇 가지 예는 다음이다.

---

6) Chandler(2002)에서 인용.

- 기호의 가장 중요한 하위기호는 그에 상응하는 중요한 표상의 하위기호로 사상되어야 한다(더 전문적으로 이것은 중요한 소트(sort)와 생성자(constructor)를 보존할 것을 요구한다).
- 무언가를 희생해야 한다면 내용보다는 형태(즉, 구조)를 보존하는 것이 더 좋다.
- 기호에 대한 가장 중요한 격률은 그 표상에 의해서도 충족되어야 한다.

더 많은 공간도 필요하고, 독자는 대수기호학과 그것의 혼성 적용에 친숙해야 하기 때문에 우리는 고겐의 연구를 다소 간략하고 비공식적으로 제시했다. 그리고 그의 연구는 우리 연구를 이해하는 데 불필요한 노력일 수도 있다. 하지만 우리의 혼성 모형을 제시할 때 유사성과 차이점이 있을 때마다 고겐의 형식화로 다시 돌아올 것이다. 그런 경우에 독자들이 고겐의 접근법에 대한 더 나은 통찰력을 얻을 수 있기를 바란다. 마지막으로, 이 형식화는 가능한 한 정확하게 개념적 혼성의 양상을 명확히 하려는 첫 번째 시도로 생각되어야 하지만, 최적성 제약, 구성의 실제 과정(합성, 완성, 정교화), 선택적 투사와 같은 중요한 몇 가지 논제를 배제한다. 이 중에서 몇 가지 논제는 이론적으로 설명되지만(또는 최적성 제약으로 간주될 수 있는 성질 제약 예와 같은 형식화로 간접적으로 암시된다), (가령, 사상을 생성하고 선택적 투사를 하기 위한 구체적인 과정으로) 구체적으로는 실현되지 않는데, 이는 확실히 더 많은 문제를 해결할 것이다. 마지막으로, 이런 방향으로 기울인 노력에도, 고겐이 제공하는 개념적 혼성에 대한 형식적 표기법은 인지언어학 공동체에서 적용되지 않았는데, 이는 그것이 너무 복잡하거나 여전히 개념적 혼성을 연구하는 데 비효율적이라고 생각하기 때문이다.

Veale & O'Donoghue(2000)는 두 영역 간의 동적인 혼성공간을 확립하기 위해 (다음 절에서 제시할) 사피라는 은유 해석 시스템에 의존하는 컴퓨팅 모형을 제시한다. 이 혼성공간은 독립적인 새로운 영역이라기보다는 생성자 공간에 따라 구축된, 두 영역에서 나온 개념들의 통일적인 대응에 대응한다. 따라서 이 저자들은 아니라고 주장하지만, 이 연구는 입력공간과 동일한 종류의 구조를 가져야 하는 혼성공간인 네 번째 공간의 실제 창조를 놓친다. 그것은 결국 독립적인 새로운 영역이라기보다는 사상에 대응하며 그 과정 동안 제기되는 *깨어난 동면 다리*

*(awakened dormant bridge)*이다(이것은 3.4.2절에서 면밀히 설명할 것이다). 사상된 요소들의 쌍의 할당이 반드시 구체적인 혼성공간을 암시하는 것은 아닌데, 이는 어떤 요소는 투사되지만 다른 요소는 혼성공간에서 융합되거나 부재하기 때문이다(선택적 투사). 내가 생각하기에 사퍼는 *대혼성공간(blendoid)*을 생성한다. 발현구조에 관해 그것은 참신성을 위한 기초를 쌓아올리기에는 충분하지만 그것을 탐험하기에는 충분하지 않는 "후보 추론(candidate inference)"(근원영역에서 목표영역으로 구조의 전이)에 의존한다(즉, "혼성공간 운용"은 없다). 이들(Veale & O'Donoghue 2000)은 또한 최적성 압력을 좋은 구조동형성을 찾으려는 압력의 부산물로 다루지만, 우리는 이것이 단 하나의 척도로 환원될 수 없는 다양한 관점이라고 생각한다.[7] 개념적 혼성에 대한 그들 접근법의 단점은 Veale & O'Donoghue(2000)에서보다 그 이상으로 이 생각을 정교화하지 않았고, 또한 실용적인 결과나 상세한 증명을 제시하지도 않았다는 것이다. 왜냐하면 그렇다면 우리의 제안과 그들의 제안을 대조시킬 수 있기 때문이다. 곧 보겠듯이, 사퍼, 더 구체적으로는 공간횡단 사상 기제는 여기에서 제시하는 연구에도 유용할 것이다.

Lee & Barnden(2001)은 (3.4.3절에서 간략히 기술할) ATT-Meta 시스템의 관점(Barnden 1998)에서 반사실문의 추론 문제에 집중하고, 더 나아가 그것을 개념적 혼성의 관점에서 분석한다. 반사실문은 형태 "If S1 then S2"(가령, "If John had sold his shares then he would have made a profit(존이 자신의 주식을 팔았었다면, 이익을 보았을 텐데)")의 표현과 연관 있는 추론이고, 구성소 S1과 S2의 순수한 진리 수장을 할 때 선험적인 모순을 암시한다("존이 자기 주식을 팔지 않았다"는 것이 참이어야 하고, 그렇지 않다면 "if" 조건은 필요하지 않을 것이다). 따라서 반사실문의 진리값을 점검하기 위해서는 가설에 의해 추론해야 한다(ATT-Meta은 이것에 잘 어울린다). 방금 제시한 것과 같은 간단한 예로 시작해서, 그것이 어떻게 ATT-Meta의 기제를 통해 처리될 수 있는지를 설명하면서, 이 저자들은 개념적 혼성을 암시할 "If Julius Ceasar was in charge of the Korean War then he'd have used the atom bomb(율리우스 카이사르가 한국전쟁을 책임졌다면, 그는 원

7) 독자가 결론에서 볼 수 있듯이, 우리는 또한 원리를 적절성, 위상, 통합이라는 세 가지 원리로 축소할 것을 고려한다.

자폭탄을 사용했을 텐데)"와 같은 더 복잡한 상황으로 나아간다. 이것은 더 간단한 예와 동일한 방식으로 그 반사실문을 분석하기 전에 "로마제국"과 "한국전쟁" 영역 지식을 동일한 정신공간으로 혼성하는 것을 암시할 것이다. 이 저자들은 여기에서 기술하는 개념적 혼성이 그들 연구의 초점이 아니기 때문에 개념적 혼성의 기제를 심도 있게 탐구하지 않는다. 역으로, 우리는 반사실적 추론이 이 책의 주된 목표에서 벗어나기 때문에 이 책에서 그것에 집중하지 않을 것이다. 하지만 그 결과가 이런 유형의 추론 쪽으로 확장되지 않아야 한다고 믿을 이유는 없다.

3.3.2.2. 몇 가지 비판

이제는 개념적 혼성 이론의 단점과 문제점으로 주의를 돌릴 것이다. 개념적 혼성 이론은 여전히 진행 중인 연구이고 어쩌면 초기 버전에 머물러 있다. 자연스럽게도 이 이론은 몇 가지 비판을 받았고, 연구 순환의 다음 단계로 발전하기 위해서는 이런 문제점에 대한 타당한 해결책을 찾아야 한다.

개념적 혼성의 첫 번째이자 가장 명백한 단점은 많은 면에서 모호성과 형식성의 결여이다. 먼저, 정신공간이 정확히 무엇인지, 어느 정도까지 인지적으로 타당한지가 불명확하다(개념적 혼성이 인지에 근본적이라는 주장을 고려하면 그것은 타당해야 한다). 실제로 독자는 우리가 제시한 정의와 AI 예로 명확히 하려고 하는 정의에 어느 정도 불편하다고 느꼈을 수도 있다. 어떤 예에서는 영역들의 혼성을 볼 수 있고, (Coulson 2000에서 그러하듯이) 다른 예에서는 프레임의 혼성을 볼 수 있는데, 왜 영역과 프레임이 "정신공간"으로 명명되지 않았는지를 이해하지 못하고 있다. 정신공간에 대한 더욱 명확한 개념이 있다면, 최적성 원리는 덜 모호할 것이다(가령, "중추적 관계의 강화"[8]에 대한 위의 설명을 보라). 이런 애매성은 저자들이 혼성공간을 탈구성하기 위해 사용하는 전체 방법론으로 이월된다. 직관 이외에 혼성공간을 분석할 수 있는 특정한 도구는 없는 듯하다. 이에 대한 명확한 신호는 총칭공간에서 관찰된다(부록 B 참조). 총칭공간은 때때로는 일반화의 집합이고, 어떤

8) 물론 Fauconnier & Turner(2002)에서 이 제약은 한층 더 설명되지만, 우리는 처음부터 끝까지 중추적 관계의 최대화와의 명확한 차이가 없는 것에 계속 혼돈스럽다.

때는 특정한 지식을 나타내고, 다른 경우에는 총칭공간이 그냥 없다. 사람들마다 동일한 새로운 예를 서로 다르게 분석할 수 있는데, 이것은 이 이론의 예측성을 떨어뜨리는 것이다. 이것은 물론 주어진 예에서 우리가 최소화하고자 했던 복잡한 혼성공간에서는 더 많은 것을 보여 준다(실제로, 가능한 한 거의 주관적이지 않고자 하는 것은 실험을 위해 예를 선택하는 것에 대한 주요한 제약 중 하나였다). 더 간단한 예에서, 우리가 실제로 혼성공간(가령, "컴퓨터 바이러스", "승려의 수수께끼", 페가수스, 드라큘라)에 직면한다는 것이 명확할 때, 이 이론은 논란의 여지가 없는 것처럼 보인다. 그럼에도, 간단한 혼성공간과 복잡한 혼성공간을 어떻게 구분할지는 여전히 명확하지 않고, 설상가상으로 혼성공간과 혼성공간이 아닌 것을 어떻게 구분할지도 명확하지 않다. 궁극적으로, 상징적 의미를 가진 모든 것이 혼성공간인 것처럼 보이는데(가령, 수어, 돈, 기계 다이얼 등), 이는 물론 매우 극단적인 주장으로 이어진다. 이러한 추론은 "모든 언어가 은유이다"라는 주장과 동일한 범주로 분류되는데, 이것은 또한 아마도 철학적으로는 흥미롭지만 타당한 패러다임 전환을 하지 않는다면 발달을 진척시키지 못하는 위험을 무릅쓰는 상대주의적 관점이다(즉, "모든 언어가 은유이기 때문에, 다른 언어 이론을 개발하고 그것의 타당성을 증명해 보자").

이 모든 문제는 반증가능성의 논제로 이어진다. 개념적 혼성 이론은 더 복잡한 혼성공간은 예측하지 않고, 혼성공간인 것과 아닌 것 간의 구분은 모호하기 때문에 원칙상 반증 가능하지 않고 현대 과학 의미에서 이론이 아니다.[9] 라카토스(Lakatos)[10]의 연구 프로그램이라는 다른 관점을 가정하면, 개념적 혼성 이론은 그것의 보조 가설의 벨트를 더욱 형식적으로 정의할 필요는 있지만 연구 프로그램으로 간주될 수 있다. 다시 말해, 이런 보조 가설은 여전히 반증 가능할 필요가 있다.

---

9) 사실이나 이론이 *반증 가능하다*는 것은 그것이 원칙상 거짓으로 입증될 수 있다는 것을 의미한다. Karl Popper(Popper 1959)에 따르면, 어떤 현상을 설명하는 이론은 그 이론으로 암시되는 실험 결과를 통해 반증 가능해야 한다. 그것이 (아직) 반증되지 않는다면 그 이론을 합리적으로 정당화할 수 있다.

10) 연구 프로그램은 보조 가설들의 *벨트*에 의해 보호되는 이론적 핵으로 구성되어 있다. 이론이 반증될 때, 이론적 핵심이 아니라 보조 가설을 다시 고려해야 한다(Lakatos 1978). 라카토스는 과학의 활동을 한 이론을 반박하려는 프로젝트가 아니라, 연구 프로그램의 이론적 프레임 내에서 실증적 현상을 조사하는 것으로 설명했다(Bosch 2001).

이런 비판은 우리의 관점에서 근본적이고 우리에게 동기를 주기도 하는 연구를 촉진시킬 의도이다. 우리는 완벽한 혼성 기계를 제공하거나 우리의 것이 전체 개념적 혼성 이론을 형식화한 것임을 증명한다고 약속하지 않는다. 그렇게 하기 위해서는 그것에 전체 주제를 바치기 전에 앞서 기술한 문제(정신공간, 프레임, 투사란 무엇인가? 최적성 원리와 선택적 투사는 무엇에 관한 것인가?)를 해결해야 한다. 여기에서는 몇 가지 논제에 대해 컴퓨팅 수준의 정답을 제안할 것이다.

이 모든 비판에도 불구하고, (3.3.1절에서 제시한 것과 같은) 개념적 조합 이론이 개념적 혼성 이론보다 더 많은 것을 예측할 수 없다고 주장되었다. 즉, 개념적 혼성으로 명사-명사 조합에 대해 동일한 수준의 예측을 할 수 있다(Coulson 2000 참조). 실제로, 제임스 햄프턴이 말했듯이, 소수의 발현적 자질만이 이론으로 예측되는데, 이것은 예측가능성을 더욱 제한되고 폐쇄된 세계 상황으로 국한시킨다(즉, 이상적이지만 비현실적인 시나리오에는 보편적으로 수용되고 안정적인 표상으로 정의되는 두 가지 개념이 있다). Mandelblit(1997), Sweetser & Dancygier (1999), Coulson(2000), Veale & O'Donoghue(2000)의 예가 어떻게 개념적 혼성이 언어학, 창의적 인지, 유추, 은유에 기여할 수 있는지를 보여 주듯이, 분석 모형으로서 그것은 생산적일 수 있다.

결론컨대, 개념적 혼성은 (2.1.2절의) 이연연상, (다음 절의) 은유, 개념적 조합과 같이 창의성과 관련된 다른 연구를 정교하게 발전시킨 것이다.[11] 그 자체로 개념적 혼성은 컴퓨팅 창의성 모형 제작자의 주의를 끌고, 포코니에와 터너가 그 과정과 원리를 기술하는 방법과는 상관없이, 어떤 종류의 개념적 혼성이 창의적 마음에서 일어나고 있다는 것은 의심의 여지가 없다.

3.4 은유와 유추

은유와 유추는 다양한 영역에서 추론의 기초로 인식되었던 두 가지 인

11) 또 다른 일반적인 비판은 개념적 혼성의 연구자들이 James Hampton(1987)의 합성 원형 모형(Composite Prototype Model)과 같은 선행 연구를 충분히 믿지 않았다는 것이다. 이 모형은 지금 이해될 수 있는 것처럼 개념적 혼성이 10년 뒤에 따랐던 것과 동일한 일반적인 방향을 진술했다. 물론 포코니에와 터너가 동일한 논제에 대해 더욱 심오한 탐구를 했다는 것은 인정한다.

지적 기제이다.[12] 이 때문에, 이 둘은 창의성에서 완강한 역할을 하므로 여기에서 논의해야 한다. 은유와 유추 간의 명확한 구분에 대해서는 현재의 문헌에서 합의에 도달하지 않았지만, 명확히도 그 메커니즘은 많은 공통점을 공유한다. 유추 연구에서는 은유 해석의 많은 문제가 구조사상(structure mapping) 접근법(Gentner 1983)과 같은 확증된 유추 모형을 사용해서 다룰 수 있다는 것이 널리 받아들여진다. 따라서 우리는 서로 다른 영역들 간의 사상을 포함하는 SME(3.4.1절)와 사퍼(3.4.2절) 같은 연구를 제시한다. 후자만이 우리의 연구에 직접적인 영향을 미쳤지만, SME도 관심을 받을 가치가 있는데, 이는 그것이 지난 몇 년 동안 유추에서 주된 참고문헌이었고, 개관(3.4.3절)에서 다룰 다른 시스템을 위한 출발점이고 기준이었기 때문이다.

3.4.1 구조사상 엔진

데드르 겐트너(Dedre Gentner), 케니스 포버스(Kenneth Forbus), 브라이언 파겐하이너(Brian Falkenhainer)(Falkenhainer et al. 1989)의 구조사상 엔진(Structure Mapping Engine, 이하 SME)은 처음에 Gentner(1983)의 구조사상 이론(Structure Mapping Theory, 이하 SMT)의 컴퓨팅 구현으로 구축된 것이었다.[13] (이 분야에서 일반적으로 받아들여지는) 이 이론에서 유추는 한 영역(기저)에서 나온 지식을 또 다른 영역(목표)으로 사상하는 것으로 구성되어 있고, 추론을 안내하거나, 낯선 영역에 대해 추측하거나, 몇 가지 경험을 추상적 도식으로 일반화하는 데 사용될 수 있다. 더욱이 SMT는 유추가 관계에서 뒷받침된다는 직관에 기초한다. "어떤 종류의 지식이든(인과적 모형, 계획, 이야기 등), 유추의 내용을 결정하는 것은 구조적 특성(즉, 사실들 간의 상호관계)이다." 따라서 유추적 처리는 세 단계로 분해된다(Falkenhainer et al. 1989).

12) 이 주장은 현재 널리 동의되고 있다. 이는 은유가 언어적 장치라기보다는 인지적 장치로 가주되기 때문이다. 포괄적인 *비유성 vs. 문자성* 분석을 위해서는 Veale(1995) 참조.

13) AI에서 유추 연구, 특히 구조사상(Structure Mapping) 접근법을 위한 토대를 마련한 P. Winston(1980)과 T. Evans(1968)를 참조하는 것이 중요하다.

1. 접근(Access): 현재의 목표 상황을 고려하여 장기기억으로부터 목표와 비슷하거나 닮은 기저라는 또 다른 기술을 회수하라.
2. 사상과 추리(Mapping and Inference): 기저와 목표 간의 대응으로 구성되어 있는 사상을 구성하라.
3. 평가와 사용(Evaluation and Use): 일치의 '성질'을 산정하라. 세 가지 종류의 기준이 관여한다. 첫 번째인 구조적 기준은 유사성과 차이점의 수를 포함한다. 두 번째 기준은 일치의 타당성에 관한 것이다. 세 번째 기준은 적절성이다. 즉, 유추가 추리자의 현재 목적에 유용한지의 여부에 관한 것이다.

SME는 사상과 추리 단계만 다룬다(물론 영역 독립적인 구조적 평가도 제공한다). 지식 표상에 관해, 그것은 *실체(entity)*, *술어(predicate)*, *묘사집단(dgroup)*[14)]을 구분한다. 실체는 하위층위의 사물이나 상수(常數)에 대응하고, 술어는 세 가지 종류의 상위층위의 본원소이며(함수, 속성, 관계), dgroup은 실체와 실체에 대한 술어의 집합에 대응한다. 아래에서는 *간단한 열 흐름(simple-heat-flow)*이라는 dgroup의 예를 제시할 것이다.

```
(defDescription simple-heat-flow
    entities (coffee ice-cube bar heat)
    expressions (((flow coffee ice-cube heat bar) :name hflow)
                 ((temperature coffee) :name temp-coffee)
                 ((temperature ice-cube) :name temp-ice-cube)
                 ((greater temp-coffee temp-ice-cube) :name >temperature)
                 (flat-top coffee)
                 (liquid coffee)))
```

분명히 하기 위해, 각 표상의 예를 제시해 보자. coffee는 실체이고, flow는 관계이며, temperature는 함수이고, liquid는 속성이다. 확실히 속성은 관계로 표상될 수 있다(가령, (property coffee liquid)는 (liquid coffee)와 동일하다).

SME는 *일치가설 구성 규칙(match hypothesis construction rule, 이*

14) (역주) Description Group의 줄임말로써, Dgroup은 본원적인 실체들 및 그런 실체들에 대한 표현들의 수집물이다. Dgroup은 defDescription 형태로 묘사된다.

하 MHC)을 통해 잠재적인 영역횡단 연결을 확립한다. 이런 규칙은 외적으로 프로그램 가능하고, (*일치가설(match hypothesis, 이하* MH)로 알려진) 영역횡단 연결을 창조하기 위해 충족되어야 하는 조건을 명시한다.

표 3. SME 알고리즘의 개관

1. 일치가설을 구성하기 위해 MHC 규칙을 실행하라.
2. 각 일치가설을 위한 충돌 집합을 계산하라.
3. 실체 사상으로부터 위로의 전파에 의해 각 일치가설에 대해 EMaps(실체 일치들의 수집물)와 NoGood 집합(충돌하는 실체 일치들의 수집물)을 계산하라.
4. 일치가설들을 gmap으로 합병하라.
   (a) 상호 연결되고 일관성이 있음
   (b) 동일한 기저 구조의 일관성 있는 구성원
   (c) 추가 일관성이 있는 결합
5. 각 gmap에 대한 후보 추리를 계산하라.
6. 일치들을 채점하라
   (a) 국부적 일치 점수
   (b) 전체적인 구조적 평가 점수

SME은 MH의 가장 큰 최대의 수집물을 계산하여 영역횡단 사상을 구성한다. "어떤 추가 일치가설을 추가하는 것이 수집물을 구조적으로 불일치하게 만든다면 그 수집물은 최대이다"(Falkenhainer et al. 1989). 구조적으로 일치한다는 것은 (i) MH이 다중 목표 개념에 동일한 기저 개념을 할당하지 않고, (ii) 한 일치가설 MH이 수집물 안에 있다면, MH의 기저와 목표 개념의 모든 논항을 쌍을 이루게 하는 MH도 그러하다.[15] 수집물은 gmap라고 부르는데, 각각은 MH의 집합 외에 후보 추리의 집합(gmap이 선택되면 목표로 선택될 새로운 관계)과 평가 점수를 포함한다.

SME은 태양계(Solar-System)에 대한 러더퍼드 원자(Rutherford Atom)[16] 유추나 열-물(Heat-Water) 흐름 유추와 같은 많은 *고전적인*

15) 즉, MH(A,B)와 (r A C) 및 (r B D)라는 관계 r가 있다면, 그 집합은 또한 MH(C,D)도 포함한다.

유추 문제를 해결할 수 있었다. 표 4는 열-물 흐름 유추에 대한 해석을 보여 준다. Gmap#1은 *온도가 열 흐름을 유발한다*는 정확한 추리를 내놓은 것으로 간주된다.

표 4. 열-물 흐름 유추에 대한 완전한 SME 해석(Falkenhainer, Forbus & Gentner 1989)

규칙 파일: 내적-유사성-규칙 일치가설의 수: 14
일치가설:
(0.6500 0.0000) (>PRESSURE>TEMP)
(0.7120 0.0000) (PRESS-BEAKER TEMP-COFFEE)
(0.7120 0.0000) (PRESS-VIAL TEMP-ICE-CUBE)
(0.9318 0.0000) (BEAKER-6 COFFEE-1)
(0.6320 0.0000) (PIPE-8 BAR-3)
o o o
o o o

전체적 사상:
Gmap#1: (>PRESSURE>TEMPERATURE) (PRESSURE-BEAKER TEMP-COFFEE)
(PRESSURE-VIAL TEMP-ICE-CUBE) (WFLOWHFLOW)
Emaps: (beaker coffee) (vial ice-cube) (water heat) (pipe bar)
Weight: 5.99
Candidate Inferences: (CAUSE>TEMPERATURE HFLOW)

Gmap #2: (>DIAMETER>TEMPERATURE) (DIAMETER-1 TEMP-COFFEE)
(DIAMETER-2 TEMP-ICE-CUBE)
Emaps: (beaker coffee) (vial ice-cube)
Weight: 3.94
Candidate Inferences:

Gmap #3: (LIQUID-3 LIQUID-5) (FLAT-TOP-4 FLAT-TOP-6)
Emaps: (water coffee)
Weight: 2.44
Candidate Inferences:

SME의 주된 문제는 Veale & Keane(1997)에서 지적했듯이 구조화되지 않은 표상의 난해성(intractability)이다. SME의 연구자들이 인정하듯이, "기술 언어가 편평하고(즉, 고차원의 구조가 없고), 동일한 술어가 기저와 목표 모두에서 여러 번 발생할 때 최악의 경우도 고려한 수행이

16) (역주) 중심에 정전하(正電荷)가 응집된 핵이 있고 그 주위로 전자가 궤도 운동을 하는 원자 모형.

발생한다"(Falkenhainer et al. 1989). 이 마지막 문제에 대해서는 두 가지 이유가 있다. 지식 표상은 술어 중심이므로, 실체 자체가 구조화될 때라도 술어가 위계적으로 구조화되지 않을 때 그 지식 표상은 편평하게 된다(가령, 여러 부분을 가진 사물에 대한 기술). SME는 가장 큰 사상을 얻기 위해 전면적인 탐색을 한다. Forbus & Oblinger(1990)는 *탐욕적 합병(greedy merge)* 알고리즘을 적용하는 SME의 차선의 탐욕 버전을 제안했다. 개략적으로 말해, 이 알고리즘은 *고품질(high quality)*의 최고치를 발견할 때마다 탐색 트리를 반복적으로 자른다. 이런 성질은 pmap의 "구조적 평가 점수(structural evaluation score)"로 주어진다. 이 연구자들은 최적의 결과를 희생하면서 SME의 알고리즘을 상당히 최적화시켰다. 하지만 다시, 사퍼(Veale & Keane 1998)와 비교해 이 알고리즘 효율성은 전혀 컴퓨터로 실행 가능하지 않다.

3.4.2 개념적 비계와 사퍼

토니 빌은 *개념적 은유 이론(conceptual metaphor theory)*(Lakoff & Johnson 1980)을 중심으로 은유 해석 모형을 개발했는데, 이 이론은 한 개념(취의)을 또 다른 개념(매체)에서 나온 지식으로 구조화하는 과정을 통해 은유를 설명해야 한다고 제안한다.[17] 이 경우에 (i) 취의의 특정한 양상을 강조하고("My dentist is a barbarian(우리 치과의사는 야만인이다)"), (ii) 또 다른 영역과의 유추에 의해 취의의 개념적 구조를 풍부하게 하며("The CPU is the brain of the computer(CPU는 컴퓨터의 뇌이다)"), (iii) 관습적 어휘화를 허용하지 않는 취의의 양상을 전달하는("the leg of the chair(의자 다리)", "the neck of the bottle(병목)") 것을 목적으로 한다(Veale 1995). 개념적 은유 이론에서 가장 혁신적인 가정은 은유가 우리의 세상사 경험에 깊이 고착화된 개념적 부류에 속한다는 것이다. 개념적 은유의 예는 '논쟁은 전쟁이다(ARGUMENT is WAR)'("I will defend myself against his claims(나는 그의 주장에 대해 스스로를 변호할 것이다)"), '시간은 돈이다(TIME is MONEY)'("She

17) (역주) 취의(tenor)와 매체(vehicle)는 개념적 은유 이론에서는 각각 목표영역(target domain)과 근원영역(source domain)이라고 부른다. 목표영역과 취의는 이해하고자 하는 추상적인 개념을 말하고, 근원영역과 매체는 이해를 도와주기 위해 이용하는 구체적인 개념이다.

wasted hours in solving it(그녀는 그것을 풀면서 많은 시간을 낭비했다)"), '슬픔은 아래이다(SAD is DOWN)'("Don't let yourself down(풀죽지 마세요)")이다. 더욱이 대부분의 중대한 은유는 세계에 대한 우리의 공간적 이해에 기초하는 간단한 핵심 은유들의 복합체로 환원될 수 있다(가령, '추상적 상태는 위치이다(ABSTRACT STATES is LOCATIONS)': "Bill went mad(빌은 미쳤다)", "Suzie went to sleep(수지는 자러 갔다)"; '시간은 위치이다(TIME is a LOCATION)': "at 5 o'clock(5시에)", "in March(3월에)").

이 모형에서 빌은 은유 해석을 위한 두 가지 연속적 단계를 제안한다. 심층의 핵심 은유를 식별하여 은유 발화로 환기되는 개념들 간의 *은유적 비계(conceptual scaffolding)*를 추출하는 것과 영역횡단 전이를 포함하는 은유에 대한 광범위한 설명을 위해 이런 개념들 간의 관계를 확립하는 것(*사피*)이 그 두 가지 단계이다. 전자는 하향식으로 작동하지만 후자는 상향식으로 작동한다.

개념적 비계의 본질적 역할은 영역 지식을 사용해서 타당한 관계를 탐색할 때 사피를 위한 기초가 될 골격을 세우는 것이다. 따라서 비계 동안 세워진 관계는 은유에서 의미의 모든 미묘함과 뉘앙스를 포착할 의도가 아니라 해석을 제약하기 위한 일반적인 지침이다. 비계 모형은 비계 구축(scaffolding construction)과 비계 정교화(scaffolding elaboration)라는 두 가지 단계를 취한다. 비계 구축은 본질상 공간적인 것으로서, 본원적 기본 요소를 사용해서 발화의 요소들을 상호 관련시킨다(그림 10 참조). 이 구조의 구성은 해당되는 동사로부터 얻어지지만, 형용사(가령, Big vs. Small, Lightweight vs. Heavy)와 명시적인 개념적 관계(가령, Father, Partner, Manufacturer) 같은 다른 요소도 비계에 기여한다.

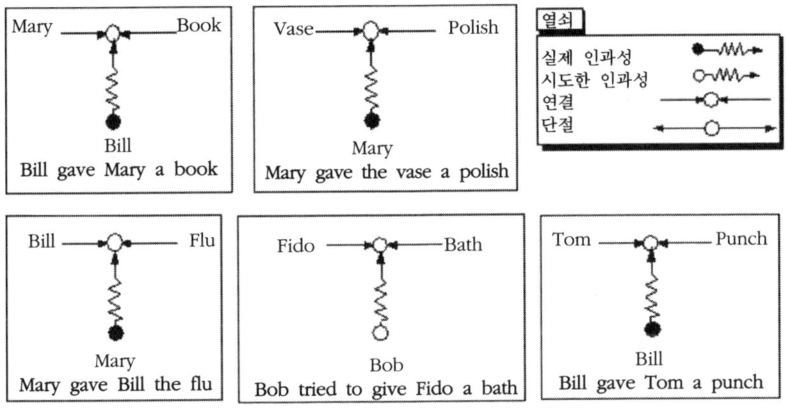

그림 10. 네 가지 본원소(실제 인과성, 시도한 인과성, 연결, 단절)를 가진 비계 구축의 예 (Veale 1995)

비계 정교화는 막 기술한 연상을 특별한 개념 내적 관계로 명명하는데, connect(Porsche, Black)에 대한 *색깔*과 connect(Macintosh, Apple-inc)에 대한 *제조업체*가 그 예이다. 이런 관계는 비계 구조의 지배를 받는 개념들의 상호작용으로부터 도출된다(그림 11 참조). 따라서 적절한 관계나 경우는 해당되는 개념의 본질에 의존한다.

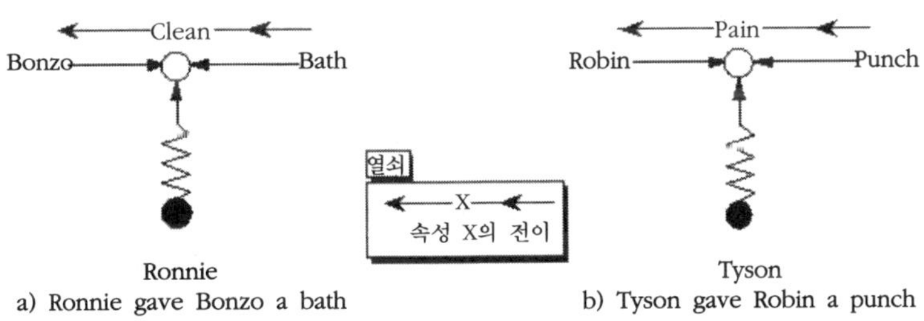

그림 11. *비계 정교화*의 예 (Veale 1995)

따라서 개념적 비계는 발화의 골격적 해석에 대응하는 관계와 개념의 망을 형성한다. 은유 해석은 개념들 간의 영역횡단 연결을 창조한 뒤에만 완성되는데, 이것은 지식의 전이와 마지막으로 은유의 해설을 허용할 것이다. 이것은 사퍼가 하는 일이다.

사퍼는 개념적 비계에서 가져오고 또한 배경 영역 지식으로 풍부해지는 정보를 포함하는 의미망으로 작동한다. 그것은 새로운 영역횡단 관계를 결정하기 위해 확산적 활성화에 기초한 과정을 적용하여, 많은 연결주의 철학을 상징적 망에서 재생산한다. 이것들은 흔히 국부적 망이라고 부르는데, 이는 별개의 단위나 단위들의 고정된 다발이 각 개념에 할당되고, 활성화를 전달하는 단위 내적 연결이 (관계의 현저성을 포착하는 데 적절한 전도성의) 각 개념 내적 관계에 할당된다. 우리의 목적에 가장 중요한 사퍼 기억에 관한 두 가지 일반적인 양상이 있다.

- 모든 지식의 표상은 동등하다. 특정한 문맥이 주어지지 않는다면, 모든 개념과 관계는 동등하게 적절하다(또는 부적절하다). 즉, 기억을 조직하기 위한 내장된 위계나 순서는 없다.
- 활성화 흐름은 전적으로 기회주의적이다. 그 개념이 실제로 무엇인지 또는 무엇을 의미하는지와는 독립적으로 가장 많이 활성화된 개념은 우연히 활성화 파가 더 높고 수가 더 많은 지점에 있는 개념일 것이다. 다시 말해, 개념이나 관계에 대한 선험적인 선호는 없다.

개념은 본래 동적이기 때문에, 그 표상 역시 동적이고 공평해야 한다. 다시 말해, 한 개념은 중심적인 역할을 할 수 있고, 한 문맥에서 특별을 의미를 가지고 측면적일 수 있고, 또 다른 문맥에서는 다른 의미를 가질 수 있으므로, 개념을 형성하는 것은 표상이 아니라 상황이다. 이것은 AI에서 잘 알려진 문제이고, 곧 보게 되듯이 확실히 사퍼는 공간횡단 사상의 매우 특정한 층위에서가 아니면 그 문제를 해결하지 않는다.

사퍼에는 두 가지 처리 방식이 있는데, 이 두 가지 방식은 영역횡단 *교량*이 확립됨에 따라 끊임없이 번갈아 일어난다.

- 구조적 추리는 상징적 처리 방식으로 수행된다.
- 기회주의적 활성화 흐름은 연결주의 처리 방식에서 발생하는데, 이런 방식에서 특별한 관계(상징적 방식에서 놓은 *동면 교량*)는 취의와 매체 도식 간의 영역 교차지점을 나타내게 인식되므로 *깨어난다*.

구조적 추리는 *다각화(triangulation)*와 *적산(squaring)*이라는 두 가지 규칙에 기초한다.[18] 다각화 규칙에 따르면, "두 개념이 제삼의 개념과 연상을 공유할 때마다(그 연상은 강도가 다를 수도 있다), 이 연상은 두 도식 간의 타당한 (동면) 교량에 대한 증거를 제공한다"(Veale 1995). 그림 12에서 이 규칙의 이중 적용을 볼 수 있다. *식칼*과 *메스*는 *피*와 *날카로움*과의 연상을 공유하여, 동면 교량을 확립하게 된다.

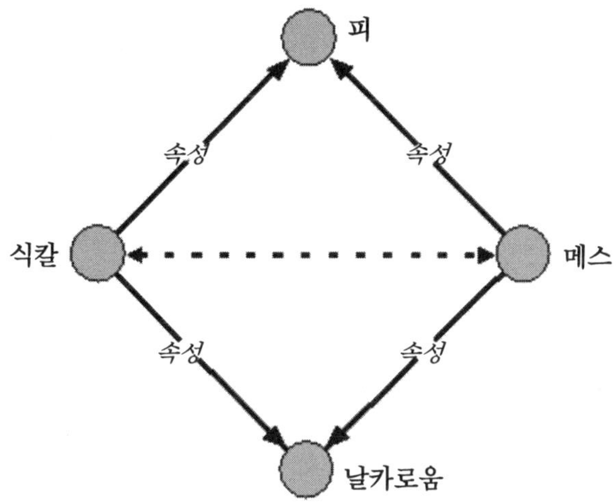

그림 12. 다각화 규칙의 예. 점선 화살표는 동면 교량을 나타낸다 (Veale 1995)

적산 규칙에 따르면, 영역횡단 교량(즉, 이미 깨어난 동면 교량)으로 연결된 두 개념 A와 B가 (각각) 다른 두 개념 C와 D와 동일한 연상을 공유할 때, 이런 연상은 C와 D 간의 타당한 (즉, 동면) 교량에 대한 증거를 제공한다. (연결주의 방식에서) 이 규칙은 이미 깨어난 교량에 의존하므로 *이차적인(second order)* 것으로 간주된다. 그림 13에서 적산 규칙을 적용해서 *장군*과 *뇌 외과의사* 간에 동면 교량이 창조되는데, 이는 *지휘본부*와 *뇌* 사이에 영역횡단 교량이 있기 때문이다.

18) 또한 이전 흔적을 이용하면서 사퍼의 연속적 운행에서만 적용되는 *증대적* 규칙도 있지만, 이것은 여기에서 부수적인 주제일 뿐이다.

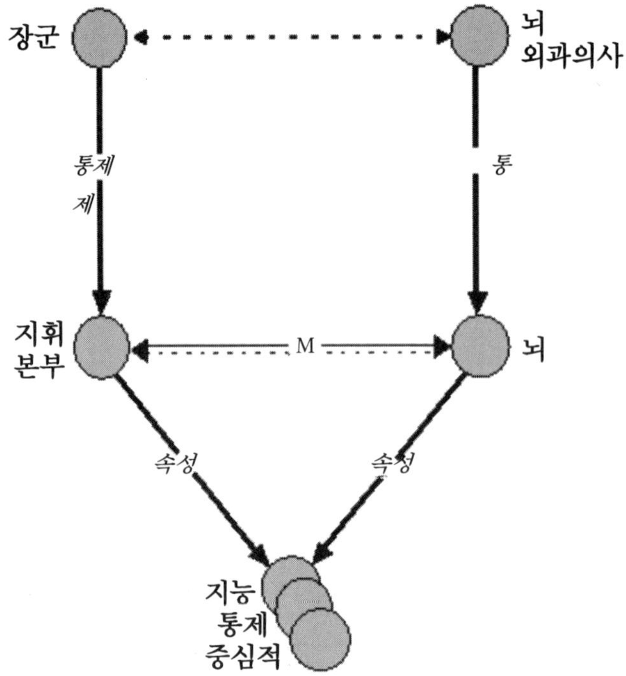

그림 13. 적산 규칙의 예. ‘M’이라는 명칭이 붙은 이중방향 화살표는 *영역횡단 교량*을 나타낸다 (Veale 1995)

사퍼 모형에서, 활성화는 파로 이동하고, 각 파형은 (활성화 에너지, 즉 기력(zorch)을 코드화하는) 진폭과 특유한 서명 빈도를 가지고 있다. 각각의 국부적 개념 마디는 특유하고 주된 공명적 빈도(resonant frequency)를 가지는 것으로 간주되는데, 이것은 이 마디를 통과하는 활성화 파를 조정하는 데 사용된다(그림 14 참조).

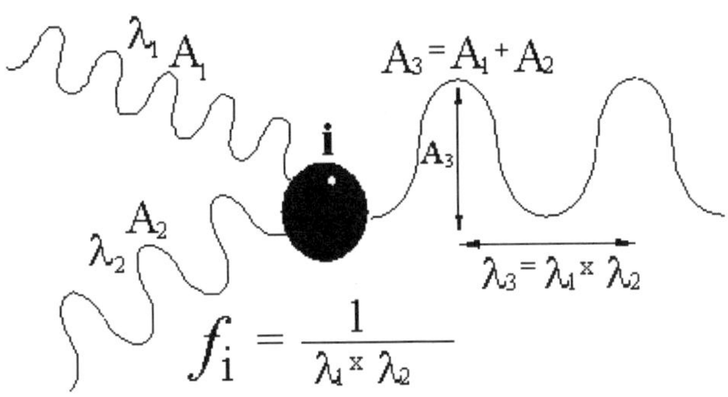

그림 14. 사퍼에서 활성화 파는 진폭(또는 기력)과 빈도를 소유한다. 활성화 파의 이 서명 빈도는 개념적 공간에서 이 파가 접하는 마디들의 공명적 빈도의 산물이다. (Veale 1995)

따라서 이 전파 전략은 소인수 분해(prime factorization)를 통해 활성화 파가 *해체되도록* 한다. 이런 해체는 (은유의 취의나 매체를 나타내는) 파의 원래 근원 마디뿐만 아니라, 파가 이동하는 개념적 공간을 통한 경로도 드러낸다. 두 활성화 파가 동일한 개념 내적 교량에서 가로지를 때, 사퍼는 파가 망의 서로 다른 근원 마디에서 비롯되는지의 여부를 결정할 수 있다. 이것이 실제로 사실이면, 사퍼는 이 교량이 어쩌면 타당한 영역 교차섬을 구성하는 것으로 깨운다(그림 15 참조)(Veale 1995; Veale & O'Donoghue 2000).

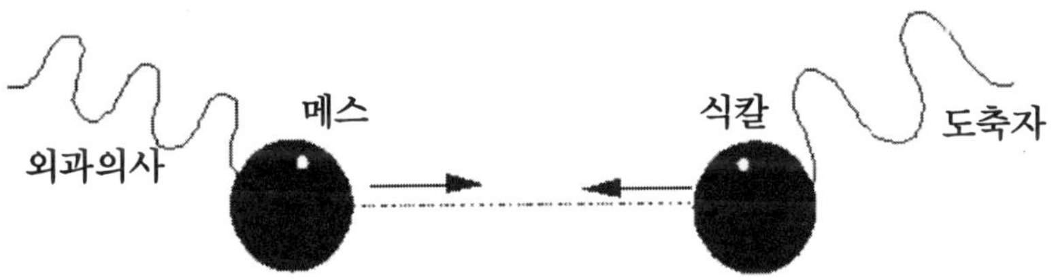

그림 15. 개념적 연결은 취의와 매체 개념 마디로부터 나온 경쟁하는 활성화 파를 위한 교차점 경로가 될 때 타당한 일치가설을 제공하는 것으로 간주된다. (Veale 1995)

사퍼 알고리즘의 이러한 기술에 마지막으로 추가할 것이 있다. 개념 내적 연결은 또한 활성화 에너지의 흐름에 어떤 저항(전도성의 역)을 보여 준다. 이것은 그들이 접하는 각 마디에서 파의 진폭에서 희박화 효과를 제공한다. 이런 진폭이 미리 결정된 분계점 아래로 떨어질 때 그것은 전파를 그만둔다. 동면 교량은 깨어나서 그 파가 가져다주는 구조적 증거와 일치하는 저항을 받을 때까지 가장 높은 (무한한) 저항을 가진다.

마지막으로, 사퍼로 생성되는 "My surgeon is a butcher(우리 외과의사는 도축자이다)"에 대한 해석의 한 가지 예(그림 16)와 "The General is a Surgeon(장군은 외과의사이다)"에 대한 출력을 제시할 것이다(표 5에서 왼쪽에 있는 수치는 영역횡단 연결의 전도성을 나타낸다).

결론컨대, 개념적 비계는 지식에 의존하고, 상세한 명시와 그것이 분석하는 핵심 은유의 코드화를 필요로 하지만, 사퍼는 두 영역 간의 일대일 대응을 발견하는 알고리즘으로서, 이것은 (어떤 기준을 선택하든 간에) 최적의 솔루션을 보장하지는 않지만 컴퓨터로 추적 가능하고, 지식 표상이나 형상에 관한 큰 타협을 요구하지 않다.

Veale & Keane(1997)은 사퍼, SME(탐욕적 버전과 비탐욕적 버전), (나중에 기술할) ACME(Holyoak & Thagard 1989)을 매우 흥미롭게 비교했다. 이 분석은 사퍼가 다루기 쉬움 논제에 관해 다른 시스템과 비교해 얼마나 잘 행동하는지를 생생하게 보고한다. 이 논문 외에, 관심이 있는 독자는 Ferguson et al.(1997)의 대답을 조사해도 된다.

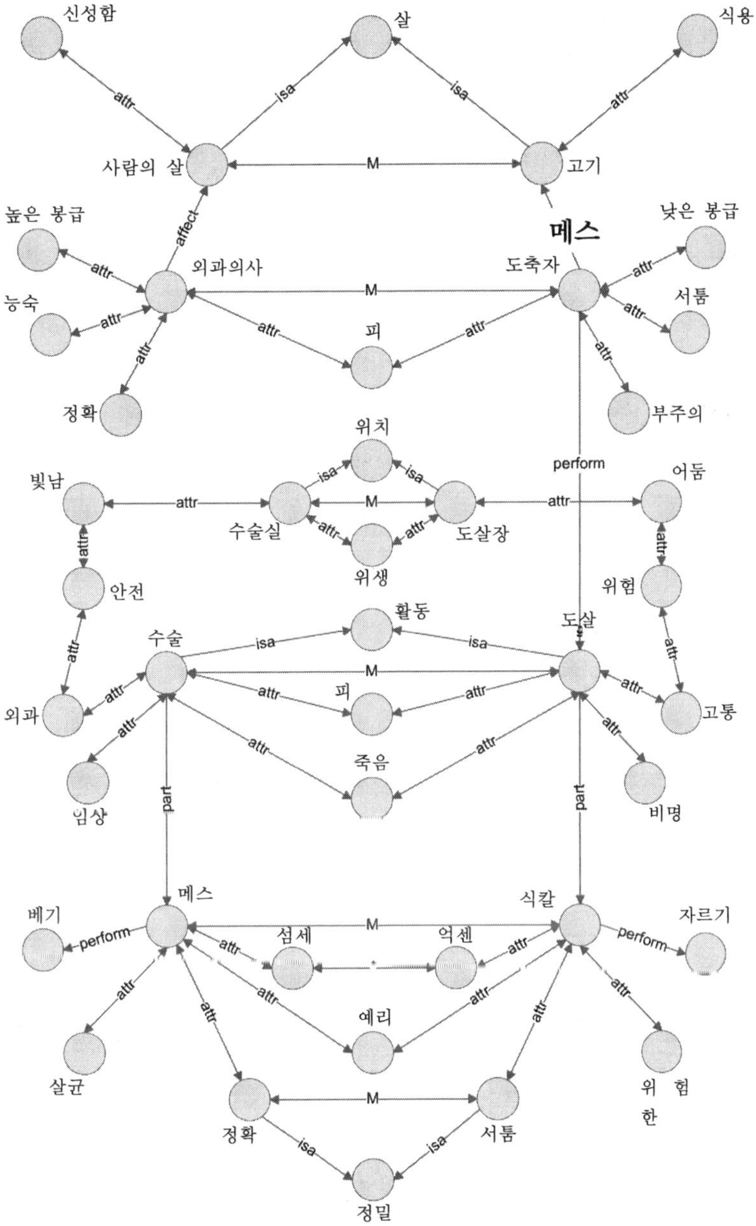

그림 16. '외과의사는 도축자이다'에 대한 해석 (Veale 1995)

표 5. '장군은 외과의사이다'에 대한 사퍼에서 나온 출력

0.98	If General is like Surgeon(장군이 외과의사 같다면)
0.76	Then 18th-Century-General is like Saw-Bones-Doctor (18세기 장군은 의과의 의사 같다)
0.95	Soldier is like Patient(군인은 환자 같다)
0.81	Casualty is like Corpse(인과성은 송장 같다)
0.91	Bombing-Raid is like Surgery(폭격은 수술 같다)
0.93	Atomic-Bomb is like Radiation-Therapy(원자폭탄은 방사선치료 같다)
0.75	Nerve-Gas is like Disinfectant(신경가스는 살균제 같다)
0.88	Enemy-Army is like Cancer(적의 군대는 암 같다)
0.78	Enemy-Soldier is like Cancer-Cell(적의 군인은 암세포 같다)
0.5	On-Target is like Precise(적중은 정확한 것 같다)
0.7	Snub-Fighter is like Scalpel(급정지 전투기는 메스 같다)
0.5	Military-School is like Medical-School(군사학교는 의과대학 같다)
0.17	Battlefield is like Operating-Theatre(전쟁터는 수술실 같다)
0.17	Military-Uniform is like White-Smock(군대 유니폼은 흰색 가운 같다)

3.4.3 기타 등등

다른 연구들처럼(가령, French 2002), 우리는 은유와 유추에 관한 시스템을 세 가지 유형으로 분류한다. 상징적 시스템(ATT-Meta, SME, MIDAS), 연결주의 시스템(LISA), 하이브리드 시스템(Drama, 카피캣, 사퍼)이 그것이다. 다시 한 번, 이런 개관은 의심의 여지없이 많은 시스템은 다루지 못하고 배제시킨다. 우리의 목적은 이 분야를 폭넓게 묘사하고, 궁극적으로 그것을 특징짓는 자질과 문제를 종합하도록 유발하는 것이다.

ATT-Meta(Barnde 1998)은 처음에 담화에서 정신적 상태를 처리하기 위해 투사되는 은유적 추론을 위한 규칙기반 시스템이다. 따라서 그것은 '마음 부위는 사람이다'와 같은 은유 도식의 특정한 유형에 집중하고, "One part of John was insisting that Sally was right(존의 한 부분은 샐리가 옳았다고 주장하고 있었다)"와 같은 문장을 해석하기 위해 내장된 상식 모형을 적용한다. ATT-Meta는 서로 다른 가상공간(pretence)에 따라서 은유에 대한 가능한 해석을 제안하는 규칙을 유발한다.[19] 그것은 보호막(cocoon) 내에서 가상공간을 분리해 내어(따라서

19) 그 시스템은 주어진 해석이 아무리 엉뚱하더라도(가령, 존이 마음의 각 부분에 *글자 그대로* 한 사람을 가지고 있다는 것) 실재적일 수 있다고 *가장한다*.

논리적 불일치를 피하고), 몇 가지 다르고 어쩌면 충돌하는 가설들을 동시에 고려하게 한다. 이 시스템은 그 지식에서 불확실성의 표상을 허용하는데, 이것은 다시 가상공간의 진리 개연성을 평가하고(그리고 이런 개연성을 의존적인 다른 가상공간 보호막으로 전파하고), 타당한 해석을 제안하는 역할을 할 것이다. ATT-Meta 그 자체는 자연언어 입력을 직접적으로 다루지 않는다. 따라서 사용자는 작은 담화 덩어리(둘 또는 그 이상의 문장)의 문자적 의미를 표현하도록 의도되는 손으로 코드화된 논리 공식(hand coded logic formulae)을 공급한다(Barnden 1999).

은유 추론에 관한 또 다른 연구는 MIDAS(Martin 1990)이다. 개념적 비계의 경우처럼, MIDAS는 *핵심 은유(core metaphor)*의 집합이 있다는 가정으로 해석에 접근한다. 이런 핵심 은유는 확장된 은유로 끊임없이 증가되는 지식기반에 저장된다. 각 은유는 근원, 목표, 연상의 집합을 포함하는 *은유 의미(metaphor-sense)*라는 구조에 의해 표상된다. 연상은 근원 개념을 목표 개념에 연결시키는 *은유 지도(metaphor-map)*로 표상된다. MIDAS는 가장 유사한 은유를 회수하고 그것을 현재 상황에 적응시켜서 은유적 발화를 해석한다. 이런 의미에서 그것은 사례기반 추론 시스템으로 작동하는데, 그 시스템의 학습 능력은 새로 적응된 경우들을 저장하는 것에 의존한다.

존 홈멜(John Hummel)과 키스 홀리오크(Keith Holyoak)는 관계적 추리의 인공 신경망 모형 LISA(Learning and Inference with Schemas and Analogies)를 제안했다(Hummel & Holyoak 1997). 이 모형은 관계적 역할(가령, 대립의 역할(X, Y))의 분산적 표상을 필러(가령, 흑과 백)의 분산적 표상에 결속시키기 위해 활성화의 공시성을 사용한다. 따라서 명제는 활성화의 패턴에 대응한다. LISA는 조사하는 목표(그리고 회수 이후의 근원)를 담고 있는 작동기억(Working Memory)과 후보 근원을 유지하고 있는 장기기억(Long Term Memory)을 가지고 있다. 목표가 작동기억에서 명시될 때, 활성화의 패턴은 장기기억으로부터 적절한 근원 명제의 회수를 유발하는데, 이것은 그 목표의 활성화 패턴과 동시에 더 잘 작동되는 것이다. 이 두 기억은 서로 다른 표상을 가지고 있다. 작동기억은 분산적 표상인 데 반해(이것은 순수한 연결주의 시스

그렇게 할 때 그 시스템은 "의미적으로 불가지론적(semantically agnostic)"이라고 말해진다.

템에서는 전통적인 것이다), 장기기억은 국부적이다(사퍼가 그런 경우이다). 예컨대, 작동기억이 목표 명제 "Beth sells her futon to Peter(베스는 이부자리를 피터에게 판다)"를 포함하고 있다면, 그것은 비슷한 근원 명제(가령, "Bill sells his car to Mary (and so Mary owns the car)(빌은 자기 자동차를 메리에게 판다(그래서 메리는 그 자동차를 소유한다))")를 회수할 수 있다. 이 두 비슷한 명제를 LISA의 작동기억에서 만날 때, 공사상된 구성소는 공시성에서 공활성화되고(Bill to Beth, car to futon 등), 동일한 활성화 절차를 따라서 추리를 근원에서 목표로 전이하는(즉, "피터는 이부자리를 소유한다") 것이 가능하다("피터"는 "메리"와 공활성화되고, 그녀는 "자동차"를 "소유하고", 그 자동차는 "이부자리"와 공활성화된다). LISA의 주된 한계는 작동기억의 기억 크기와 장기기억의 표상 논제와 관련이 있다. 실제로 작동기억은 한 번에 하나의 명제만 저장할 수 있는데, 이렇게 되면 복잡한 유추를 해결하지 못하게 된다. 더욱이 장기기억의 내장된 표상은 LISA을 유연성이 낮은 비창의적 시스템으로 만들어버리는데, 이는 그것이 각 명제에 대해 명시적 코드화를 요구하기 때문이다.

Drama는 유추 형성에서 의미적 정보와 구조적 정보를 통합하는 것을 목표로 하는 시스템이다(Eliasmith & Thagard 2001). Drama에는 다른 시스템들과 구분되는 특이성이 있다. 제일 주요한 것은 HRR(holographic reduced representation)(Plate 1994) 기억을 적용한 것으로서, 그것은 Drama에서 분산적이고 벡터에 기반한 개념과 관계의 표상을 허용한다. HRR에서 벡터의 저장 작용은 *회선(convolution)*이라고 부르지만, 회수 작용은 *상관관계(correlation)*라고 부른다. HRR은 많은 양의 정보를 동일한 기억 공간의 회선을 허용하지만, 더 많이 저장할수록 그것은 상관관계에서 더 낮은 신뢰도를 제공한다. 따라서 그것은 반드시 *오차-손질(error-cleaning)* 기제이다. HRR이 인지적으로 타당한 기억 모형이라고 주장된다(Eliasmith & Thagard 2001). 다른 시스템들도 신경망 같은 분산적 표상을 적용하므로(가령, LISA), 어떤 것이 유추 문맥에서 더 나은 것인지 이해하기 위해 철저한 비교를 해야 한다. Drama에서, 각각의 토대 개념에 임의적인 벡터가 할당되는데, 이것은 다시 의미적 정보(각각 독립적인 벡터로 정의되는 특성과 ISA 관계)와 함께 HRR에 저장된다. 영역 구조(서로 다른 개념들 간의 관계)도 벡터의 형태로 HRR에 저장된다. 근원과 목표 명제 벡터가 주어지면, Drama는 (벡터의 내적(dot product)을 통해) 유사성을 획득함으로써 유추-사상을 시작한다. 그것들이 충분히 비슷할 때(임계값보다 더 높을 때) 그것은 그 구성소들로 나아간다. 비슷한 구성소들의 각 쌍에 대해 Drama는 네트워크(*사상* 네트워크)에 마디를 형성하고, 동일한 관계에 참여하는 마디들 사이에서 연결을 확립한다. 이 후자의 과정은 유추 사상에 대한 ACME(Holyoak & Thagard 1989)의 알고리즘과 동일하다. ACME에서, 알고리즘은 사상 쌍의 망을 확립하면서 시작하는데, 각 마디는 하나의 쌍을 포함하고, 각 쌍은 다른 쌍들에 연결된다. 위의 LISA 예를 사용해서 ACME(또는 Drama)는 처음에 "sells"과 "sells"에 대한 마디, 그 다음에 "Beth"와 "Bill"에 대한 마디, "car"와 "futon"에 대한 마디 등을 형성하는데, 이 각각의 마디는 공활성화된다. 그것은 또한 경쟁하는 사상 마디들도 망에 생성할 수 있는데(가령, "Beth"와 "Mary"; 둘 다 여성이다), 이것은 전자의 마디와 거의 공활성화를 가지지 않을 것이다. 따라서 (사피에서처럼) 확산적 활성화 과정의 경우에, 그것은 Eliasmith & Thagard(2001)와 Holyoak & Thagard(1989)에서 정의된 것과 같은 *유사성*, *구조*, *목적*의 제약을 가장 잘 충족시키는 사상 집합을 선택할 것이다. 이론상, Drama는 구조와 의미 모두를 통합할 수 있는데, 이것은 유추 연구에서 주요한 돌파구이지만, 토대 개념에 임의적인 벡터가 주어지기 때문에, *의미*는 어떤 다른 관계만큼이나 결국 구조적 지식이 되는 특성과 ISA 관계에 전적으로 의존한다. 실제로 이 연구자들은 이 관계들을 다르게 다루기 때문에, 이 관계들은 그들이 옹호하는 *의미*의 개념에 대응하지 않는다. 더 구체적으로 문제는 토대 개념과 초래된 유사성을 코드화하는 임의성에 있다(가령, 한 실행에서 "dog"과 "cat"은 "dog"과 "freedom"보다 더 비슷할 수 있지만, 다음 실행에서는 어떤 특별한 이유 없이 반대 현상이 일어날 수 있다). 이 연구자들은 이것이 사람들 간의 심리적 차이와 일관성을 이룬다고 주장하지만, 임의성은 그것에 좋은 모형처럼 보이지 않는다. 적절한 솔루션은 Eliasmith & Thagard(2001)에서 제안된 것과 같이 의미를 배우는 것이다. 하지만 이런 학습 알고리즘은 그 자체로 어려운 일이다.

많은 양상에서 특이하기도 한 카피캣(Hofstadter & Mitchell 1988)은 3.2.2.2절에서 이미 제시한 퍼즐 유추(가령, "abc→abd::xyz→?")를 해

결하기 위한 시스템이다. 이 시스템은 많은 뉘앙스를 가지고, 컴퓨팅 창의성뿐만 아니라 관련된 Tabletop, Letter-Spirit, Metacat(Hofstadter 1995)의 예로도 간주되었다. 그럼에도, 그것은 매우 특정하고 포괄적으로 한정된 영역에서만 작동한다고 비난을 받았다. 전권을 가진 슬립넷은 이론적으로 타당하지만, 실제로 간단한 영역에서도 진지한 자원이 필요하다.

지식 표상의 논제는 이런 시스템에서 중심적인 문제로 끊임없이 환기되었다. 어떤 시스템은 특정한 영역에 초점을 둠으로써 그것에 접근하고(ATT-Meta, 카피캣), 어떤 시스템은 일반적인 지식을 다루려고 한다(사퍼, SME, MIDAS, LISA, Drama). 어떤 시스템은 구조 사상에 의존하고(SME, 사퍼), 어떤 시스템은 공리적 추리(axiomatic inference)에 의존하며(ATT-Meta, MIDAS), 어떤 시스템은 둘 다를 통합한다(Drama, 카피캣). 그럼에도, 각 시스템이 궁극적으로는 내장된 영역 표상에 의존한다는 것은 명확하다(예외는 임의성의 문제를 해결했던 Drama이다). 지금 이 분야에서 취하는 경로는 패러다임(상징적 패러다임과 연결주의 패러다임)과 추리 기제(공리적 사상과 구조 사상)에 관해서 하이브리드 접근법으로 이어졌다.

(카피캣을 제외한) 대다수의 연구는 영역들 간의 일대일 구조 정렬만 허용하지만, 다대일 사상이 은유와 유추 모두에서 유용할 수 있다고 지적되었다(Falkenhainer, Forbus & Gentner 1989). 더욱이 구조적 정렬은 쉽게 영역 표상의 희생물이 된다. 예컨대, “isa(dog, pet)”와 “isa(pet, animal)”를 가진 근원과 “isa(cat, animal)”와 “isa(animal, entity)”를 가진 목표를 가지고 있기 때문에, 그것은 “dog”와 “cat”의 유추를 생산하는 것이 아니라, 오히려 “cat”은 “pet”으로 사상되고, 가능한 유추적 추리는 “isa(dog, cat)”일 수 있다. 이것은 다시 한 번 표상의 문제를 제기한다. 제5, 6장에서 보듯이, 이 연구에서도 동일한 질문이 제기될 수 있다.

결론컨대, 은유와 유추가 한 근원에서 나온 지식을 목표로 가져가고 예측을 하며, 문제를 해결하거나 심지어 관습적 의미를 아직 가지지 않고 있는 개념을 표현함으로써 뜻하지 않은 양상을 밝혀낼 수 있는 인지적 기제라는 것에 일반적으로 의견이 일치한다. 지금까지 이런 기제에 대한 컴퓨팅 접근법은 본질적으로 영역횡단 사상과 구조 정렬에 의존했는데, 그렇다고 해서 다른 접근법이 주의를 기울일 가치가 없다는 것은 아니다.

CHAPTER 4

개념창조 모형

이 장에서는 하향식(top-down) 접근법을 취하여, 추상적 창의성 모형의 필수조건을 제시하고 논의한 뒤에, 다음 장에서 제시할 구현의 주제가 될 개념창조의 형식적 모형으로 나아갈 것이다. 독자들은 실제 구현으로 가는 길에, 특히 그것에 도달할 때 초점을 두어야 할 양상(가령, 이연연상 vs. 재-표상)과 실용적 결정(가령, 알고리즘 구현, 표상 선택)에서 많은 선택을 해야 한다. 우리는 선택을 해야 할 시점마다 각 결정의 정당함을 입증할 것이다.

4.1 창의적 범용 문제 해결 시스템

제2장에서는 창의성에 관한 질문을 제기했으며, 이는 독자에게 여기에서 제안할 컴퓨팅 창의성(computational creativity) 모형을 구축할 때 따라야 하는 원리를 제공하기 위해서였다.

- 지식(Knowledge): 지식이 없다면 창의성도 없고, 양과 질 모두 똑같이 중요한 것으로 다루어져야 한다. 창의성 모형은 이질적인 지식기반을 고려해야 하는데, 여기서 말하는 이질적이라는 것은 특정한 문제를 해결하기 위한 *전형적(typical)* 지식만 포함해서는 안 되고, 둘 이상의 문제를 위한 다양한 영역과 관점을 포함해야 한다는 의미에서이다(Weisberg 1999).
- 재-표상(Re-representation): 다양한 관점에 따라 지식의 기존 범위를 이해하는 것도 중요하다. 창의성 모형은 그 의미를 잃지 않고서 개념의 표상을 바꿀 수 있어야 한다(Karmiloff-Smith 1993).
- 이연연상(Bisociation): 이연연상의 개념은 전례 없는 새로운 연상을 찾을 수 있는 능력을 말하는 영역횡단 전이와 연결된다. 창의성 모형은 변별적인 지식

구조들, 즉 분명히 거리가 멀고 무관한 것처럼 보이는 구조들 간의 연상을 찾아서 탐구할 수 있어야 한다(Koestler 1964).

- 메타층위 추론(Meta-level reasoning): 추론에 대해 추론할 수 있는 능력 역시 창의성의 흔적이다. 이런 양상은 명시하기가 어렵지만 그래도 고려해야 하는 양상이다. 창의성 모형은 지식을 처리할 수 있을 뿐만 아니라, 가급적이면 추상의 층위마다 서로 다른 기법을 이용할 필요 없이, 지식을 처리하는 그 자체의 과정도 처리할 수 있어야 한다(Colton 2001; Wiggins 2001).
- 평가(Evaluation): 창의적 과정의 확실한 부분은 자아와 사회 모두에 관한 평가와 관련이 있다. 창의성 모형은 자체평가를 하고, 외부 평가에 반응할 수 있어야 한다(Csikszentmihalyi 1996; Boden 1990).
- 환경과의 상호작용(Interaction with the environment): 창의성 모형은 환경을 고려해서 설계해야 한다. 실제로 일부 연구자들은 창의성이 문맥에서만 감지될 수 있다고 강조했는데, 여기서 말하는 문맥이란 개인(생산자와 수령인)과 사회, 역사, 동기를 포함하는데, 이는 고려 중인 새로운 개념이나 생각의 범위 바깥에 있는 양상이다(Csikszentmihalyi 1996).
- 목적(Purpose): 어떤 창조에도 때때로 매우 미묘할 수는 있지만 항상 목적이 있다. 우리는 창의적 시스템이 목표 지향적일 필요가 없다는 주장에 동의하지 않는다. 창의성은 목적이 없는 활동이 아니라, 불분명한 미적 선호를 충족시키기 위한 것이든 실용적인 문제를 해결하기 위한 것이든 간에 어떤 필요성 때문에 발생한다(Amabile 1983).
- 발산/수렴(Divergence/convergence): 제2장에서 나온 주된 결론은 두 가지 *사고방식(modes of thinking)*이 존재한다는 것인데, 그것은 발산적 사고방식과 수렴적 사고방식을 말하는 것으로서, 둘 다 서로 다른 양상에서 창의성에 중요한 것이다. 따라서 창의성 모형은 자유연상을 추구할 때 덜 통제된 탐색이 허용되고, 제약이 깨질 수도 있으며, 불일치가 생성될 수도 있는 발산적 사고와 체계적이고 합리성으로 유도되는 수렴적 사고 모두를 고려해야 한다(Guilford 1967).
- 평범한 과정(Ordinary process): 창의성 모형 아래에서는 특별하거나 *비창의적* 추론에서 적용되는 것과는 근본적으로 다른 과정이 있어야 한다고 믿을 이유가 없다. 더욱이, 이연연상과 발산적 사고가 어떤 다른 인지적 현상이나 사고방식과 동일한 인지 과정에 기초하지 않는다고 주장할 이유가 없다. 다시 말해, 이 모든 것은 지능이 표명된 것이고, 발산적 사고와 이연연상은 더욱 일반적으로 창의성과 동일시된다(Guilford 1967; Csikszentmihalyi 1996; Koestler

1964; Boden 1990; Finke, Ward & Smith 1992).

우리는 이 여덟 가지 원리로부터 창의적 범용 문제 해결 시스템(Creative General Problem Solver)(Ernst & Newell 1969의 범용 문제 해결 시스템에서 유추함)을 제안한다. 이러한 순수한 철학적 운동을 하는 것에는 두 가지 의도가 있다. 하나는 모든 양상을 요약하는 모형을 제공하는 것이고, 다른 하나는 창의성과 AI 간의 관계에 집중하는 것이다.

그림 17은 위에서 언급한 많은 양상을 고려하는 모형을 보여 준다. 아마도 내적 작동에 관해서 가장 명확하지 않은 *추론 기제(reasoning mechanism)*는 전체 시스템을 통제하고, *화용론(pragmatics)* 모듈과 *환경(environment)* 모듈이 제공하는 목표와 선호도, 평가에 따라 탐색을 하는 데 책임을 져야 한다. (발산적이든 수렴적이든 간에) 시스템의 작동 방식은 추론 기제가 *이연연상적 기제* 모듈과 *재-표상* 모듈을 어떻게 이용하는지에 의존해야 한다. 순수한 수렴적 방식은 이런 모듈을 아무것도 이용하지 않지만, 순수한 발산적 방식은 이런 모듈을 탐색의 모든 단계에 적용할 것이다. 재-표상 모듈은 *다중영역 지식기반(multi-domain knowledge base)*에서 지식의 표상에 대한 서로 다른 대안을 제공하는 데 반해, 이연연상적 기제는 그 지식기반에서 두 가지 다른 구조들 간의 연상을 찾아서 제안할 것으로 생각된다. (그림에서 분명히 드러나지 않은) 지식기반의 한 특별한 양상은 그런 지식기반이 또한 모든 다른 모듈에 대한 명시를 포함해야 한다는 것이다. 다시 말해, 전체 모형 그 자체는 지식기반의 부분인 것이다. 이것은 결정적으로 가장 복잡한 양상이고 메타층위 추론과 관련이 있다. 실제로 그 시스템이 그 추론에 대해 추론한다면, 그 지식기반은 또한 모든 과정의 표상을 직·간접적으로 고려해야 한다. 이것을 어떻게 구현하고 이런 순환이 어디에서 끝나는가라는 질문이 제기된다.

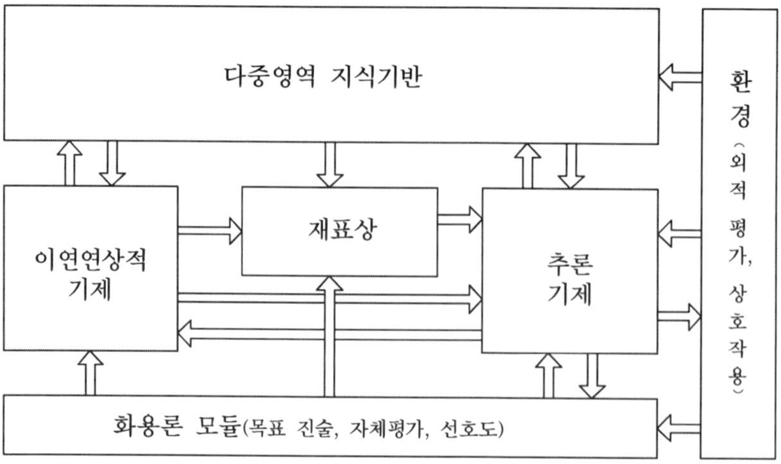

그림 17. 창의적 범용 문제 해결 시스템

그런데, 이 모형을 AI 관점에서 분석할 때 기본적인 질문이 제기된다. 왜 우리는 그 모형을 창의적이라고 부르는가? 그것은 *그냥 또 다른* AI 모형이 아닌가? 그것은 *그냥* 몇 가지 다른 재-표상이 추가된 *평범한(plain)* 지식기반이 제공하는 솔루션, 이연연상 방법에서 발생하는 연상, 과정 그 자체에 대한 기술을 포함하는 복잡한 공간에서의 탐색이 아닌가? 생산품에 대한 (행동주의) 관점에서는 복잡한 공간에서의 이러한 탐색으로부터 새롭고 유용한 생각이 발생하는 경향이 있을 *때* 그것을 창의적이라고 부를 수 있다. 그 과정의 (인지적) 관점에서는 위에서 제시한 원리가 실제로 창의성과 연결되어 있다면 그런 모형은 (본질적으로 이연연상적 기제와 메타층위의 추론 모듈이나 재-표상 모듈이 없으며, 더욱 집중적인 지식기반을 가진) *고전적* AI 모형보다 그 문제에 대한 더욱 새롭고 유용한 솔루션을 산출해야 한다고 주장할 수 있다. 이런 증거를 형식적으로 증명하는 것은 불가능해 보이므로, 우리는 그런 모형이 정확히 어떤 새로운 것을 그 분야에 가져가는지를 설명해야 된다. 그런 모형이 AI에 기여할 것 같은 것은 우선 앞서 언급한 모든 양상을 명시적으로 통합하고, 대체로 창의성이 문제해결과 지능의 한 가지 면으로 간주되어야 한다는 주장도 통합한다는 것이다. 더욱 명확히 하자면, 그런 모형은 수렴적 방식으로 문제를 해결할 수 있다. 즉, 동일한 문제와 솔루션이 얼마나 많이 제기되었는지와는 독립적으로 그 문제에 특히 지향하는 지식(*문제 특정적* 지식)에 의지해서 문제를 해결할 수 있다는 것이다. 그런 모형은 또한 어쩌면 더 창의적인 것처럼 보이는 문제 특정적 지식을 가지고 다른 솔루션을 찾을 수 있다. 발산적 방식으로 해결한다는 것은 다른 연상을 찾는다는 것과 지식을 다르게 표상하거나 심지어 그 자체의 과정을 바꾼다는 것을 암시할 것이다. 이런 경우에, 이전에 보지 못한 솔루션을 찾을 때 그 결과는 관찰자가 창의적인 것으로 간주할 가능성이 더 높을 수 있다. 이 중에서 어떤 경우에서든, 우리는 지능이 문제해결이고, 어떤 경우 창의적 솔루션을 유발한다는 고전적 견해를 다루고 있다.

방금 제시한 모형은 매우 추상적이고, 본질적으로 미래 연구에서 우리(어떤 것은 이 책의 뒷장에서 더욱 상세히 다루어진다)와 다른 연구자들이 한층 더 탐구할 지침들로 구성되어 있다.

다음 절에서는 창의성 모형을 개발하기 위해 하향식 접근법에서 한 층위 더 내려갈 것이다. 좀 더 구체적으로 말해, 우리는 이미 고려한 자질에 집중하는데, 이연연상, 이질적 지식기반, 메타층위 추론, 수렴적/발산적 사고방식과 목적이 그러한 자질이다. 이런 자질은 우리의 개념창조 모형을 위한 토대이다.

4.2 모형의 기술

이제는 개념창조(concept invention) 모형을 제시할 것이다. 이 모형은 본래 이연연상, 이질적 지식기반, 메타층위 추론, 수렴/발산과 목적에 집중한다. 따라서 우리는 상호작용과 평가의 양상에는 거의 주의를 기울이지 않고, 재-표상은 배제한다. 상호작용은 목표 진술과 형상으로 환원되고, 평가는 자체평가에 기초할 것이다. 이런 선택은 주체 vs. 사회에 주어진 우선권으로부터 발생하므로 그것의 내부 과정에 집중한다. 재-표상의 논제는 단행본 길이의 연구 가치가 있기 때문에 여기에서는 더 이상 고려하지 않을 것이다. 그럼에도, 이 책에서 적절하다고 생각될 때는 다시 다룰 것이다.

세부내용을 전달하기 전에 독자들은 한 시스템에 도달할 목표를 주었던 이상적인 시나리오를 상상하는 것이 좋을 것이다. 이런 목표는 "비행 수송 물건의 명시"와 같은 것일 수 있다. 그 시스템은 이 목표에 직접 도달하게 하는데 충분한 비행기나 물리학 또는 견고한 과정에 의해 이끌 수 있는 것에 대한 지식을 가지고 있지 않다. 또는 그것은 실제로 필요한 지식이지만, 탐색공간은 너무 복잡해서 합당한 시간 내에 그 목표에 도달하지 못한다. 그 시스템은 수렴 방식에 들어갈 수 있는데, 이런 방식에서 기억 속의 개념들을 조합하고, 목표에 비슷한 것이 달성되는지를 항상 점검한다. 목표를 달성하는 것은 아닐지라도(가령, "박스가 너무 무겁다"), 가장 유망한 생각에 도달한 후에(가령, 수렴에서 얼마간의 시간을 보낸 후에 그것은 "박스가 연결된 새"를 발견했다), 이 시스템은 만족스러운 솔루션에 도달하도록 이 생각을 정교화하기 위해 수렴 방식으로 되돌아갈 것이다. 결국에 좋은 솔루션이 발견되지 않았다면, 그 시스템은 또한 개념들을 조합하고, 정교화하며 탐색하는 새로운 방식을 창조하려고 할 것이다. 즉, 그 자체의 과정을 개선하고자 노력할 수 있다. 우리의 개념창조 모형은 이 시나리오의 발산적 부분에 관여한다. 그림 18은 이 그림을 보여 준다. 거기에는 여섯 개의 모듈이 있다.

- 다중영역 지식기반(Multi-domain knowledge base): 지식기반은 창의적 범용 문제 해결 시스템에 대해 기술한 것과 정확히 동일한 원리를 따른다.
- 이연연상적 기제(Bisociative mechanism): 이연연상적 기제는 개념들 간의 사상을 발견하면서 시작하고 새로운 개념을 창조한다. 그 다음에 이런 사상들로부터 공-사상된 각 개념에서 나온 지식을 새로운 이연연상적 개념으로 전이한다. 이런 사상은 유사성에 의존할 필요는 없다. 즉, 이런 사상은 (Koestler 1964가 제안한 것처럼) 인상적이거나 놀랍거나 심지어 불일치하는 충돌을 나타낼 수 있다.
- 추론 기제(Reasoning mechanism): 추론 기제는 두 가지 전략을 적용한다. 발산적 전략은 새로운 개념을 생성하기 위해 이연연상적 기제를 사용하고, 더 나은 평가를 받은 개념을 선택한다. 수렴적 전략은 발산적 전략에서 발생하는 개념으로부터 더 좋은 개념을 생성하기 위해 정교화 기제를 사용한다.
- 평가(Evaluation): 평가 모듈은 목표에 따라 주어진 한 개념이 참신성과 유용성을 충족하는 기준을 내놓는다.
- 정교화(Elaboration): 정교화나 적응은 문맥 의존적 제약과 영역 의존적 제약을 따르도록 개념을 손질하는 것을 의미한다. 다시 말해, 정교화 모듈은 불일치를 제거하고, 타당한 지식으로 개념을 완성하는 것에 관여한다.

- 목표(Goal): 목적은 외적으로 주어지고, 추구하는 개념의 목적을 정의한다.

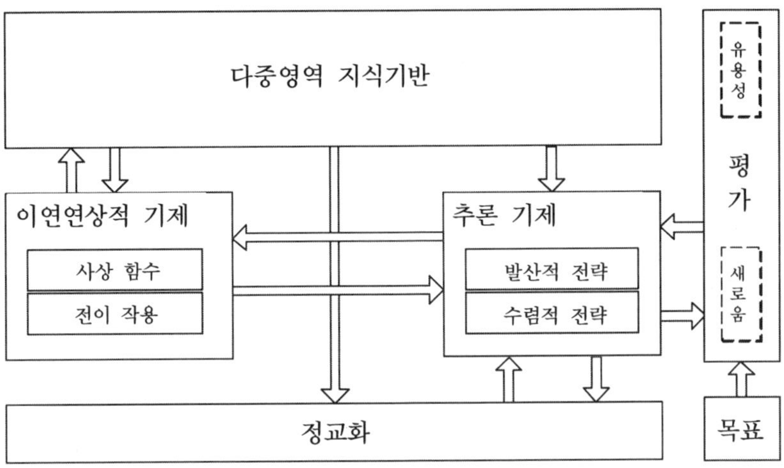

그림 18. 개념창조 모형

이 모형은 처음에 두 편의 논문에서 약술하고 제시했던 것으로서, 이 두 논문은 사소하지만 의의가 없는 차이가 있다. ECAI'98에서 발표한 "Modelling Divergent Production: a multi domain approach"(Pereira 1998)와 CSNLP'99에서 발표한 "Wondering in a Multi-Domain Environment with Dr. Divago"(Pereira & Cardoso 1999)가 그 두 논문이다. 두 논문에서는 이 모형을 상세히 형식화하지 않았다. 다음 페이지에서 그렇게 할 것이다.

형식적 명세를 잘 모르거나 관심이 없는 독자를 위해 각 개념을 비공식적으로도 기술할 것이다. 심층의 생각을 인식하기 위해서는 모든 전문적인 세부내용을 이해할 필요는 없어야 한다.

이런 형식화에서는 개념의 모집단 $\mathcal{U}$, 언어 $\mathcal{L}$, 순회(traversal) 전략 $\mathcal{T}$와 같은 정의는 Wiggins(2001)(2.1.1절 참조)에서 차용할 것이다.

따라서 알파벳 $\mathcal{A}$가 생각할 수 있는 모든 가능한 *원자적(atomic)* 상징(상수와 변수)을 포함하도록 하자. 과정 p도 정의해 보자. 이 과정에 의해 술어와 함수로 구성될 수 있는 고차의 지식 구조, 즉 언어 $\mathcal{L}$을 얻기 위해 $\mathcal{A}$의 요소들을 조립할 수 있다(술어 P는 형태 $P(x_1, x_2, ...x_n)$를 취하는데, 여기에서 $P, x_1, x_2, ...x_n$는 알파벳 $\mathcal{A}$의 상징들이다). 간략히 하자면, 우리는 이런 고차의 지식 구조가 (논리 프로그램, 가령 Leite 2003에서처럼) 사실과 규칙의 형태를 가지고, 과정 p가 언어 $\mathscr{L}$의 모든 가능한 개념(즉, 논리 프로그램)을 생성하게 하는 생성 문법이라고 가정한다. 따라서 이것은 다른 개념들뿐만 아니라 모든 규칙 집합, $\mathscr{T}$, $\mathscr{E}$, $\mathscr{R}$, 그리고 연상 집합 $\ll\mathscr{R}, \mathscr{T}, \mathscr{E}\gg$, $[\mathscr{R}]$과 $[\mathscr{E}]$도 포함하는 개념의 모집단 $\mathscr{U}$이다. 4.1절에 따라 각 개념이 미시이론(형식적으로, 논리 프로그램)으로 정의된다는 것을 기억해 보라. 비공식적으로, 모든 가능한 개념들의 모집단 $\mathscr{U}$가 언어 $\mathscr{L}$로 표상 가능하다고 상상해 보자. 4.1절의 원리를 따라서, 우리의 모형은 많은 다양한 영역을 가진 지식기반을 고려해야 하고, 메타층위 추론을 허용하기 위해서는 그 자체의 통제 과정의 묘사를 고려해야 한다. 요컨대, 우리의 개념창조 모형(Model of Concept Invention)에서 지식기반은 개념을 창조할 의도인 영역들이라는 다른 영역들에서 나온 개념과 그 모형 자체에 대한 묘사를 포함해야 한다. 한 개념을 묘사하는 논리 프로그램(미시이론)은 그 개념과 다른 개념들의 관계뿐만 아니라 그 개념의 내적 특성도 명시한다. 지식기반(knowledge base) KB에 (내포적이거나 외연적으로) 담긴 개념들의 집합은 $\mathscr{U}_{KB}$로 정의되고, $\mathscr{U}_{KB} \subseteq \mathscr{U}$이다. 지식기반은 동일한 물리적 또는 가상의 기억 공간에 함께 서식하는 개념들의 집합에 대응한다. 그것은 한 개인의 완전한 지식의 모형이어야 한다. 지식기반은 둘 이상의 영역에서 나온 개념들을 포함한다면 *다중영역(multi-domain)*이다.

영역(domain) D가 KB에서 나온 개념들의 집합에 대응하게 하여(그래서 $D \subseteq \mathscr{U}_{KB}$), 그 모든 개념들이 하나의 특유한 심층의 개념과 관련되어야 한다. 물론 이것은 KB 자체가 영역이고("모든 것은 KB의 구성원이다"), 각 개념이 영역이다("개념을 묘사하는 각 지식은 그 개념과 관련이 있다")라는 극단을 유인한다. 우리가 가져가려는 개념은 영역이 동일한 주체와 관련이 있는 지식을 통합한다는 것이다. 예컨대, 양식 규칙과 함께 각 음악 작품은 음악의 영역에 대응하는 데 반해, 이용 가능한 양념을 묘사하는 데이터와 함께 조리법의 집합은 요리의 영역이다. 우리의 지식에서처럼, 영역들은 전문지식과 세부사항 등의 서로 다른 층위를 코드화할 수 있다. 이러한 영역의 개념은 다소 부정확하고, 우리가 제시하려는 모형에 결정적이지도 않다. 우리는 지식기반이 잠재적으로 서로 다른 주제에 대한 지식과 일반적으로 연상되는 잠재적으로 공통점이 없는 데이터들로 구성되어 있다고 주장하기 위해 영역이라는 개념을 주로 소개했다.

쾨슬러, 길포드, 포코니에와 터너, 그리고 이 책에서 언급한 많은 이론가에 따르면, 개념들 간의 연상성은 창의성에 근본적이다. 이것은 *사상 함수(mapping function)*라는 다음 단계로 나아가게 한다.

$$\phi: \mathcal{U} \times \mathcal{U} \rightarrow \{0,1\}$$

이 정의는 $\mathcal{U}$에서 나온 어떤 요소라도 많은 미결정된 다른 많은 요소로 사상될 수 있다는 것을 암시한다(더 구체적으로 말해, $\phi(x,y)$가 1일 때마다 이것은 x가 y로 사상될 수 있다는 것을 암시한다). ϕ는 다음의 공리를 준수해야 한다.

1. $\phi(x,y) = \phi(y,x) : x,y \in \mathcal{U}$. 즉 ϕ는 대칭적이다.
2. $\phi(x,\emptyset) = 0 : x,\emptyset \in \mathcal{U}$. 여기에서 $\emptyset$는 텅 빈 개념이다.

텅 빈(empty) 개념에는 내용이 없고(가령, 사실이나 규칙이 없는 논리 프로그램), 상수로 표상될 수 있다(디바고에서 이것은 원자 무(無)일 것이다).

두 영역에서 나온 요소들을 사상하는 함수는 *영역횡단 사상 함수(cross-domain mapping function)*라고 부른다.

$\phi_{D_1,D_2} : D_1 \times D_2 \rightarrow \{0,1\}$. 여기에서 D_1과 D_2는 서로 다른 영역이다.

이연연상의 행동은 새로운 개념이 등장하고 나서야 완성된다. (이연연상, 혼성, 개념적 조합의) 많은 예에서, 지식은 공-사상된 각 요소에서 새로운 개념으로 전이된다. 이것은 쾨슬러의 모형에서 창조 행위가 발생하는 곳이고, 개념적 혼성과 개념적 조합에서 *발현(emergence)*이 발생하는 곳이다.

$$\omega : \mathcal{U} \times \mathcal{U} \rightarrow \mathcal{U}$$

*전이 작용(transfer operation)*인 ω는 다음과 같이 정의된다.

$$\omega(x,y) = \begin{cases} \emptyset & : \phi(x,y) = 0, \\ k & otherwise, with\ some\ k \in \mathscr{U} \end{cases}$$

비공식적으로, 전이 작용은 두 개념(x와 y) 상에서 이루어지는 작용으로서, 그 둘 사이에 사상이 있다면 ($\mathscr{U}$에서 나오는) 개념 k가 창조된다. 개념들이 결합되는 방식에 대해 다양한 설명이 있기 때문에 이 작용을 더욱 상세히 명시하는 방법은 없다. 다음 장들에서는 그 결과를 증명할 가능한 버전을 제안할 것이다. ω는 반드시 결정론적인 것은 아니다. 즉, k는 ω가 적용될 때마다 서로 다른 개념에 대응할 수 있다. ω에 대한 다른 두 가지 공리 또한 다음과 같다.

1. ω는 대칭적이지 않다. 즉, $\omega(x,y) = \omega(y,x)$가 반듯이 참인 것은 아니다.
2. $\omega(x,\emptyset) = \emptyset$

집합 Ω는 $\mathscr{U}$ 내에 모든 가능한 이연연상을 포함한다. 그것 *이연연상 집합(bisociation set)*이라고 부른다.

$$\Omega = \{ k : k = \omega(x,y), x,y \in \mathscr{U} \}$$

ω가 두 개의 전체 영역에 적용될 때는 집합 Ω_{D_1, D_2}를 얻는다. 이것은 *영역 이연연상(domain bisociation)*이라고 부른다.

$$\Omega_{D_1, D_2} = \{ k : k = \omega(x,y), x \in D_1, y \in D_2 \}$$

따라서 이연연상 집합은 지식기반 *KB*를 위한 모든 가능한 이연연상을 포함한다. 우리의 모형에서, 이 집합은 길포드가 말하는 발산적 생산에서 발생하는 구조를 포함한다. Finke, Ward & Smith(1992)는 이런 구조를 생성탐구(Geneplore)[1] 모형에서 *전-발명적 구조(pre-inventive* *structure*)라고 부른다.

이연연상 집합은 도달해야 할 목표가 있어야만 선택하거나 정렬할 수 있다. 행위자는 무언가를 찾아야 하는데, 그렇지 않다면 전-발명적 구조를 탐구하거나 흥미로운 무언가에 수렴하는 것과 같이 이연연상 집합에서 한 요소를 선택할 특별한 이유가 없을 것이다. 따라서 모든 가능한 표현된 목표의 집합 $\mathscr{U}_g$은 $\mathscr{L}_g$에 기초해서 정의되어 $\mathscr{L}_g \subseteq \mathscr{L}$이다. 목표는 한 문제에 대한 매우 특정한 필수조건(가령, 설계 필수조건의 집합)에서 추상적 필수조건(가령, 그림에서 *균형*을 달성하다)과 모호한 필수조건(가령, 기쁨에 대한 필요성)까지 분포될 수 있다. 한 개념이 기준을 충족시키는지, 그리고 참신성을 입증하는지를 테스트하는 연상적 평가 함수는 그 어떤 목표라도 뒷받침해야 한다. 따라서 *참신성(novelty)*과 *유용성(usefulness)*이라는 두 가지 함수가 있다.

$$nov : \mathscr{U} \times \mathscr{U}_g \rightarrow [0,1]$$

함수 *nov*는 목표 *g*에 대해 개념의 참신성을 내놓는다. *참신성*의 역이어야 하는 Ritchie(2001)의 *typ* 함수에서 그 목표는 암시적으로 고려되었지만, 목표는 단독적이거나 함수로 코드화되지 않아야 하고, 또한 개념으로 간주되어야 하고 $\mathscr{U}$의 구성원이어야 한다. 이는 목표가 또한 미시이론으로 표현되어야 한다는 것을 의미한다. 또 다른 함축은 목표 자체가 이연연상될 수 있다는 것이다. *유용성*은 다른 함수에 의해 주어진다.

$$use : \mathscr{U} \times \mathscr{U}_g \rightarrow [0,1]$$

다시, 목표의 달성은 유용성을 평가하기 위해 개념 그 자체만큼 근본적이다. 어떤 것은 문맥에서만 유용하다(또는 적절하다).

이제 이연연상 집합을 조사할 때 그 크기는 매우 증가하고, 그 구성원의 참신성과 유용성은 광범위하게 다양할 수 있다. 다시 말해, 좋은 개념을 얻기 위한 탐색공간은 매우 복잡해질 수 있다. 우리는 또한 Wiggins (2001)를 따라 순회 집합 $\mathscr{T}$를 제안하는데, 이것은 탐색공간을 순회하기 위

1) (역주) Generate와 Explore의 혼성어.

해 행위자가 사용하는 전략을 끼워 넣는다. 우리는 $\mathscr{T} \subseteq \mathscr{U}$라고 가정한다. 즉, 그 전략이 또한 모집단 $\mathscr{U}$로부터 나오는 개념들의 집합으로 정의된다는 것으로서, 이것은 동일한 작용을 전략 그 자체에 적용할 수 있다는 것을 암시한다. 우리는 이 연구에서 메타층위 추론에 대한 실용적 실현을 제안하는 것이 아니라, 컴퓨팅 창의성의 극한에 도달하고 싶다면 이것이 근본적인 양상임을 강조하고 싶다.

이연연상 집합은 전략 $\mathscr{T}_d$에 의해 순회된다. 이런 전-발명적 구조의 순회에서, 참신성과 유용성에 대한 결정적 값은 때때로 평가하기가 어려우므로, 다양성, 단순성, 재-표상 잠재력 등의 (반드시 목표로 유도되는 것은 아닌) 흥미로운 다른 기준들에 대한 우선권도 적용되어야 한다. 다시 말해, 여기에서 *참신성*과 *유용성*의 함수만 고려하고 있지만, 이연연상 집합에서 요소를 선택할 때 다른 요인이 중요할 수 있다. 따라서 $\mathscr{T}_d$는 문제에 대한 가능한 솔루션이나 영감을 위해 어슬렁거리는 행동에 인지적으로 대응해야 하는 *발산적 전략*으로 이해되어야 한다.

우리는 또한 위긴스를 따라서 기존 요소로부터 $\mathscr{U}$의 요소를 선택하는 함수 연산자(function operator) ≪.,.,.≫를 제안한다. 위긴스는 탐색 전략 $\mathscr{T}$가 규칙 집합 $\mathscr{R}$과 $\mathscr{E}$로 (부분적으로) 순서가 정해진 공간을 순회한다는 가정 하에서 이 연산자의 적용을 ≪$\mathscr{R}$, $\mathscr{T}$, $\mathscr{E}$≫로 제안했다. 우리의 경우에, 우리는 *참신성*과 *유용성*의 함수로 부분적으로 순서가 정해진 이연연상 집합 Ω의 순회를 제안한다. 암시된 대응($use \leftrightarrow \mathscr{R}$과 $nov \leftrightarrow \mathscr{E}$)이 우연의 일치가 아니라 실례라고 가정할 수 있다. 우리는 [$\mathscr{R}$]에서는 목표에 *유용한* 실례를 선택하고, [$\mathscr{E}$]에서는 *참신한* 실례를 선호한다.[2)] 우리는 그렇게 할 때, *유용한* 실례를 선택하고, $\mathscr{R}$과 $\mathscr{E}$의 정의로 암시되는 어떤 모호성을 피하고, 공간 순회의 단계를 다음과 같이 다시 정의한다.

$$x_{i+1} = \ll use,\ \mathscr{T}_d,\ nov \gg [x_i]$$

2) 독자는 여기에 충돌이 있다는 것을 알아차렸을 수도 있다. 우리는 2절에서 R과 리치의 *typ*을 연관시키고, E와 *val*을 연관시켰다. 이것은 대응 $use \leftrightarrow typ$와 $nov \leftrightarrow val$을 의미할 것이다. 대안은 R을 *nov* 사상하고, E를 *use*로 사상하는 것이다. 이것은 일관성이 없고, R과 E의 의미에 중의성을 증명한다. 문제는 E가 목적(또는 유용성)과 독립적이지 않아야 하는 한, 그것은 R과 독립적이지 않아야 한다는 것으로 보인다.

비공식적으로, 우리가 여기에서 정확히 의미하는 것은 발산적 탐색 절차가 개념 공간의 순회에서 *참신성*과 *유용성* 모두를 고려한다는 것이다. 더욱이 이런 순회는 이미 조사한 개념들로 계산한다는 의미에서 누적적이다(이것은 작곡가가 정확히 동일한 생각을 두 번 창조하지 않는 것과 같은 방식이다. 왜냐하면 두 번째에는 이전 개념이 기억 속에 있기 때문이다). 모든 가능한 개념을 달성하기 위해 이 작용을 반복 적용하게 되면 완전한 발산적 전략 집합이 생성된다. (위긴스의 개념을 따라서) 형식적으로, 이 집합은 다음에 대응한다.

$$\ll use,\ \mathscr{T}_d,\ nov \gg^{\diamond} [\Omega]$$

우리가 텅 빈 개념 ⊥인 "출발 상징(starting symbol)"을 제공하는 대신에, 이 함수를 집합 Ω에 바로 적용한다는 것에 주목해 보라. 의도는 전체 모집단 $\mathscr{U}$ 대신에 탐색 집합 Ω 내에서 이런 탐색을 한다고 명확히 주장하는 것이다. 또한 초래되는 집합이 집합 Ω의 부분집합이라는 것에도 주목해 보라. 비공식적으로, 모든 가능한 이연연상의 집합(확실히 매우 큰 집합)을 정의한 후에, 좋은 이연연상을 *선택할* 필요가 있다. 이것은 탐색 전략과 함께 참신성과 유용성 같은 *기준*을 통해서만 가능하다.

우리는 개념(들)의 한 (집합)이 여전히 "전-발명적" 상태에서 발견되는 지점에 도달했다. 다시 말해, 목표(들)에 적절히 답하기 위해 추가 탐구가 필요하다. 이것 역시 이전에 언급한 수렴적 단계에 대응한다. 이제 *정교화 함수(elaboration function)*라는 함수 θ가 있다.

$$\theta : \mathscr{U} \times \mathscr{U} \rightarrow \mathscr{U}$$

이 함수의 첫 번째 논항은 정교화될 개념이지만, 두 번째는 사용 방법에 대응한다. 아래에는 정교화의 세 가지 종류가 있다.

- $\theta_{\mathscr{R}} : C \times R \rightarrow C'$. 여기에서 $R \in \mathscr{U}$는 규칙이다. 이것은 *규칙기반 정교화(rule-based elaboration)*라고 부른다. 이것은 (그 개념에 외적인) 한 규칙이나 규칙들이 정교화를 위해 적용될 때 발생한다. 이런 규칙은 휴리스틱 일 수 있

는데, 이는 어떤 종류이든 간에 인과적 규칙이다.

- $\theta_{\mathscr{C}} : C \times C \rightarrow C'$. 여기에서 C는 개념이다. 이러한 *내적논리 정교화(internal-logic elaboration)*는 개념의 미시이론을 전적으로 고려하는 추론 방법을 적용하는 것이다. 이런 추론 방법의 예는 C의 미시이론 내에서 연역법(deduction), 귀납법(induction), 귀추법(abduction)이다.
- $\theta_{\mathscr{CC}} : C \times C_1 \rightarrow C', C \neq C_1$. 여기에서 C, C_1은 개념이다. 이것은 *개념횡단 기반적 정교화(cross-concept based elaboration)*로서, 첫 번째 개념은 지식기반 속의 다른 개념들과 연상/비교에 의해 정교화된다. 때때로 새로운 지식이나 구조는 다른 개념들과의 비교의 의해 더해지거나 제거된다. 이것의 특별한 경우는 *영역횡단 기반적 정교화(cross-domain based elaboration)*로서, 이때 C는 C가 통합되는 영역과는 다른 영역에서 나온 개념(들)에 의해 정교화된다. 이런 정교화는 종종 한 영역의 지식이 다른 영역으로 투사되는 유추에서 사용된다.

또한 θ에 대한 공리를 추가할 수 있다.

1. θ는 대칭적이지 않다. 즉, $\theta(D, K) = \theta(K, D)$가 반드시 유지되는 것은 아니다.

이제 *정교화된 개념*의 집합 Θ을 정의할 수 있다.

$$\Theta = \{\, \theta(C, \mathscr{K}) : C \in \ll use,\ \mathscr{T}_d,\ nov \gg^{\diamond} [\Omega] \wedge K \in \mathscr{U} \,\}$$

비공식적으로, 집합 Θ는 이전에 발산적 전략에 의해 생성된 모든 개념에 모든 가능한 정교화 연산을 적용해서 구성된다. 이연연상 집합의 경우처럼, 정교화된 개념들의 집합은 *참신성*과 *유용성*의 함수에 의해 순서가 정해져서, *수렴적 전략*인 $\mathscr{T}_c \subseteq \mathscr{U}$에 의해 순회될 탐색공간을 생산할 수 있다. 마지막 결과인 순서가 정해진 *개념창조*의 집합은 다음에 의해 주어진다.

$$\ll use,\ \mathscr{T}_c,\ nov \gg^{\diamond} [\Theta]$$

4.3 논의

이 모형은 모두 모집단 $\mathscr{U}$에 속하는 세 가지 개념 집합의 상호작용을 암시한다. 이용 가능한 지식기반에서 암시적으로나 명시적으로 정의되는 모든 개념들로 구성된 집합 $\mathscr{U}_{KB}$, 생성된 모든 이연연상을 포함하는 집합 Ω, Ω에서 나온 요소들의 모든 가능한 정교화로 구성되어 있는 집합 Θ가 그것이다. 두 개의 다른 집합도 고려해야 하는데, 그것은 탐색 전략 $\mathscr{U}_{\mathscr{T}}$과 목표 $\mathscr{U}_g$의 정의에 관한 것이다. 그림 19에서는 모든 집합뿐만 아니라 탐색 전략이 취하는 방향도 묘사한다. 이것이 순수한 이론적 분석이기 때문에 집합의 정확한 위치와 크기에 지나치게 많은 의미를 부여해서는 안 된다. 여기에서 의도는 우리의 모형을 이 각각의 집합과 그 교차에 관련시키는 것이다.

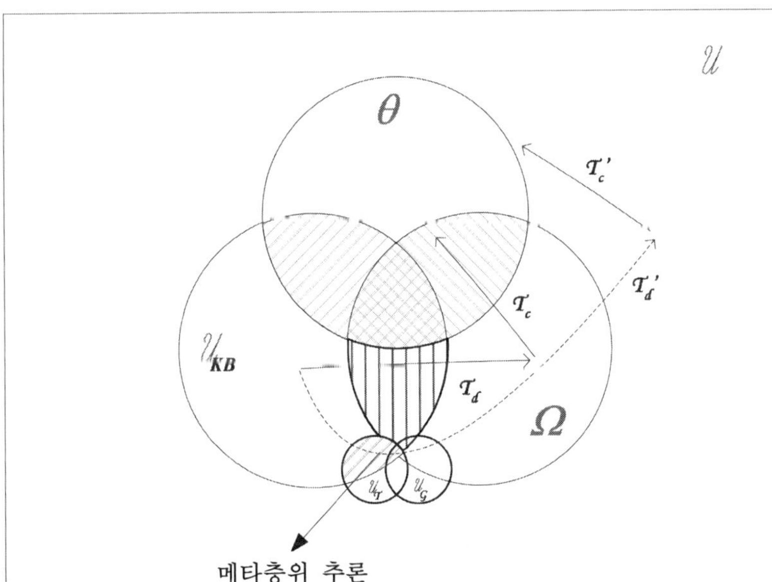

그림 19. 제시된 모형의 분석

우리는 "간단한" 전략($\mathscr{T}_c$와 $\mathscr{T}_d$)과 "이상적" 전략($\mathscr{T}_c'$와 $\mathscr{T}_d'$)이라는 두 가지 종류의 전략을 정의했다. 이런 전략은 가능성들의 연속체를 나타내야 한다. "간단한" (또는 컴퓨터로 "실재적") 전략은 명확히 한정된 개념 공간을 고려한다. 묘사된 경로는 방금 기술한 모형에 대한 평범한 적용을 두고 무엇이 예상되는지를 보여 준다. 그것은 알려진 개념들의 모집단 $\mathscr{U}_{KB}$로부터 시작하고, 이연연상을 적용하여 발산적 전략으로 집합 Ω을 조사한다. 수렴적 전략은 집합 Θ 내에서 탐색한다. "이상적" 전략은 더 많이 발산할 수 있어서 집합 $\mathscr{U}_{\mathscr{F}}$과 $\mathscr{U}_{g}$를 고려할 뿐만 아니라, 그것을 정의할 때 (가령, 그 자체의 목표와 전략의 변화 때문에) 이연연상 공간에서 뛰어내릴 수 있는 자유를 가지고 있다. 다시, 이것은 실용적인 제안서라기보다는 학위논문이다. 실제로 이것은 우리에게 "간단한" 전략을 그 이상으로 가는 실현 가능한 단계로 간주하게 한다. 이 연속체의 두 가지 면에서 직관은 일상적 창의성과 혁명적 창의성 간의 범위이다. 우리는 발산뿐만 아니라 수렴이 일상의 문제해결에 끊임없이 존재한다고 제안한다. 물론 특별한 상황에서만 상당히 발산할 필요가 있다. 즉, $\mathscr{T}_d{}'$ 전략을 적용할 필요가 있다는 것이다.

이런 전략을 적용할 때 참신성과 유용성의 예상되는 가중치에 관해 다소 다른 분석을 할 수 있다(그림 20). 여기에서 이것은 2.2절에서 본 위긴스의 형식화에 대해 제안한 그림과 더욱 꼼꼼히 일치한다.

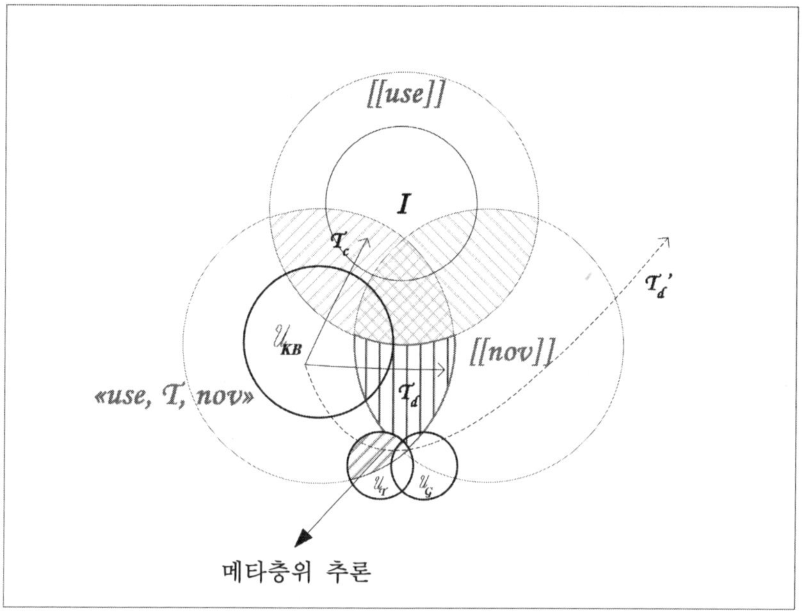

그림 20. 위긴스의 체제를 적용해서 제시한 모형의 분석. $\mathscr{R}$을 *use*로 실례화하고, $\mathscr{E}$를 *nov*로 실례화해서 수정함.

우리는 지식기반으로 정의되는 개념들의 모집단인 $\mathscr{U}_{KB}$을 ≪use, $\mathscr{T}$, nov≫의 중앙에 놓았다. 실제로, $\mathscr{U}_{KB}$는 탐색 방법에 완전히 이용 가능한 것 외에 유용성에서부터 비유용성까지, 그리고 참신성에서 전형성까지 분포되어 있는 다양한 개념을 포함해야 한다.[3] 또한 $\mathscr{T}_c$가 유용성으로 향하고, $\mathscr{T}_d$가 참신성으로 향한다고 가정한다. 물론 이 모형에서는 그것에 대한 형식적 암시는 없다. 우리는 직관상 이런 제안으로 이끌리고, (제6장의) 실증적 결과는 실제로 이런 추론을 확인해 줄 것이다.

4.2절에서 제시한 상상적 시나리오에서, 우리는 그 시스템이 의미심장한 지식을 가지지 않거나 탐색공간이 너무 커서 합당한 시간에 목표에 도달하지 못할 때 그것이 발산적 방식에 들어가는 지점에 도달했다. 하지만 이런 방식의 복잡성이 수렴적 방식보다 더 높을 수 있다(그리고

3) 우리는 $\mathscr{U}_{KB}$가 선험적으로 주어지기 때문에 발분집합으로 고려할 수 있다. 하지만 발문적 집합에서 나온 어떤 요소(즉, 알려진 개념)를 비전형적인 방식으로(가령, 사과를 음식이 아닌 무기로 사용하는 것) 적용하는 것은 리치의 어떤 척도에 의해서는 재발명일 것이다. 더욱이 발분집합에 $\mathscr{U}_{KB}$의 부분이 아닐 뿐만 아니라 그 역인 요소를 가지는 것은 일반적이다.

아마도 더 높을 것이다)는 것은 명확하다. 다시 말해, 우리 모형의 경우에, *KB*에서 나온 n개 개념들의 각 쌍들 간에 사상이 있다면, 전이 작용 ω가 각 쌍에 대해 하나의 새로운 개념만 생산한다면 $n\times(n-1)$개 이연연상이 있을 것이다. 우리가 더 크고 다양한 지식기반을 가정하고 있기 때문에, 이 값은 매우 크고 심지어 낙관적인 원근법을 가질 것이다. 실제로 또한 $\mathscr{P}$와 $\mathscr{G}$를 바꿀 수 있는 가능성을 고려한다면, 이 (새로운) 탐색공간만을 탐색하는 것은 비현실적이라는 결론에 곧 도달한다. 따라서 이 모형을 제시하고 논의하는 목적은 그것을 완전히 구현하는 것이 아니라, 이연연상을 가진 개념창조가 어떤 모형화에 관한 것인지에 대한 우리의 입장을 진술하고, 다음 장에서 기술할 실용적인 구현을 위한 토대를 마련하는 것이다. 따라서 왜 이것이 개념창조인가라는 질문이 발생한다.

관찰할 수 있듯이, 이 모형이 제공하는 결과가 논리적으로 *KB*에서 연역될 수 있을지라도 그 생성은 누군가가 의식적인 단계의 연속체를 따르지 않고서 문제를 해결하는 것과 동일한 방식으로 건전함(soundness)[4]에 기초하지 않는다. 그렇다고 이것이 무의식이 작동하는 방식이나 심지어 인간이 개념을 창조하는 방식이라는 것을 뜻하지는 않는다. 오히려 그것은 무의식이 컴퓨터로 시뮬레이션될 수 있는 방식을 위한 모형이다. 따라서 우리는 그것을 개념창조 모형이라고 부르는데, 이는 그것이 3.2.2절에서 제시한 정의와 일치하는 건전하지 않는 과정으로부터 새로운 (그리고 잠재적으로 유용한) 개념을 생산하기 때문이다.

다시, 우리는 탐색에 대해 질문을 제기하고자 한다. 어쨌든, 이것은 (복잡한) 공간에서의 탐색이지 않은가? 어떤 다른 AI 모형보다 무엇을 더 많이 제공해야 하는가? 그 답은 그렇다이고, 그것은 탐색이다. 그리고 이것은 많은 다른 AI 모형처럼 전에는 거의 접근하지 않았던 인간 행동의 특정한 종류를 시뮬레이션하고자 하는 AI 모형이다. 이 경우에, 그런 행동은 창의성이고, 더 구체적으로 개념창조이다. 이것은 창의성이 지능의 부분(또는 종류)이라는 것을 의미하는가? 우리가 제시하는 답은 창의성과 지능이 명확히 관련이 있고, 개념을 창조하기 위해서는 합리성(반박의 여지가 없는 지능의 성분)이 필요하다는 것이다.

---

4) 물론 이것은 사용된 사상 함수와 전이 작용에 의존하지만, 우리는 많은 불일치를 생산할 것 같은 함수나 작용, 심지어 임의성은 고려하지 않고 있다.

철학적 질문을 제기하는 것 외에, 이 모형은 다른 무엇을 위한 것인가? 다시 말해, 그 적용은 어떤 것이고, 그 성분의 *구현성(implementability)*의 정도는 무엇인가? 그런 모형은 몇 가지만 언급하자면 디자인이나 건축, 게임에서처럼 새로운 개념의 세대가 중요한 상황에서 적용될 수 있다. 이상적으로, 그것은 앞서 기술한 상상된 시나리오에서 제안되듯이 특정한 영역에 국한되는 *하위층위(lower-level)* 시스템이 솔루션을 찾지 못하는 상황을 돕기 위한 메타층위 추론 엔진으로 적용될 수 있다. 메타층위 추론의 능력이 구성하기에 아무리 어렵더라도 어느 정도까지 그 모듈들 중 어떤 것이라도 구현될 수 있다. 이는 그것이 기계는 거의 달성하지 못하는 두 가지 능력인 자체조직과 평가를 요구하기 때문이다. 이런 이유로, 메타층위 추론은 다음에 기술할 우리의 시스템 디바고에서 구현되지 않았다. 우리는 이 시스템에서 공간횡단 사상, 이연연상, 지식기반, 추론 엔진, 평가, 정교화와 같은 이 모형의 다양한 양상이 어떻게 구현되는지에 대해 몇 가지를 제안할 것이다.

CHAPTER 5

디바고

이 장에서는 우리의 시스템을 제시할 것이다. 그것은 "나는 어슬렁거린다"를 뜻하는 포르투갈어 "(Eu) divago"를 따서 디바고(Divago)라고 부른다. 앞 장에서는 이 책의 핵심적인 이론적 골자를 포함하는 개념창조 모형(Model of Concept Invention)을 설명했다. 이 장에서는 사례를 들어 디바고의 모듈을 실용적으로 설명할 것이다. 디바고를 구축하기 위해서는 개념창조 모형을 실례화하는 전체적인 목표와 각 모듈을 개발하고 반성하는 동안 나타난 특이성들 간의 많은 타협이 요구되었다. 이런 이유로, 주로 탐색 전략을 구현하고 제약을 선택할 때 그것들 간에 충돌점이 있다. (형식화나 알고리즘 때문에) 읽기가 더 어려운 경우에는 메시지를 가능한 한 완만하게 종합할 것이다.

5.1 구조의 개관

그림 21은 디바고의 구조를 보여 준다. 세부내용으로 들어가기 전에 각 모듈의 역할과 (그림에서 화살표가 나타내는) 데이터 흐름으로 주의를 기울이면서 디바고의 작동 방식을 피상적으로 개관할 것이다.

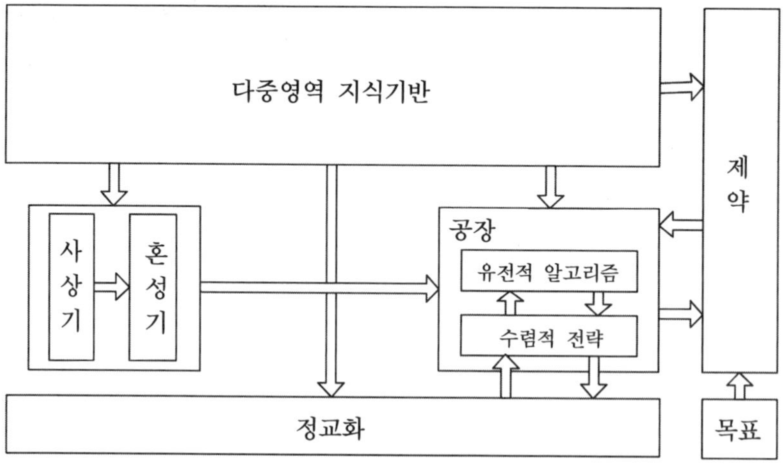

그림 21. 디바고의 구조

지식기반(Knowledge Base)은 개념들의 집합을 포함하는데, 각 개념은 몇 가지 다른 종류의 표상(가령, 개념지도, 규칙, 프레임, 무결성 제약, 실례)에 따라 정의된다. 개념지도, 규칙, 프레임, 무결성 제약은 미시이론(Micro-theory) 견해를 따르지만, 실례는 실례(Exemplar) 견해와 일치한다.

새로운 개념의 창조을 위한 첫 번째 단계는 입력 지식의 선택으로서, 이 경우는 개념 쌍을 말한다. 디바고에서는 발산과 이연연상의 기제에 집중하기 때문에 이 선택에 대한 특정한 알고리즘을 제공하지 않는다. 이 선택은 사용자가 제공하거나 임의적으로 생성된다. 사상기(Mapper)는 개념 쌍을 받고 난 뒤에 개념들(의 정의들) 간의 구조적 정렬을 구성하고, 그 다음에 발생하는 사상을 혼성기(Blender)로 전달하는데, 이때 혼성기는 모든 가능한 혼성공간의 집합을 암시적으로 한정하는 *투사(projection)*의 집합을 생산한다. 이것은 공장(Factory)이라는 추론 기제를 위한 탐색공간일 것이다.

공장은 *유전적 알고리즘(genetic algorithm)*(GA)이라는 병렬 탐색 엔진에 기초하는데, 이 알고리즘은 제약(Constraints) 모듈이 제공하는 평가를 가장 잘 따르는 혼성공간을 탐색한다. 공장은 각 혼성공간을 이 모듈에 보내기 전에 정교화(Elaboration) 모듈로 보내고, 이 정교화 모듈에서 혼성공간은 영역의 적용이나 문맥 의존적 지식의 지배를 받는다. 따라서 유전적 알고리즘(GA)은 탐색 동안 제약과 정교화 모듈 모두와 상호작용한다.

혼성공간에 대한 제약 모듈의 평가는 (3.3.2절에서 제시한) 최적성 원리의 실행에 기초한다. 혼성공간 자체 외에, 최적성 원리의 실행은 지식기반에서 나오는 지식(즉, 무결성 제약과 프레임)뿐만 아니라, 질의의 형식으로 나오는 목표 달성도 고려한다. 이런 쟁점을 모두 간략히 기술할 것이다. 정교화 모듈은 본래 내적논리 정교화와 규칙기반 정교화를 적용한다. 해당 규칙은 또한 지식기반의 부분이다.

만족스러운 솔루션이나 명시된 많은 반복에 도달한 뒤에, 공장은 GA를 멈추고 가장 좋은 솔루션을 내놓는다. 어떤 경우에, 이 결과는 또한 해석(Interpretation) 모듈의 입력으로서, 이 해석 모듈은 새로운 개념에 대한 해석을 생산한다. 우리는 다른 연구자들과 협력하여 2D 이미지(집-배 실험), 텍스트 기술(말-새 실험), 3D 이미지(생명체 실험)를 생성하는 해석 모듈을 개발했다.

사상기와 정교화 모듈은 서로 다른 이유로 수의적이다. 사상기가 제공하는 사상은 3.4절에서 제시한 유추와 은유 작업에 기초한다. 하지만 어떤 상황에서 이런 사상은 매우 제약적이다. 따라서 우리는 대안적 절차를 실행하지 않고 외적으로 한정된 사상을 허용한다(사용자는 일부 실험에서 이런 사상을 한정한다). 정교화는 또한 실험 이유 때문에 그냥 통과할 수 있다. 정교화는 결과를 분석할 때 *실재(real)* 결과를 숨길 수 있다. 즉, 그 시스템의 작동을 평가하기 위해 지켜볼 필요가 있는 문제를 그 자체로 수정할 수 있다.

앞 장에서 제시한 모형과 비교해, 디바고에서는 발산적 탐색과 수렴적 탐색(각각 $\mathcal{T}_d$와 $\mathcal{T}_c$)의 기제가 분리되지 않는다는 차이가 있다. 오히려, 그 둘은 뒤엉킨 채로 작동한다. 발산의 방법(GA)은 발견된 모든 혼성공간에 대해 한 번 (정교화를 적용하는) 수렴의 방법을 사용한다.

또 다른 차이는 디바고가 그 자체의 내적 상술을 처리하지 않는다는 것이다. 다시 말해, 우리는 변형적 창의성을 뒷받침할 수 있는 메타층위 추론을 추가 발달을 위해 남겨둔다. 전에 논의했듯이, 이것은 그 자체로 매우 복잡한 과제이다.

이제 지식기반, 사상기, 혼성기, 공장, 제약, 정교화라는 여섯 가지 모듈을 더욱 상세히 기술할 것이다.

5.2 지식기반

지식기반 속의 모든 표상은 (신경망 같은 하위상징적 접근법이 아닌) 상징적 접근법을 따른다. 그럼에도, 다른 표상 패러다임에 대해 동일한 메커니즘을 적용할 수 있다는 것을 의심할 이유는 없다. 디바고의 지식기반에는 *개념지도*, *규칙*, *프레임*, *무결성 제약*, *실례*라는 다양한 구조가 있다. 지식기반(과 전체 시스템)에서 사용하는 통사론은 *프롤로그(Prolog)* 언어와 동일하다.

개념이나 영역을 기술하기 위해 디바고에서 사용하는 의미망은 *개념지도(concept map)*라고 부른다. 개념지도는 마디가 *개념*을 나타내고 호는 *관계*를 나타내는 도식이다. 따라서 한 개념은 다른 개념들과 연관해서 정의되므로, 이런 개념들은 또한 그 개념의 정의 내에 들어간다. 이런 이유로 혼동이 발생할 수도 있으므로, 영역(domain), 개념(concept), 요소(element)라는 개념을 분명히 해야 한다.[1] 중심 개념이 없고, 오히려 다양한 개념이 동일한 정도의 중요성을 갖고 참여하는 개념지도는 *영역*이라고 부른다. 영역의 예는 "생물학", "컴퓨터", "음악"이다. 이들 영역에서는 하나의 개념이라기보다는 많은 개념들에 집중한다(가령, "음악"에는 "하모니", "멜로디", "리듬" 등이 있다). 개념지도가 하나의 개념 x에 집중한다면 그것은 *개념 x*의 개념지도라고 한다. 예컨대, 개념 "말"의 개념지도에는 말이 무엇인지 정의하기 위해 "코", "다리", "갈기" 등에 대한 연상이 있다. 물론, 이 각각의 연상도 개념이지만, *주요 개념(main concept)*(개념지도를 만든 목적이 되는 개념. 이 예에서 "말")과는 더 멀리 떨어져 있기 때문에 덜 상술된다(가령, "말"의 개념지도에서 나온 개념 "인간"은 "지능", "얼굴", "사회"와는 연상되지 않으므로, 그것은 피상적으로 "소유자"나 "타는 사람"과 같은 관계로 식별된다). 우리는 혼동을 피하기 위해 한 개념의 이 각각의 마디를 *개념* 대신에 *요소*[2]로 명명하는 관습을 채택한다. 따라서 앞 장들에서 제안했고,

---

1) 이 분류는 이 책을 위해 사용되고 있다. 이는 명칭 "영역", "개념", "개념지도"를 사용해서 이전 출판물들에서 불명료함이 제기되었기 때문이다. 우리는 이 문서 전체와 미래 출판물에서 현재의 정의를 따를 것이다. 그 개념과 심층적인 합리적 근거는 동일성을 유지한다는 것을 알려 주는 것도 중요하다.

2) 포코니에와 터너는 *요소*라는 명칭을 사용해서 정신공간 속의 동일한 실체를 가리킨다.

미시이론 견해를 따라서 *개념*은 개념지도, 규칙, 프레임 등으로 구성될 것이다.

영역과 개념 간의 차이는 주관적이고, 입도의 층위에 의존한다. 모든 영역은 그 자체로 개념이고, (그것이 미시-영역이라 할지라도) 모든 개념 또한 영역으로 간주되다. 이 책 전체에서 다른 말이 없다면, 개념지도가 영역이라기보다는 하나의 개념을 한정한다고 가정한다. 요컨대, 디바고는 (3.1절에서 제시한) 개념에 대한 미시이론 견해를 따르는데, 여기에서 개념은 사실과 규칙에 의해 정의된다. 디바고는 *실례(instance)*의 사용도 허용하는데, 이는 실례 견해와 일치하는 것이다.

우리의 개념지도에서 요소와 관계를 위해 상징을 선택하는 것은 자의적이지만, 주로 말-새 실험 이후에는 두 가지 규격화(normalization) 원리를 따랐다. 첫 번째 원리는 관계가 일반화된 상부 모형(Generalized Upper Model; GUM) 위계에 속해야 한다(또는 그것에서 내려와야 한다)는 것으로서(Bateman et al. 1995), 이것은 영역 특정적 지식과 일반적인 언어적 자원 간의 인터페이스를 상당히 단순화하는 일반적인 과제와 영역 독립적인 *언어적으로 동기화된 존재론(linguistically motivated ontology)*이다. GUM은 표층의 언어적 실현과 *개념적* 또는 *문맥적* 표상 사이의 중간에 있는 추상화의 층위를 차지한다. 하나는 모든 개념을 포함하고 다른 하나는 모든 역할을 포함하는, 두 개의 위계로 분열되어 있기 때문에 GUM는 개념지도에서 우리의 선택을 표준화하기 위해 본원적 관계의 큰 집합을 제공한다. 우리의 지도에서 GUM의 개념 위계의 구성원(가령, "색채", "능력" 등)이 관계(가령, "색채(갈기, 검은색)", "능력(말, 달리다)")로 사용된다는 것에 주목해야 한다. GUM에 대한 더 많은 내용이 필요하면 공개적으로 이용 가능한 출처를 참조하면 된다(http://www.purl.org/net/gum2).

개념지도를 구성할 때 따르는 두 번째 원리는 지식기반 속의 요소를 영어에서 되도록 단수 형태로 명사와 형용사 또는 (특별한 수의 경우에) 숫자로 표상할 수 있다는 것이다. 앞서 말했듯이, 이런 두 번째 원리는 단지 개념지도를 구성하기 위한 규격화 원리이므로, 이론상 그 모형 자체는 사용한 단어의 어휘적 범주를 고려하지 않고, "동일한 단어가 동일한 요소에 대응한다"라는 원리만을 따른다.

개념지도가 디바고에서 중요하다는 것을 고려해서, 우리는 사용자가 자신의 개념지도를 형성하게 돕고, 가능한 한 많은 편견을 피하는 것을 목표로 하는 또 다른 시스템인 Clouds(이학석사 학위논문 주제)를 개발했다. 이 시스템은 사용자를 개념지도의 다른 분야로 이끌었고, 확장됨에 따라 사용자는 더 이상 전체를 추적할 수 없으며, 사용자에게 질문하는 것을 통해 구성을 이끄는 과제를 Clouds에게 맡긴다. Clouds는 여기에서 제시하는 일부 실험을 위한 지도를 생성하는 데 사용되었다. 이것은 이 책의 주제와 거리가 멀기 때문에 관심이 있는 독자는 Pereira, Oliveira & Cardoso(2000), Pereira & Cardoso(2000), Pereira(2000)를 참조하면 된다.

이제 개념지도를 형식적으로 정의해 보자. 우리는 앞 장에서 제시한 것과 동일한 정의와 상징을 사용할 것이다.

$\mathscr{AE} \subseteq \mathscr{A}$는 상징 집합으로서, 이것은 *요소*라고 부른다. $\mathscr{AR} \subseteq \mathscr{A}$는 또 다른 상징 집합으로서, 이것은 *관계*라고 부른다. *개념지도(Concept Map) CM*은 다음의 형식을 가진 이원적 술어의 집합이다.

$$X(Y,Z), X \in \mathscr{AR}, Y,Z \in \mathscr{AE}$$

우리는 또한 *철저한 폐쇄(exhaustive closure)* CM^+를 모든 요소 $\mathscr{AE}$와 요소들 간의 관계 $\mathscr{AR}$을 가진 개념지도로 정의한다.

$$CM^+ = \{X(Y,Z) : X \in \mathscr{AR}, Y,Z \in \mathscr{AE}\}$$

따라서 $CM \subseteq CM^+$이다.

표 6과 7은 (Clouds로 만든) "말"과 "새"에 대한 개념지도의 예를 보여 준다. 이런 지도는 사람마다 자신의 지도를 그린다는 의미에서 반드시 자의적이다. 이는 서로 다른 개념화와 각 사람이 취할 수 있는 개인적 관점의 결과이다. "pw"(부분-전체), "member_of"(범주포함 관계), "isa", "sound"와 같은 관계는 GUM의 동일한 관계나 이 위계로의 확장을 가리키는 더 짧은 단어이다.

표 6. *말*의 개념

isa(horse, equinae)	pw(leg, horse)	pw(mouth,nose)
isa(equinae,mammal)	quantity(hoof, 4)	sound(horse, neigh)
existence(horse, farm)	pw(hoof, leg)	purpose(mouth, eat)
existence(horse, wilderness)	pw(nose, horse)	purpose(ear, hear)
purpose(horse, traction)	eat(horse, grass)	color(mane, dark)
motion_process(horse, walk)	ability(horse, run)	size(mane, long)
carrier(horse, human)	pw(tail, horse)	material(mane, hair)
purpose(leg, stand)	quantity(leg, 4)	pw(ear, nose)
member_of(horse, ruminant)	quantity(eye, 2)	pw(eye, nose)
purpose(horse, cargo)	quantity(ear, 2)	ride(human, horse)
purpose(horse, food)	purpose(eye, see)	pw(mane, horse)
isa(farm, human setting)		

표 7. *새*의 개념

isa(bird, aves)	existence(bird, house)	isa(aves,oviparous)
lay(oviparous, egg)	existence(bird, wilderness)	purpose(bird, pet)
purpose(bird, food)	purpose(eye, see)	pw(beak, bird)
pw(lung, bird)	motion process(bird, fly)	pw(beak, bird)
pw(wing, bird)	quantity(eye, 2)	quantity(wing, 2)
isa(owl, bird)	isa(paradise bird, bird)	quantity(claw, 2)
ability(bird, fly)	purpose(lung, breathe)	pw(leg, bird)
pw(feathers, bird)	smaller_than(bird, human)	purpose(wing, fly)
purpose(beak, eat)	purpose(claw, catch)	sound(bird, chirp)
isa(parrot, bird)	ability(parrot, speak)	pw(straw, nest)
pw(eye, bird)	purpose(beak, chirp)	purpose(leg, stand)
pw(claw, leg)	role_playing(bird, freedom)	quantity(leg, 2)
isa(nest, container)	isa(house, human setting)	

개념지도는 종종 도표로 나타내는데, 이 그림에서 관계는 호이고 요소는 마디이다. 그림 22는 "말"의 개념지도에서 발췌한 것이다.

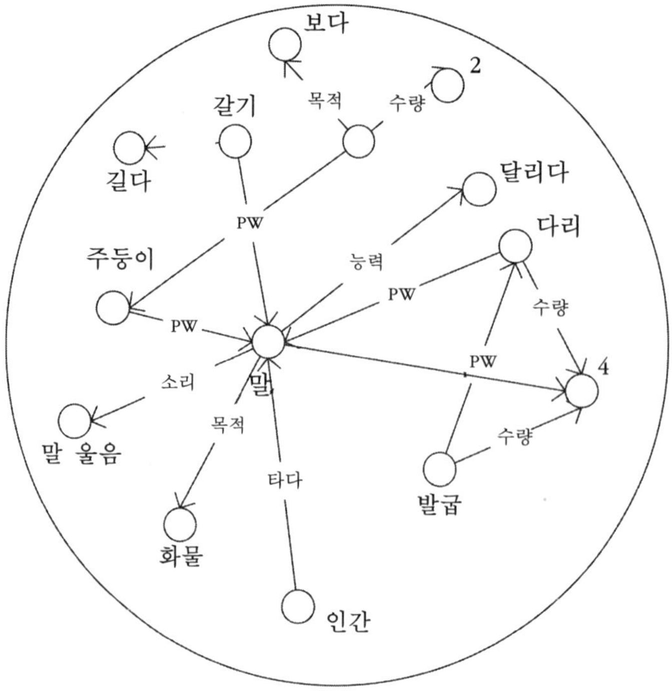

그림 22. 말의 개념지도(발췌)

이 개념지도는 이 개념의 미시이론에서 사실적 부분에 대응한다. 추론 부분은 내적 인과성을 설명하는 *규칙*, 추상적 개념이나 합성 개념을 위한 언어를 제공하는 *프레임*, 개념의 일관성을 평가하는 특별한 규칙인 *무결성 제약*으로 구성되어 있다.

규칙은 다음과 같은 형식이다.

$$A_0 \wedge A_1 \ldots \wedge A_i \leftarrow B_0 \wedge B_1 \wedge \ldots \wedge B_j,\ A_i \in K$$
$$with\ \ K = CM^+ \cup \{not\ \ R : R \in CM^+\}$$

물론 특정한 제약은 있지만, 이것은 상부에 부정뿐만 아니라 원자의 접속 집합(A_i)의 사용도 허용한다. 물론 $A_i \in K$와 B_j는 어떠한 원자나 논리 표현(가령, 비교)일 수 있다. 예컨대, 어떤 것이 (고체나 액체 상태가 아니라) 기체 상태에 있다는 것을 추론하는 규칙은 다음이다.

$$
\begin{aligned}
&state(X,gaseous) \wedge not\ state(X,solid) \wedge && \leftarrow ebulition\_lvl(X,N) \wedge \\
&not\ state(X,liquid) && \quad temperature(X,T) \wedge \\
& && \quad T > N
\end{aligned}
$$

디바고가 따르는 규칙의 통사론은 술어 규칙/6으로 정의된다.

$$rule(Domain, Name, PosConds, NegConds, AddList, DelList).$$

여기에서 *Domain*은 그 규칙과 관련이 있는 영역이나 개념에 대응하고, *PosConds*와 *NegConds*는 (각각 긍정과 부정의) 규칙 조건에 대응하며, *AddList*와 *DelList*는 (각각 긍정과 부정의) 규칙 결론에 대응한다.

프레임은 추상적 개념이나 상황, 특이성을 기술한다. 프레임은 개념지도가 충족해야 하는 조건들로 구성되어 있다. 한 개념 c가 프레임 f의 모든 조건을 충족시키면, c가 f를 *통합한다(integrate)*고 말해진다. 프레임은 형식적으로 규칙과 매우 비슷하지만 과정에서는 다르게 적용된다.

$$frame(Name) : A_0 \wedge A_1 \ldots \wedge A_i \leftarrow B_0 \wedge B_1 \wedge \ldots \wedge B_j$$

여기에서 *Name*은 프레임의 식별자이다. 프레임은 상황, 구조, 원인 결과, 요소들의 집합을 추상적이거나 폭넓은 하나의 개념으로 묶는 어떤 다른 관계에 따라 단단하게 통합되는 메타층위 개념이어야 한다. 예컨대, "운송수단" 프레임은 요소와 관계의 집합에 대응하는데, 이것들은 함께 연결될 때 운동력의 목적에 맞는 그릇과 하위부분(가령, 엔진)을 가지는 것을 나타낸다.

$$
\begin{aligned}
&frame(transport\_means(X)) : \\
&carrier(X,people) \leftarrow have(X,container) \wedge have(X,Y) \wedge \\
&\qquad\qquad purpose(Y,locomotion) \wedge drive(\_,X)
\end{aligned}
$$

한 개념지도가 "운송수단" 프레임을 *통합할* 때, 그것은 그 자체로 "운송수단"이거나 그 구성소들 중 하나가 "운송수단"일 수 있다. 예컨대, 학교버스의 개념지도는 이 프레임을 통합하지만, 교실의 개념지도는 그렇지 않을 것이다.

프레임을 나타내는 통사론은 다음이다.

frame(Domain,Name,PosConds,NegConds,AddList,DelLis).

프레임에서 기억해야 할 매우 중요한 양상은 프레임이 *프롤로그* 스크립트를 집합 *PosConds*, *NegConds*, *AddList*, *DelList* 중 어느 하나에 포함하게 허용한다는 것이다. 이것은 종종 프레임에 엄청난 힘을 제공하는데, 이는 이런 스크립트가 프레임이 *조사되고 통합될* 때마다 *작동되기* 때문이다. 다시 말해, 개념지도가 프레임을 통합하는지 점검하기 위해 개념지도가 집합 *PosConds*와 *NegConds*에 포함된 스크립트를 실행하고, 정교화 단계 동안 통합되는 프레임은 역시 실행되는 집합 *AddList*와 *DelList*를 가질 것이다. 이 장에서는 이 각각의 기제를 명확히 설명할 것이다. 따라서 프레임은 조건이 적용될 때마다 실행되는 외적으로 정의된 스크립트나 프로그램이 될 수 있다.[3] 추상의 정도와 기능적 양상에 따라 프레임의 몇 가지 유형을 고찰해야 한다. 매우 구체적인 프레임은 "운송수단" 같은 잘 정의된 관계와 요소의 집합을 포함한다. 매우 추상적인 프레임은 요소와 관계의 다양한 유형을 고려하는 프레임이다. 예컨대, 한 개념지도가 "명사-명사 결합" 프레임을 충족할 때, 그것은 두 명사의 결합으로부터 유발되는 개념으로 구성되어 있다는 것을 뜻한다. 그리고 이 두 명사는 각각 그 자체로는 독립적인 개념이다(가령, "pet fish(애완 물고기)", "gun wound(총상)").

기능에 관해, 프레임은 *조직(organizing)* 프레임, *패턴식별(pattern identifying)* 프레임, *변형(transforming)* 프레임으로 분류된다. 조직 프레임은 개념지도의 일반 구조를 결정한다. 예컨대, 학교버스에 대한 개념지도에서 "운송수단"은 조직 프레임이다. 프레임이 더 큰 개념지도 내에 있는 한 패턴과 일치할 때 그것은 패턴식별 프레임이다. 예컨대, (버스, 선생님, 운전사, 공부 자료, 주제, 일상 등과 같은 많은 개념에 대한 세부내용을 가진 큰 개념지도일 수 있는) 학교소풍의 개념지도에

3) 규칙은 또한 *프롤로그* 스크립트를 포함할 수 있다. 프레임에서는 (가령, 혼성 공간에서 어떤 종류의 투사를 적용할지를 명시하기 위한) 복잡한 스크립트를 사용하지만, 규칙의 경우에는 흔히 (가령, 승려 예에서 필요한 것처럼 이동하는 두 사물이 만나는 지점을 계산하기 위한) 더 간단한 스크립트를 사용한다.

서 (학교버스 부분에 초점을 두면서) "운송수단" 프레임을 발견할 수 있다. 이때 그 프레임은 패턴식별 프레임이 된다. 흔히, 조직 프레임은 패턴식별 프레임보다 더 추상적이다. 물론 때때로는 동일한 프레임이 두 가지 기능을 다 할 수는 있다. 변형 프레임은 이연연상 문맥에서만 뜻이 통한다(따라서 이 책이 진행되면서 더 명확해질 것이다). 변형 프레임은 두 입력 개념을 혼성하는 동안 발생하는 변형을 식별한다. 예컨대, 새로운 개념지도가 "새로운 능력" 프레임을 통합한다면, 그것은 한 입력 개념에서 다른 입력 개념의 문맥으로 전이되는 새로운 "능력" 요소와 관계가 있었다는 것을 의미한다(가령, 날개 달린 말(Pegasus)에서 날개는 새에서 말로 전이되어, 말에게 날 수 있는 능력을 준다. "새로운 능력"에 대한 상술은 다음과 같다.

$$
\begin{aligned}
&\mathit{frame}(\mathit{new\_ability}(d1)) : \\
&\qquad \mathit{new\_ability}(X,A) \leftarrow \mathit{ability}(X,A) \wedge \\
&\qquad\qquad \mathit{not\ rel}(d1,\mathit{ability}(X,A)) \wedge \\
&\qquad\qquad \mathit{purpose}(P,A) \wedge \mathit{pw}(P,X) \wedge \\
&\qquad\qquad \mathit{projection}(\mathit{blend},d1,X,X) \wedge \\
&\qquad\qquad \mathit{projection}(\mathit{blend},d2,A,A)
\end{aligned}
$$

이것을 비공식적으로 읽으면, 어떤 요소 X가 *혼성공간*의 개념지도(즉, 새로운 개념지도)에서 X의 입력공간 $d1$에 존재하지 않던 능력 A를 가진다면, X에 주어진 "새로운 능력"을 마주한다는 것이다. 그것은 또한 이 "새로운 능력"이 최소한으로 정당화되어야 한다고 말한다. 즉, 능력 A를 제공하는 것이 그 목적인 X의 하위부분 P가 있어야 한다는 것이다(가령, 어떤 것이 난다면, 그것은 날개가 있어야 한다). 더욱이 X와 A가 다른 입력공간(각각 $d1$과 $d2$)에서 *혼성공간*으로 투사되어야 한다고 요구할 수 있다.

따라서 프레임은 개념창조 과정에서 패턴식별의 도구이고, 개념의 구성을 위한 지령을 제공하는 도구이며, 정교화를 위한 도구이다. 곧 보겠지만, 프레임은 시스템을 통제하는 데 본질적이다. 부록 C에서는 이런 지식 구조와 구체적인 키워드, 몇 가지 예를 철저하게 기술할 것이다.

규칙과 프레임이 형식상 매우 비슷하지만, 그 둘의 구분과 심층적인 이론적 근거를 명확히 해야 한다. 규칙은 개념의 미시이론을 정의할 때는 중요한 역할을 하지만, 혼성공간 구성에서는 결국 수동적인 역할을 한다(규칙은 그 과정 이전에는 입력영역에 적용되거나 그것이 생성된 이후에는 혼성공간에 적용될 수 있다). 다른 한편, 프레임은 혼성공간을 구성하는 데 능동적인 역할을 한다. 프레임은 사용자에 의해 목표로 명시될 수 있고, 혼성공간을 구조화하는 데 도움을 주며, 종종 새로운 혼성공간을 구성하는 비계가 된다. 실제로 실험에서 보여 주듯이, 프레임은 디바고가 유의미한 결과를 달성하게 돕는 데 근본적이다.

독자가 알아차렸을 수도 있듯이, 프레임의 개념은 포코니에와 터너의 "단단하게 통합된 구조"를 모형화하는 것에서 벗어나 혼성공간을 구성하는 동안 실제로 변형을 지배하는 작용적 스크립트로 나아갔다. 인지언어학의 용어로, 우리는 이것이 부분적으로 영상도식 영역으로 들어간다고 믿는다(물론 인지언어학에서 영상도식의 정의 자체는 합의에 이르지 않았다)(가령, Johnson 1987; Neisser 1976; Thomas 1999). 이는 프레임이 다양한 개념에 대한 구조화된 이해를 반복적으로 제공하는 패턴이라는 의미에서이다. Lakoff(1987)에서 나온 (프롤로그 형태를 하고 있는) *부분-전체* 도식의 예를 보자.

frame(generic,pwSchema,[findall(X,pw(X,Y),L),op(exists(L))],[ ],[ ],[ ]).

이 프레임은 개념지도에 있는 모든 부분-전체 관계를 망라한다(프레임이 더 클수록, 그 개념은 더욱 "부분-전체"에 기반한다. 즉, 그 도식은 그 개념에 더 유의미하게 된다). 이런 프레임이 영상도식의 "은유적" 잠재력에 대해 너무 엄격하다고 말할 수 있다. 즉, 영상도식의 부분-전체성은 글자 그대로 처리되어서는 안 되고(이것은 회전하는 움직임이 *글자 그대로* 엔진의 부분인 것과는 반대로, 한 개인이 사회의 일원인 것과 동일한 방식이다), 그것이 일치할 수 있는 개념들의 집합은 프레임의 추상성에 의존한다는 것도 사실이다. 예컨대, 관계 "pw"는 더 일반적인 관계(가령, "속하기")로 교체될 수 있거나 알고리즘을 통해 정의될 수 있다.

(그 관계와 논항을 일단 발견하면) 다른 영상도식에 대해서도 동일한 추론을 할 수 있지만, 프레임이 영상도식이라고 주장하는 것은 어려워

지는데, 이는 인지적 기초, 지각의 역할, 학습, 영상도식의 *정신성(mentality)*에 관한 어떤 다른 측면에 관해 그 관계를 한층 더 탐구하지 않았기 때문이다. 우리는 프레임으로 영상도식의 일부 특성을 *시뮬레이션*할 수 있다고 말하고자 한다. 즉, 다른 개념에 적용되어 이런 개념에 (가령, "부분-전체" 영상도식에) 특별한 연상을 할당하여, 연상된 추리를 유발하는 총칭적 구조일 수 있다는 것이다. 프레임은 엄격하게 상징적이고 컴퓨팅 영상도식의 버전으로 간주될 수 있다. 다시, 관심 있는 독자는 이런 구조의 범위를 한층 더 명확히 할 수 있는 부록 C를 참조하면 된다.

*무결성 제약*은 논리적 불가능을 명시하는 역할을 한다. 각각의 무결성 제약은 동시에 참이지 않아야 하는 명제로 구성되어 있다. A_i가 원자나 논리 표현이라고 하면, 무결성 제약 ic는 다음과 같이 정의된다.

$$false \leftarrow A_1 \wedge A_2 \wedge \ldots not\ A_{n-1} \wedge not\ A_n \wedge \ldots$$

무결성 제약의 두 가지 예는 어떤 것이 죽고 사는 것을 동시에 할 수 없다고 상술하는 것과 부분-전체 회귀를 피하는 것에 관한 것이다. 즉, 어떤 것이 한 부분-전체 관계(pw)와 또 다른 그런 관계를 가질 수 없다는 것이다.

$$false \leftarrow state(X, dead) \wedge state(X, alive)$$
$$false \leftarrow pw(X, X)$$

우리가 사용하는 프롤로그 통사론에서 무결성 제약은 술어 무결성/3으로 나타낸다.

$$integrity(Domain, Pos, Neg)$$

여기에서 *Domain*은 무결성 제약이 속하는 개념이나 영역이고, *Pos*와 *Negs*는 그 제약의 긍정과 부정 조건이다.

마지막으로, 우리는 *개념 미시이론(Concept Micro-Theory*; CT)(또는 영역 이론(Domain theory))을 튜플 (CM, R, F, IC)로 정의할 수 있다. 여

기에서 *CM*은 Concept Map(개념지도)이고, *R*은 규칙의 집합이며, *F*는 프레임의 집합이고, *IC*는 무결성 제약의 집합이다.

미시이론은 Joseph Goguen(1999)의 *기호 체계(sign systems)*와 비슷할 수 있다. 기호 체계에는 기호와 데이터 정렬, 이 각각에 대한 부분적 순서, 관계와 함수, 상위 층위 기호를 형성하기 위한 생성자, 이에 대한 우선권, 공리들이 있다. 우리의 미시이론에서는 기호와 데이터 정렬을 형식적으로 구분하지 않는다. 원칙상 모든 요소는 동등하므로, 그 분류와 부분적 순서는 개념지도에서만 뜻이 통할 수 있는데(가령, 동물 분류를 가진 isa 존재론은 기호 정렬 순서에 대응하지만, 색채나 숫자를 가진 또 다른 존재론은 데이터 정렬 순서일 것이다), 이런 개념지도는 관계와 함수를 포함하기도 한다. 프레임은 생성자이지만, 그것에는 순서나 우선권은 없다. 제약 모듈에서 사용되는 목표 프레임만이 다른 프레임에 대한 우선권을 가진다. 마지막으로, 규칙과 무결성 제약은 고겐의 공리로 간주될 수 있다.

디바고에서 허용되는 또 다른 표상의 층위는 실례의 표상 층위이다. 미시이론과 함께 개념 정의에 실례를 추가할 수도 있다(이것은 3.1절의 실례 견해에 대응한다). 실례는 *미시이론*에 존재하는 요소를 적용하는 지식의 구조로 표상된다.

$\mathscr{A}\mathscr{A} \subseteq \mathscr{A}$는 상징(논항)의 집합이고, $\mathscr{A}\mathscr{F} \subseteq \mathscr{A}$는 관계(함수자)의 집합이다. $\mathscr{L}\mathscr{C}$는 다음과 같은 합성의 집합이다.

$$c \in \mathscr{L}\mathscr{C} : c = \begin{cases} x \in \mathscr{A}\mathscr{A} \\ I(y_1, y_2, \cdots, y_n), \quad y_i \in \mathscr{L}\mathscr{C}, I \in \mathscr{A}\mathscr{F} \end{cases}$$

따라서 *실례(Instance)*는 형식 $I(x_1, x_2, ..., x_n)$로 나타낼 수 있다. 여기에서 $\mathscr{I} \in \mathscr{L}\mathscr{F}$와 $x_i \in \mathscr{L}\mathscr{C}$이다. x_i는 합성적이다. 즉, 또 다른 x_j에 대한 논항으로 사용될 수 있다. "집-배" 실험에서 사용하는 개념 "집"의 실례에 대한 예는 다음이다.

```
case(1,0, house, [sons=2, size=small, type=simple, son_name=roof, son_name=body]).
case(1,0:0, roof, [shape=triangle(30)]).
case(1,0:1, body, [sons=3, in=[left/90,off/25, right/90], son_name=structure,
```

```
son_name=window, son_name=door]).
case(1,0:1:0, structure, [shape=square]).
case(1,0:1:1, window, [shape=square(5), in=[off/20, right/90, off/15, left/90]]).
case(1,0:1:2, door, [shape=rectangle(4, 10), in=[off/3]]).
```

이 실례는 함수자 'case', ':', '=', '/'를 사용하면서 꼭대기 층위 요소("집")에서부터 가장 작은 구성소("문")에 이르기까지 집의 몇 가지 부분을 기술한다. 그것은 (또한 이 이론의 부분이기도 한) 각 요소와 2D 그림 언어(*로고(Logo)*)를 연상시킨다. 그 해석은 그림 23과 같은 이미지를 생성한다.

그림 23. 집의 실례

이런 실례의 세부사항과 통사론은 이 책에서 중요하게 다루지 않기에 사용되는 언어의 기술에 대해서는 부록 D를 참소하면 된다.

실례는 한 개념과 구성소에 의미를 부착할 수 있다는 점에서 새로운 개념을 해석하는 데 유용하다. 예컨대, 집의 시각적 실례로 문의 생김새에 대한 예를 볼 수 있다. 이것은 집-배와 생명체 실험에서 관찰할 수 있다.

마지막으로, 디바고에서 개념은 쌍 (*CT,I*)로 정의되는데, 여기에서 *CT*는 이론이고, *I*는 실례의 집합이다. 지식기반에는 다양한 영역에서 나온 많은 다른 개념이 동시에 있을 수 있다. 하지만 개념창조 동안, 디바고는 개념(또는 영역)의 쌍과 총칭영역이라는 특별한 영역만을 고려한다.

총칭영역은 모든 개념과 개념창조의 과정에 적용될 수 있는 모든 지식을 포함한다. 그것은 개념지도에서 발견되는 관계를 일반화/특수화하는 데 사용될 수 있는 술어 호/5에 있는 GUM의 위계를 코드화했다. 몇몇 프레임은 이 능력을 사용한다. 총칭영역은 또한 isa 존재론도 포함하는데, 이 존재론은 서로 다른 개념들의 요소들 사이에서 대응을 형성하기 위해 (다음 절에서 볼) 사상기가 대개 사용하는 것이다. 디바고가 사용하는 대부분의 프레임도 총칭영역에 속한다. 표 8은 실험에서 사용하는 총칭영역에서 나온 몇 가지 프레임을 보여 준다.

표 8. 총칭공간의 몇 가지 프레임

프레임 이름	*조건*
aframe (a프레임)	혼성공간은 입력공간1에서 나온 동일한 구조를 포함한다.
aprojection (a투사)	혼성공간은 입력공간1의 동일한 요소를 포함한다.
bframe (b프레임)	혼성공간은 입력공간2에서 나온 동일한 구조를 포함한다.
bprojection (b투사)	혼성공간은 입력공간2의 동일한 요소를 포함한다.
new_ability (새로운 능력)	한 요소는 원래 입력공간에서는 존재하지 않던 능력 관계를 가진다.
function_transfer (함수 전이)	혼성공간 속의 한 요소는 원래 입력공간에서는 존재하지 않던 함수를 가진다.
analogy_transfer (유추 전이)	한 입력공간의 한 요소에 있는 모든 이웃 요소들과 관계를 다른 입력공간에서 나온 사상 상관물의 투사로 전이하라.

총칭영역에서는 무결성 제약과 규칙도 발견할 수 있다. 총칭영역의 전체 복사는 부록 E에 주어져 있다. 실제로, 총칭영역에는 디바고를 위한 대부분의 지식이 담겨 있지만, 각각의 특정한 개념은 본질적인 것만을 코드화했고, 흔히 개념지도만으로 구성되어 있다.

요컨대, 디바고는 각자 역할을 하는 다양한 지식 구조를 이용한다. 한 개념(또는 영역) 내에 있는 구조적 관계를 위한 개념지도, 한 개념에 특유한 절차를 정의하기 위한 규칙, 그 시스템이 개념들 안에서 패턴을 식별하고 추가 지식을 추리하게 하는(혼성공간 운용) 추상적 개념으로서의 프레임, 추론을 위한 한계를 확립하기 위한 무결성 제약, 개념(또는 영역)의 예로서의 실례가 그런 지식 구조이다. 앞서 말했듯이, 이 모두

가 동시에 그 시스템에 함께 서식해야 할 필요는 없다. 실제로 그 시스템은 개념지도, 프레임, 무결성 제약을 가지고서 제6장에서 볼 수 있는 결과를 제공할 수 있다. 각 표상 유형의 필요성은 해당 문제에 달려 있을 것이다. "숨겨진" 추리(가령, 시간적 추론 - 이야기 줄거리 혼성; 공간적 추론 - 시나리오 혼성)에 의존하는 추론을 필요로 하는 개념으로 작업한다면, 우리는 규칙이 필요할 것이다. 특정한 사물(가령, 3D 사물)을 설계할 의도이면, 실례는 *실재적* 출력을 제공하기 위해 필요할 수 있다. 개념적 층위에서 실험을 만든다면(가령, 개념적 혼성의 실례를 검증한다면), 아마도 프레임과 개념지도만으로 충분할 것이다. 무결성 제약은 거의 모든 응용에 존재하는데, 이는 그 제약이 디바고에게 *잘못된* 경로를 따르지 않게 통지하는 데 본질적이기 때문이다.[4)]

5.3 사상기

사상기(Mapper)는 이 책에서 제시하는 모형의 사상 함수(mapping function) ϕ를 정의한다. 우리는 이 함수를 지나치게 단순화해서 정의하는데, 이는 그것이 개념 쌍들 간에 이원적 연상만을 제공하기 때문이다. 디바고에서 한 개념은 그 자체로 다양한 하위구조를 가진 구조이므로, 사상은 더욱 복잡하다. 이것은 사상 작용 ϕ의 개선된 버전을 정당화해 준다.

$$\phi : \mathcal{U} \times \mathcal{U} \rightarrow \mathcal{M}$$

여기에서 $\mathcal{M}$은 $\mathcal{U}$의 개념에서 나온 하위구조의 모든 가능한 쌍의 멱집합(모든 집합의 집합)이다. 이 모듈에서 우리는 오로지 개념지도만 사용해야 한다고 제안한다. 이것을 더욱 명확히 진술하기 위해, 개념지도의 쌍 CM_1와 CM_2에 대해 사상기는 이런 요소들 간의 사상을 발견하는데, 각각의 쌍은 CM_1에서 나온 한 요소와 CM_2에서 나온 한 요소를 가진다.

4) 그것들은 의무적인 것이 아니고, 논리적으로 불일치하거나 일관성이 없는 상황을 식별하는 역할을 한다. 그러나 그것을 유지해야 할 *타당한 이유*가 있다면, (1.2절에서 언급했듯이 창의성 상황에서 발생하듯이) 우세할 것이다.

고겐은 개념적 혼성을 형식화하면서 *기호학적 사상(semiotic morphism)*을 도입한다. 기호학적 사상은 소트(sort)를 소트로 사상하고, 서브소트(subort)를 서브소트로 사상하며, 데이터 소트를 데이터 소트로 사상하고, 생성자를 생성자로 사상해야 하기 때문에 구조 보존 사상이다(Goguen 1999). 하지만 기호학적 사상은 단지 부분적 지도여야 한다. 우리가 알기로 고겐은 기호학적 사상을 형성하기 위한 특정한 알고리즘을 제안하지는 않는다. 우리는 사상기에 대해 구현되는 알고리즘이 실행 가능한 솔루션일 수 있다고 믿는다.

사상기는 (개념지도에 포함된) 하위도표의 가장 큰 구조동형적(isomorphic) 쌍을 찾기 위해 확산적 활성화 알고리즘을 사용한다. 이런 문맥에서 두 도표가 요소(마디)와는 독립적으로 동일한 구조적 (호) 구조를 가질 때 구조동형적이다. 개념지도의 쌍 사이에 잠재적으로 둘 이상의 구조 일치가 있고, 이런 복잡성은 요소(마디)의 수를 가진 지수(exponential)보다 더 나빠진다.[5] 하지만 그것은 두 도표에서 동일한 관계를 찾을 때만 정렬을 허용하기 때문에, 가능한 솔루션의 수는 극적으로 줄어든다. 물론 사상기는 여전히 거대한 공간에서 탐색을 해야 한다. 더욱이 알고리즘은 임의적으로 선택한 요소의 쌍으로 시작하므로, "완벽한 선택"(또는 심지어 동일한 선택)은 그것을 운행할 때마다 보장되는 것은 아니다.

사상기는 토니 빌의 사퍼 체제(Veale 1995)에서 고무된 구조 일치(structure matching)의 알고리즘을 사용한다. 이미 사퍼를 제시했기 때문에, 이제 그 차이는 한층 더해질 것이다. 사퍼는 사상을 얻기 위해 두 가지 순환을 필요로 하지만(하나는 삼각측량 규칙으로 잠복적 교량을 설치하기 위한 것이고, 다른 하나는 사상을 찾기 위한 것이다),[6] 우리의

5) n을 두 개의 개념지도 중에서 (요소의 수에서) 가장 큰 것의 요소의 수로 가정하면, 기껏해야 n!개의 가능한 사상의 탐색공간을 가질 것이다. 그래서 지수 k^n의 경우에, n이 무한대로 접근함에 따라 $\frac{k^n}{n!}$은 0으로 접근할 것이다. 이는 요소들의 수가 증가함에 따라 탐색공간이 지수적인 것 이상으로 확장한다는 것을 의미한다. little-o notation에서는 k^n은 o(n!)이다.

6) 실제로, 아무런 "prime factorization or wave"를 가지지 않은 사퍼의 가장 최신 버전은 단 한 단계만 이용한다(Veale & O'Donoghue 2000). 그러나 우리는 빌의 박사학위 논문에 기초하기 때문에 그 버전에 집중할 것이다. 더욱이 앞서 말했듯이 이 사퍼 프로젝트는 나중 버전보다는 첫 번째 버전에 대해

사상기는 세 가지 순환을 사용한다. 하나는 (삼각측량과 제곱 규칙을 가진) 잠복적 교량을 설치하기 위한 것이고, 다른 하나는 확산적 활성화를 위한 것이며(우리의 경우에 플러드 필(flood fill) 알고리즘), 마지막은 사상을 찾기 위한 순환이다. 첫 번째 순환에서 사상기는 두 개의 입력 개념지도에서 나온 두 요소가 동일한 요소와 동일한 관계를 공유할 때마다 새로운 잠복적 교량을 설치한다(삼각측량 규칙). 여기에서 총칭영역(그리고 특별히 isa 존재론)은 공유된 지식의 근원이기 때문에 매우 중요하다. 사상기는 하나의 잠복적 교량에 의해 연결되는 두 가지 다른 요소와 동일한 관계를 공유하는 모든 두 가지 요소 간에 잠복적 교량을 추가하기도 한다(제곱 규칙). 따라서 사퍼는 사상이 발견될 때 잠복적 교량을 추가하지만, 사상기는 첫 번째 순환에서 모든 가능한 잠복적 교량을 창조한다. 사상기에서 두 번째 순환은 개념지도 전역에서 활성화를 확산한다. 이것은 이 활성화가 소인수 분해나 파를 가지지 않는 사퍼와는 다르다. 그것은 요소를 지나칠 때 쇠하는 활성화 값만을 가진다. 이런 활성화는 100에서 시작하고, 잠복적 교량 근처를 통과할 때 강화된다. 임계값(기정값은 20이다) 아래에서 그것은 확산을 멈춘다. 두 번째 순환 이후에 그 망는 잠복적 교량에서 집중되는, 활성화된 요소를 가진 하위도표의 집합을 가질 것이다. 마지막 순환은 *시드(seed)* 사상이라는 잠복적 교량 중 하나에 대한 임의적인 (또는 사용자에게 주어진) 선택으로 시작한다. 이런 잠복적 교량은 *깨어나서* 첫 번째 사상이 된다. 그런 다음 그것은 두 개념지도 모두에서 병렬식으로 발달하여, 사상될 각각의 새로운 요소들의 쌍(즉, 방문된 각각의 잠복적 교량)은 이전에 깨어난 잠복적 교량과 동일한 관계의 쌍에 의해 연결된다.

알고리즘의 결과로 사상기는 두 개념지도 간의 사상을 내놓는다. 이 모듈은 최고의 (가장 폭넓은?) 사상을 내놓는 것에 대해 걱정하지 않거나 상당히 활성화된 마디 쪽으로 사상을 치우치게 할, 사퍼의 버전을 구현하려는 생각에서 태어났다(가령, 사퍼에서 "Scalpel: Snub-Fighter"의 선택은 더욱 높은 활성활 때문에 "Scalpel: B-52"를 능가한다(Veale 1995: 제6장). 사상기에서는 어떤 것이라도 선택될 수 있다). 그 원리는 사상기가 명확히 사퍼보다 덜 효과적이면(더 느리거나, 더 적은 사상을 가지

훨씬 더 많은 테스트와 문서를 가진다.

면), 우리가 빌의 알고리즘을 직접적으로 사용한다는 것이었다. 하지만 우리는 점점 사상기가 사퍼로 바꾸어서는 해결되지 않은 한계점을 가지고 있다는 것을 발견했다. 실험에서 보겠지만, 사상을 구조 정렬로 제한하게 되면 그 시스템의 잠재력이 줄어들기 때문에, 우리는 디바고에서 사상기에 이차적 (즉, 수의적) 역할을 제공했다. 다른 한편으로, 그 모듈의 행동은 어떤 상황에서 보유될 만큼 충분히 만족스러웠다. 복잡성이 수반됨에도 불구하고, 이 모듈은 사상을 재빨리 내놓고, 대부분 사퍼와 동일한 결과를 달성한다.

예로서 표 9는 (표 6과 7에서 나온) 말과 새의 개념지도를 위해 생산한 세 가지 다른 사상을 보여 준다. 모든 관계가 도표에서 동일한 가중치를 가지고, 사상 구성에서 아무런 영역 지식이나 특별한 휴리스틱이 고려되지 않는다는 것을 이해하는 것이 중요하다. 이는 그 결과가 비직관적 연상을 포함할 수 있다는 것을 의미한다(가령, "4"가 "2"와 연상되고, "코"가 "새"와 연상되는 것이다).

표 9. 세 가지 사상

ear	↔	wing
nose	↔	bird
eye	↔	lung
mouth	↔	feathers
2	↔	2
hear	↔	fly

1

mouth	↔	beak
nose	↔	bird
eye	↔	lung
ear	↔	feathers
eat	↔	eat

2

vegetable food	↔	vegetable
food	↔	food
horse	↔	bird
equinae	↔	aves
animal	↔	animal
human setting	↔	house
wilderness	↔	wilderness
ruminant	↔	oviparous
run	↔	fly
cargo	↔	pet
neigh	↔	chirp
nose	↔	lung
mane	↔	feathers
tail	↔	beak
leg	↔	eye
hoof	↔	wing
4	↔	2
eye	↔	leg
ear	↔	claw
hear	↔	catch
grass	↔	grass

3

5.4 혼성기

고겐의 대수기호학 혼성 형식화에서(Goguen 1999), 혼성공간은 입력공간과 총칭공간(*투입(injection)*)에서 나온 기호학적 사상으로부터 발생하는 *기호 체계(sign system)*이다. 이런 사상들은 상호 일치해야 한다. 따라서 "최고의 혼성공간(그가 말하는 3/2 푸쉬아웃)은 질에 의한 기호학적 사상들의 순서를 유발할 것이다. 즉, 가능한 한 한정되어야 하고, 가능한 한 많은 공리를 보존해야 하며, 가능한 한 포괄적이어야 한다(즉, 개념들 간의 사상의 최대 수를 포함해야 한다). 이 "최고의 혼성공간"이 기준들 간의 타협들의 접속에서 나온 최고의 결과로 간주되지만, 구조 사상 외에는 이런 기준이 정확히 무엇인지는 명확하지 않다. 일반적으로, 우리는 고겐과 동일한 몇 가지 생각을 따르는데, 후보 혼성공간들을 순서짓기 위한 기준의 적용과 구조에서 양에 대한 근본적인 지표를 갖는 것이 그런 생각들이다. 혼성기는 이 접근법의 첫 번째 부분이고(이것은 공장, 제약과 정교화 모듈로 완벽하게 될 것이다), 모든 가능한 혼성공간을 계산하는 데 집중한다.

사상 작용 ϕ로 생성되는 사상 m이 사상기나 외부 근원에 의해 정의되는 것으로 가정하면, 우리는 전이 작용 ω를 상술해야 한다. (제4장에서처럼) 이런 전이 작용은 두 개념에서 나온 지식을 하나의 개념으로 전이시킬 것이다. 사상 함수의 경우처럼, 전이 작용도 개념지도로 작동한다.

첫째, *혼성 투사(blending projection)*가 무엇인지 정의해야 한다. 개념지도 CM으로부터 요소 x를 혼성 투사하는 것은 x를 x나 $\emptyset$, $x|y$, y인 (*혼성공간* 속의) 또 다른 요소로 사상하는 비결정적 작용이다(y는 x의 상관물이다. 즉, $(x,y) \in m$이다). 상징 $x|y$는 *합성어(compound)*라고 부르고, *동시에* x*와* y인 것으로 읽을 수 있다. 이 상징을 고려하기 위해서는 알파벳 $\mathscr{A}_B$를 가져야 하는데, 이는 알파벳 $\mathscr{A}$와 $\mathscr{A}$의 상징들에서 얻을 수 있는 가능한 쌍 $x|y$의 모든 결합을 포함한다. 따라서 $\mathscr{A}$와 $\mathscr{A}_B$, 두 개념지도 CM_1과 CM_2(두 입력 개념), (ϕ이 제공하는) 사상 m이 주어지면, *혼성 투사* γ는 다음과 같은 작용 $\gamma\colon \mathscr{A} \rightarrow \mathscr{A}_B$이다.

$$\gamma(x) = \begin{cases} x \vee x|y \vee y \vee \emptyset & \text{if } x \in CM_1, \exists y \in CM_2 : (x,y) \in m \\ x \vee y|x \vee y \vee \emptyset & \text{if } x \in CM_2, \exists y \in CM_1 : (y,x) \in m \\ x \vee \emptyset & \text{if } (x \in CM_1, \nexists y \in CM_2 : (x,y) \in m) \text{ or} \\ & \quad (x \in CM_2, \nexists y \in CM_1 : (y,x) \in m) \end{cases}$$

비공식적으로, 혼성 투사는 개념지도의 각 요소에 대해 혼성공간에서 무엇이 그 대응물인지를 결정한다. 그런 요소 (x)가 사상에서 대응요소를 가질 때, 그것은 복사 (x)나 대응요소 $(x|y)$를 가진 합성어로 투사될 수 있고, 대응요소 (y)로 직접 투사되거나 아무런 투사가 없을 수도 있다. 예컨대, 표 9에서 세 번째 사상으로부터 "날개"는 "날개"나 "발굽|날개", "발굽"으로 투사되거나 혼성공간에 없을 수 있다. 그림 24는 작

은 두 개념지도에서 나온 모든 가능한 투사를 약술한다. "인간"이 사상 대응요소를 가지지 않으므로, 그것이 그 복사나 Ø로만 사상될 수 있다는 것에 주목해 보라.

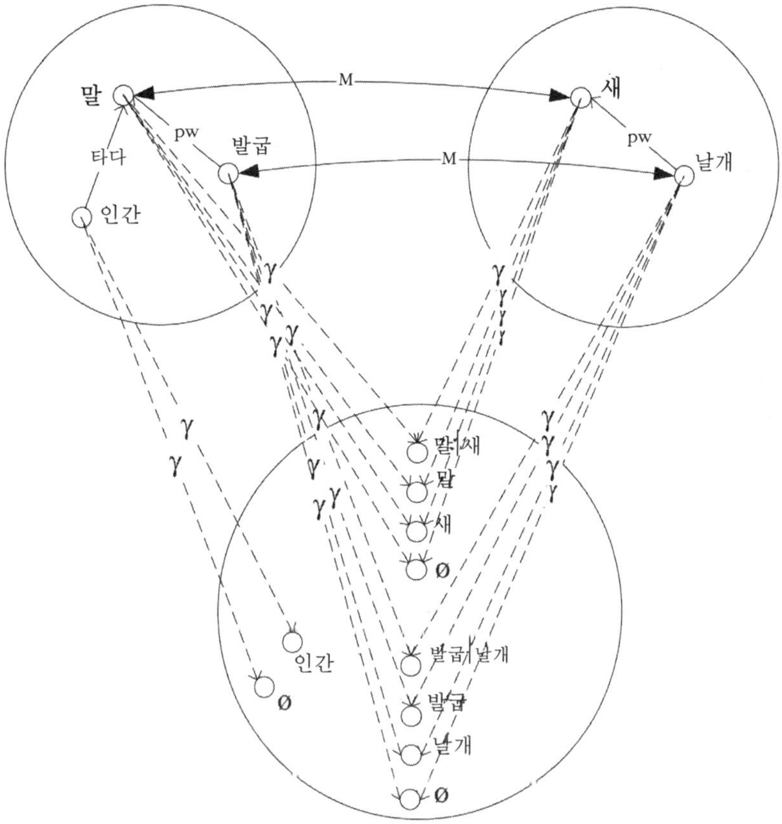

그림 24. 작은 두 개념지도에 적용되는 혼성 투사

혼성공간은 혼성 투사에 의해 정의된다. 전이 작용 ω는 투사에 따라 입력공간에서 나온 지식을 혼성공간으로 전이하여 혼성공간을 구성하는 알고리즘에 의해 정의된다. 이 작용은 개념적 혼성 체제에서 *합성(Composition)*의 단계에 대응한다. 이 알고리즘은 다음과 같다.

Input:
Two input concepts, C_1 and C_2, defined by the pairs (CT_1, I_1) and (CT_2, I_2), respectively, with $CT_1 = (CM_1, R_1, F_1, IC_1)$ and $CT_2 = (CM_2, R_2, F_2, IC_2)$.

```
Algorithm:
Let Blend ← { }
For i=1,2 do
  For each relation r(a,b) in concept map CM_i do
    Add relation to Blend with the form
      r(γ(a),γ(b)), iff γ(a) and γ(b) are not Ø
  EndDo
  For each rule r from R_i, in the form
      r = c_1(x_1,y_1) ∨ c_2(x_2,y_2) ∨ ... ∨ c_m(x_m,y_m) ∨ Code_c ←
      p_1(z_1,t_1) ∧ p_2(z_2,t_2) ∧ ... ∧ p_n(z_n,t_n) ∧ {Code_p}, do
    Add new rule to Blend such that each c_m(x_m,y_m) is substituted by
    c_m(γ(x_m),γ(y_m)) (when γ(x_m),γ(y_m) ≠ Ø) and p_m(z_m,t_m)
    is substituted by p_m(γ(z_m),γ(t_m)) (when γ(x_m),γ(y_m) ≠ Ø)
    Copy Code_p and Code_c (the scripts) directly to the new rule.
  EndDo
  For each frame f from F_i do
    Apply the same process as with rules
  EndDo
  For each integrity constraint ic from ICi do
    Apply the same process as with rules
  EndDo
  For each instance s from I_i, in the form s = I(x_1,x_2,...,x_n), do
    Add new instance to Blend with the functor I and apply the
    same process as with relations (but with arity n and recursively)
  EndDo
EndDo
```

이 알고리즘은 기본적으로 투사를 입력 개념의 모든 구성소로 적용함으로써 혼성공간을 창조한다. 투사 작용 γ이 비결정적이기 때문에, 이 알고리즘이 특정한 투사를 선택하지 않고 (즉, 공장 모듈이 하듯이, 개념지도의 각 요소들에 대해 단지 한 가지 투사에만 국한되지 않고서) 적용될 때, 그것은 단 하나의 혼성공간을 생산하는 것이 아니라 이른바 *대혼성공간*을 생성한다. 대혼성공간은 특정한 두 입력 개념의 혼성공간 안에 존재할 수 있는 모든 가능한 구성소(관계, 규칙, 프레임, 실례, 무결성 제약)를 포함한다. 다시 말해, 그것은 혼성공간들의 모든 탐색공간을 암시적으로 포함한다(그림 25의 예 참조).

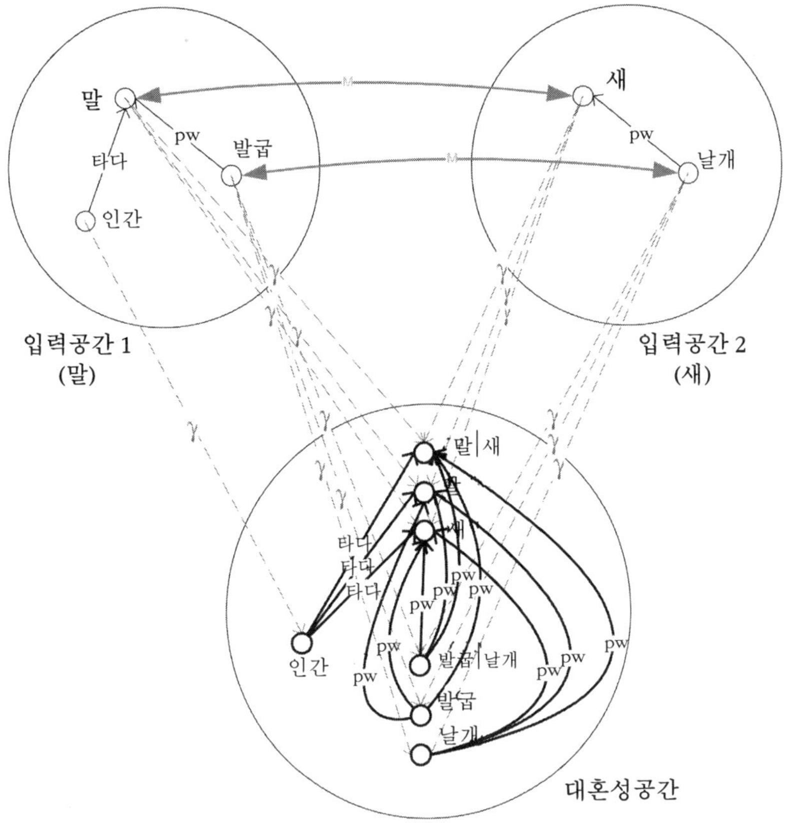

그림 25. 대혼성공간

혼성공간의 탐색공간을 꼼꼼히 검토하면, (사상기에서처럼 구조동형적 사상을 사용한다면) m개의 다른 요소들이 있는 개념지도를 가진 한 *입력* 개념 1과 n개 요소를 가진 *입력* 개념 2에 대해 $\sum_{i=1}^{k} = \left[\binom{m}{i} \cdot \binom{n}{i} \cdot i! \right]$ 개의 다른 사상들의 최대치를 가질 수 있고, 가장 큰 사상이 크기 $k = min(m,n)$을 가진다는 것에 주목할 수 있다. 이 공식을 이해하기 위해 (두 개념지도에 있는) 모든 관계가 동일한 극단적인 경우를 고려해 보자. (1에서 k까지) 모든 사상 크기를 세면, 사상 크기[7] i에 대해 n개 요소들의 모든 배열과 일치하는 m개 요소들의 모든 결합을 가지게 된다. 실제로, 두 입력공간에 다양한 관계가 있기 때문에 사상의 수는

7) 크기 i의 사상은 입력 개념 1과 입력 개념 2 사이에 i 대응을 가질 것이다.

더욱 낮다. 더욱이 사상기가 정상적으로 가장 큰 사상만을 생산한다고 가정할 수도 있다(사상기가 확산적 활성화 과정을 수행할 때 너무 이르게 활성화를 잃을 때만 더 작은 사상이 생성된다).[8)]

각 혼성 투사가 독립적이라고 가정하면, 모든 혼성공간의 정의에서 $l=m+n$개 다른 투사들의 총계를 가지게 될 것이다. 그래서 "가장 작은 복잡성 시나리오(least complexity scenario)"에서 사상의 크기는 0인데, 이는 l개 요소 각각에 대해 두 가지 선택만이 있으므로(그것은 혼성공간으로 투사되거나 투사되지 않는다), 2^l개 다른 혼성공간이 있음을 의미한다. 사상의 크기가 k(가능한 한 최대)이면, $2k$개 요소 각각에 대해 네 가지 선택(영역 각각에 있는 k개 요소)이 있다. 이는 y로 사상된 각각의 요소 x가 $x, y, x|y$ 또는 $\emptyset$로 투사될 수 있기 때문이다. 이러한 $2k$개 요소들 외에, 나머지 $(l-2k)$는 두 가지 가능성만 가진다. 이로써 크기의 사상 $s(0 \leq s \leq k)$에 대해 선택할 $4^{2s} \times 2^{l-2s}$개 다른 가능한 혼성공간이 있다는 결론을 내리게 되다. 이것은 매우 큰 탐색공간이다. 예컨대, $m=n=20$(망의 "평균" 크기 쌍)에 대해 $2^{40}(s=0$이면)과 많아야 $4^{20}(s=20$이면)개 다른 솔루션을 가진다. 최적성 원리가 상호 경쟁하는 압력이라는 것을 기억한다면, 이것은 매우 복잡한 탐색공간이라고 추측할 수 있다. *좋은 혼성공간(good blend)*을 얻는 것은 다음 절의 주제인 공장 모듈의 주된 동기이다.

혼성기 모듈은 공장에 두 가지 기본 서비스를 제공한다. 즉, 혼성기는 혼성 투사를 생성한다(단지 한번, 그리고 공장이 탐색을 시작하기 전). 그리고 혼성기는 전이 작용을 제공하는데, 공장은 혼성공간을 창조할 필요가 있을 때마다 그 전이 작용을 사용한다.

5.5 공장

공장은 디바고의 처리 핵심이다. 그것은 개념창조 모형의 추론 기제에 대응하고, 발산적 전략 $\mathscr{T}_d$을 적용하는 데 책임이 있다. 곧 보겠지만 발

8) 이것은 이러한 순열조합론 분석에도 불구하고 왜 생성된 다양한 사상들의 실제 수는 다소 작은지를 이해하는 데 도움을 준다(가령, 표 7과 6에서 개념지도에 대해 사상기는 세 가지 사상만 생성한다. 그림 9 참조).

산적 전략은 *유전적 알고리즘(genetic algorithm)*으로 코드화된다.

우리의 문맥에서, 창조된 개념이라는 공장의 출력은 혼성공간에 대응한다. 혼성공간은 주로 투사로 정의되므로, 창조된 개념에 대한 탐색은 가장 좋은 혼성공간을 창조하는 투사를 탐색하는 것이 된다. 입력 개념에서 나온 각 요소에 대한 한 가지 투사로만 구성된 투사는 *선택적 투사(selective projection)*라고 부른다. 따라서 이전 절에서 논의했듯이, 입력 개념지도의 쌍과 크기 s의 사상에 대해, 많은 $4^{2s} \times 2^{l-2s}$개 다른 가능한 선택적 투사가 있다.

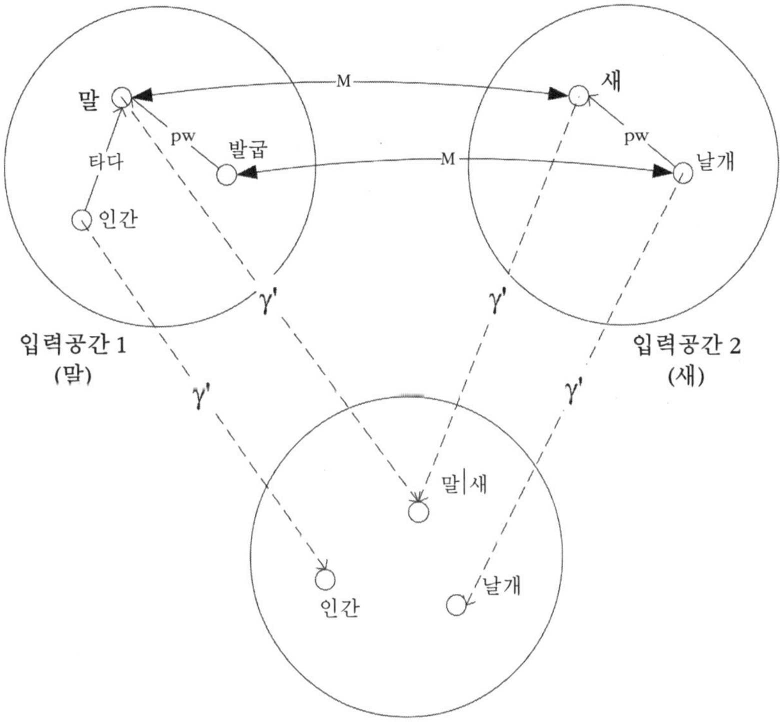

그림 26. 그림 24의 예로부터의 가능한 선택적 투사

$\gamma'(x)$를 매번 $\gamma(x)$로 허용되는 가능한 투사 중에서 단지 한 개의 투사와 (각각 개념지도 CM_1과 CM_2를 포함하는) 개념 쌍 C_1과 C_2를 내놓는 알고리즘 함수로 가정하면, *선택적 투사* λ는 다음과 같이 정의된다.

$$\lambda(C_1, C_2) = \{\gamma'(x_1), \gamma'(x_2), \ldots, \gamma'(x_m), \gamma'(y_1), \gamma'(y_2), \ldots, \gamma'(y_n)\},$$
$$\text{with } x_m \in \mathcal{AE}_{CM_1} \wedge y_n \in \mathcal{AE}_{CM_2}$$

여기에서 $\mathcal{AE}_{CM_i}$은 CM_i에 존재하는 요소들의 집합에 대응한다.

탐색공간의 복잡성을 가정하고, 계산적 이유 때문에 우리는 유전적 알고리즘인 병렬 탐색 알고리즘을 실행하고자 했다. 이것은 *개체군*의 연속체가 있는 진화 이론으로 고무된 체제로서, 각각의 *개체*는 *생존*과 *번식* 가능성을 나타내는 *적합성* 값을 가지고 있다. 각 개체는 태어날 때 주어진 유전자 코드인 *유전자형(genotype)*과 유전자형에 대한 실제 해석인 *표현형(phenotype)*(자연에서 동물 그 자체)을 가지고 있다. 유전적 알고리즘은 다음과 같이 작동한다.

1. N 개체 유전자형은 임의적으로 선택된다(때때로 연구자는 무엇이 좋은 유전자형이고 첫 개체군의 창조를 지시하는지 알 수도 있다). 이런 개체는 첫 개체군이다.
2. 개체군 속의 각 개체는 *적합성* 함수에 의해 평가된다. 이런 평가는 표현형에 기초한다.
3. 최고의 개체는 번식을 위해 선택된다. 이런 선택은 적합성 값 외의 양상에 기초한다(가령, 생물다양성(biodiversity)).
4. 선택된 개체의 유전자형은 교차와 돌연변이의 방법을 사용해서 번식하고, 새로운 개체군이 형성된다. 다른 연산자도 사용된다. 우리의 경우에는 무성생식도 사용한다(유전자형의 직접적 복사).
5. 단계 2-4는 정해진 시간 동안 반복되거나 정지 조건이 충족될 때까지 반복된다.

잘 알려진 이 체제는 우리가 기술한 복잡성 특징을 가진 탐색공간의 문제에서 많은 성공을 거두었다. 유전적 알고리즘의 다른 설명은 이 책의 범위를 벗어나므로, 관심 있는 독자는 Goldberg(1989)를 참조하면 된다.

우리의 유전적 알고리즘에서, 유전자형은 "선택적 투사"에 대응한다. 따라서 *개체*는 (집합 $x, y, x|y$, $\emptyset$에서 나온) 각각 허용된 값을 가진 순서가 있는 투사(*유전자*)이다. 표현형은 혼성기 모듈로 주어지고 정교화 모듈로 정교화되는 전이 작용으로 구성된다. 그림 27과 28에서는 유전

자형과 (전이 작용으로 생성되는) 표현형의 예를 보여 준다.

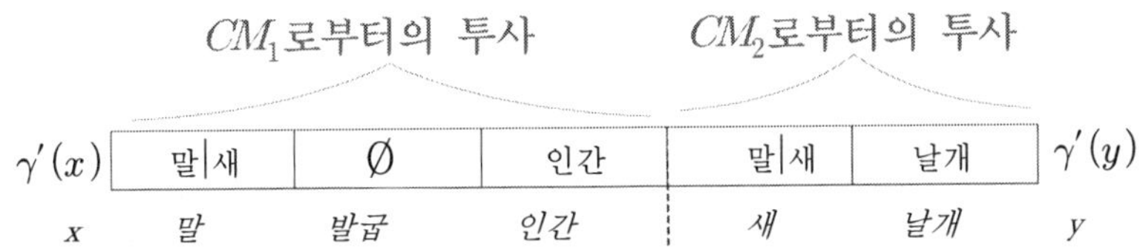

그림 27. 그림 26의 선택적 투사에 대응하는 개체의 유전자형

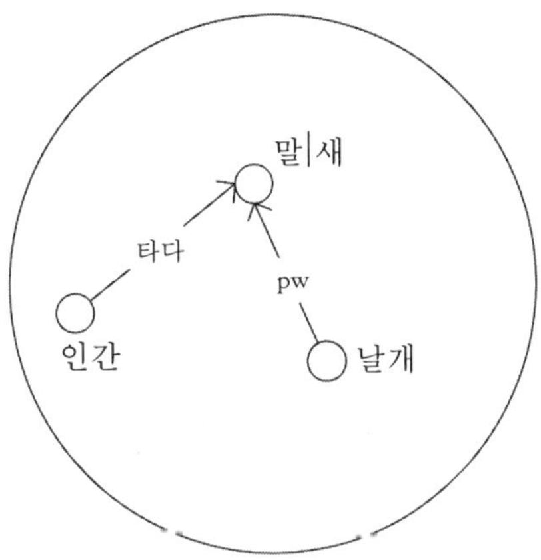

그림 28. 표현형 – 말|새는 날개가 있고 사람들이 탄다.

첫 모집단에는 임의로 선정한 100명의 개체가 있다. 최적성 원리를 적용해서 한 개체를 평가하는데, 이런 최적성 원리는 가중 합계에 참여하여 적합성 값을 내놓는다. 이런 작업은 제약 모듈에서 수행된다. 개체의 선택은 *룰렛-바퀴(roulette-wheel)* 유형으로서, 이것은 적합성이 더 높은 개체가 선택될 확률이 더 높다는 것이다. 우리의 알고리즘은 세 가지 생식 작용을 사용한다. 무성생식(asexual reproduction)(개체는 다음 개체군으로 복사된다), 교차(crossover)(두 개체는 투사 목록의 부분을 교환한다), 돌연변이(mutation)(투사의 임의적인 변화)가 그 세 가지 생식 작용이다. 우리의 알고리즘은 또한 새로운 개체의 임의적인 생성을 허용하는데, 이는 현 개체군이 생물다양성이 낮을 때 유용할 수 있는 것이다. 이 과정의 미리 한정된 많은 반복이 이루어졌거나 이 과정이 미리 한정된 많은 반복 이상을 위해 수용 가능한 최고치 주변에서 안정이 되었을 때 또는 만족값을 가진 개체가 발견되었을 때, 그 시스템은 멈춘다.

전에 말했듯이, 유전적 알고리즘에 대한 선택은 컴퓨팅 선호도에 연결되므로, 우리는 이 문제에서 어떠한 인지적 함축도 주장하지 않는다. 다른 선택들이 따라 나올 수 있지만(가령, 모의 담금질(simulated annealing),[9] 유전적 알고리즘은 매우 융통성이 있고(과정을 간단히 개조하면, 모의 담금질로 변할 수 있다), 방법론을 적용하거나 매개변수를 선택할 수 있는 대량의 실험적·이론적 기초를 제공할 수 있다. 이러한 유전적 알고리즘을 가지고서 디바고는 사용자의 선호도에 따라 거대한 혼성공간에서 탐색할 수 있다. 최고의 솔루션은 보장되는 것이 아니라, 반복의 수가 더 높을수록 탐색공간에 존재하기만 한다면 좋은 혼성공간을 발견할 가능성이 더 높을 것으로 합당하게 예상된다.

5.6 제약

제약 모듈은 최적성 원리를 실행한다. 이 모듈은 (프레임 충족과 완성, 무결성 제약 위반, 중추적 관계 투사 등을 점검하면서) 각 혼성공간을 미리 처리하고, 여덟 개의 각 기준에 대해 값을 얻는다. 그런 다음 이런 값은 가중 합계에 참여하고, 이 가중 합계는 ([0,1] 간격에 속하도록 정상화된) 혼성공간의 *값*을 내놓고, 이 값은 공장으로 다시 보낸다. 사용자는 각각의 최적성 압력에 할당되는 가중치를 할당한다. 여덟 개의 최적성 원리의 컴퓨팅 실현에 대한 우리의 제안은 전적으로 이 모형의 표상과 범위에 관한 것이다.[10] 그렇다고 해서 이런 제안이 인지와 일반적인 혼성 현상에 관해 입증되거나 검증되지 않아야 한다는 것은 아니고, 오히려 우리는 우리의 기준이 인지적 실험에 기초한 것이 아니라 주로

9) (역주) 모의 담금질은 금속학의 냉각과정에서 유래되었는데, 고온 물질의 분자가 식어가면서 점차 안정화되어 가는 과정을 묘사하여 광역적 최적화 문제에 적용한 알고리즘이다. 그 방법에 대한 핵심 아이디어는 온도가 높을수록 분자의 자유로운 이동이 가능하며, 온도가 낮을수록 점차 안정화되어 비교적 자유롭지 않은 이동을 한다는 것이다.

10) 첫 번째 접근법은 Pereira & Cardoso(2003b)에서 발표되었고 그 다음에 Pereira & Cardoso(2003c)가 나왔다. 현재 버전은 위상, 풀기, 중추적 관계의 강화에서 차이가 있는 교정본이다.

형식적 모형의 문맥에서 포코니에와 터너가 제시한 묘사 이면의 철학을 따르고자 했다고 주장한다.

이런 제약은 *유용성*뿐만 아니라 다른 많은 측면도 고려하지만, *참신성*에는 분명히 관여하지 않는다. 참신성에 대한 추가 제약을 더하는 대신, 우리는 참신성을 구성 원리라기보다는 효과로 직면하고자 결심했다. 다시 말해, 현재의 구조와 제약으로 디바고가 참신성을 생산할 수 있을지를 입증할 의도이다. 실험에서는 디바고가 어느 정도의 참신성에 대한 능력이 있다는 것을 볼 수 있다.

이제 여덟 개의 최적성 원리의 컴퓨팅 버전을 제시할 것이다.

5.6.1 통합

프레임은 요소들 간의 연결을 단단히 하면서 추상 주변에서 지식을 모은다. 프레임은 한 개념을 이해하기 쉬운 전체로 조직한다. 예컨대, 그림 29에서 두 개의 구체적인 프레임은 혼성공간을 더욱 폭넓은 "나는 말(flying equinae)"의 개념으로 통합한다.

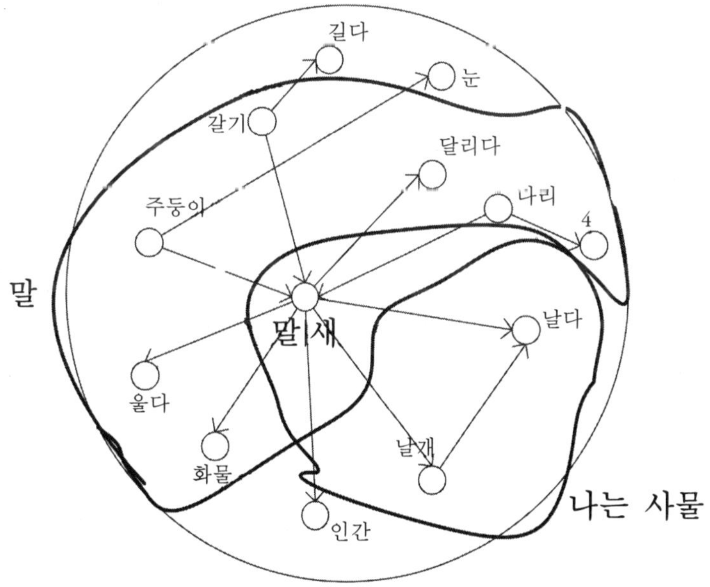

그림 29. 혼성공간은 프레임 "말"과 "나는 사물"을 충족시킨다(또는 *달성한다*)

혼성공간에서 충족되는 프레임의 집합 F를 가정하면서, 우리는 혼성공간의 *프레임 적용범위(frame coverage)*가 F 속에 있는 하나 또는 그 이상의 프레임의 조건에 속하는 개념지도에서 나온 관계의 집합이라고 정의한다. 혼성공간의 프레임 적용범위가 더 클수록, 통합 값은 더 높아야 한다. 그러나 많은 프레임이 망라하는 혼성공간은 동일한 적용범위를 가지지만 프레임은 더 적은 혼성공간보다 덜 통합되어야 한다. 다시 말해, 단 하나의 프레임이 혼성공간의 모든 관계를 망라하면 그 프레임은 최대 통합으로 평가되지만, 다양한 프레임이 충족되고 다양한 관계의 집합을 망라한다면 덜 통합적인 것으로 간주되어야 한다. 이 이면의 직관은 통합적 개념(프레임) 주변의 통일성이 혼성공간의 통일성을 반영한다는 것이다. 우리가 제안하는 통합 기준은 이 생각에 따라 다양하다. 그것은 무결성 제약도 고려하여, 하나의 프레임이 무결성 제약을 위배하면 페널티를 받는다.

정의 5.6.1(*단일프레임 통합(SingleFrameIntegration)*). 조건의 집합 C를 가진 프레임 f, 개념지도 CM_B를 가진 혼성공간 b, 개념지도 CM_{B+}를 가진 대혼성공간, 프레임에서 위배되는 무결성 제약의 집합인 VI에 대해, *통합* 값 I_f는 다음과 같이 정의된다.

$$I_f = \frac{\#C}{\#CM_b} \times (1-\iota)^{\#VI} \times (1+\frac{\#CM_b}{\#CM_{B+}})/2$$

ι는 0과 1 사이의 페널티 계수, 즉 무결성제약을 각각 위배하는 프레임에 페널티를 주는 값이다. 무결성 제약은 그 전제가 참이면 위배된다. 위의 프레임 f의 통합 기준의 문맥에서 ic의 조건들 C_{ic}가 증명되고 $C_{ic} \cap C \neq \emptyset$이면 f는 무결성 ic를 위배한다. 다시 말해, f는 통합되기 위해 ic를 위배할 필요가 있다.

위의 공식을 한층 더 명확히 해 보자. 첫 번째 계수는 f에 관해 b의 적용범위 비율을 나타낸다. 두 번째 계수는 각각의 무결성 제약 위배가 지수 할인을 암시한다는 것을 의미한다. 세 번째 계수는 혼성공간의 크기를 최대화한다(두 프레임이 적용범위 비율이 동일하다면, 더 많은 관계를 포함하는 프레임이 더 높은 통합을 가져야 한다). 2 나누기는 0과 1 사이의 결과를 정상화하는 것을 목표로 한다.

단일프레임 통합에 대한 값이 위에서 기술되지만, 프레임에 관해 혼성공간의 통합 기준은 반드시 간단한 것은 아니다. 언뜻 보면, 모든 프레임의 값을 단지 추가하거나 조건 집합의 결합의 값을 추가하는 것은 매력적이다. 심지어 그 교점도 그러하다. 그러나 이것은 잘못된 결과로 이어지는데, 이는 프레임이 통합의 관점에서 단일프레임으로 환원될 수 없기 때문이다. 이 기준에서 우리는 통일성과 적용범위를 자극하고, 각 프레임의 강도를 개별적으로 고려하고자 한다. 통일성에 관해, 우리는 충족되는 모든 프레임의 "핵심"을 만드는 관계들(즉, 모든 프레임의 조건의 집합 C)이 높이 평가되어야 한다고 주장한다. 다른 한편으로, 이 "핵심"의 적용범위는 전체 적용범위보다 더 작을 것인데(즉, 그 프레임이 동일한 C 집합을 가진다면 동일할 것이다), 이는 우리에게 프레임의 관계의 분리집합을 고려하도록 한다. 마지막으로, (위에서 정의한) 각 개별 프레임의 통합은 또한 전체 기준에 존재해야 한다. 이 마지막 두 논제(전체 적용범위와 개별 프레임의 통합)는 탈통합 요인의 지배를 받는데, 이는 그것들이 완전히 교차하지는 않지만 다른 프레임의 존재를 반영하기 때문이다. 우리는 이 계수 α가 간격 $[0,1]$로부터 나온 형상값이라고 제안한다. 이제는 혼성공간의 *통합* 기준에 대한 제안을 제시해 보자.

정의 5.6.2(*통합(Intergration)*). 5.6.1에서처럼 $F_b = \{f_1, f_2, \ldots, f_i\}$가 혼성공간 b에서 충족되는 조건들(C_i), ($0 < \alpha < 1$인) 탈통합 계수 α, 단일프레임 통합 값 I_{f_i}를 가진 프레임들의 집합이라고 하자.

$$Integration = I_{\bigcap_0^i C_i} + \alpha \times Uncoverage \times \sum_0^i I_{f_i}$$

비적용범위(Uncoverage) 값은 프레임에서 고려되는 관계들의 총수에 관해 모든 프레임의 교차에 속하지 않는 관계들의 비율로 구성된다.

$$Uncoverage = \frac{\#\bigcup_{0}^{i} C_i - \#\bigcap_{0}^{i} C_i}{\#\bigcup_{0}^{i} C_i}$$

통합 기준은 혼성 과정에 근본적이다. 그것은 혼성공간의 선택을 전체로서 *인식 가능한* 무언가로 이끌어서, *새로운* 개념이 무엇인지를 결정하고 이해하게 돕는 패턴들을 일치시킨다.

이런 추리를 예증하기 위해 그림 30은 4개의 혼성공간과 각각의 프레임 적용범위를 보여 준다. 혼성공간 A는 명확히 가장 높은 통합 값을 얻는다(모든 관계는 단일프레임에 의해 망라된다). 혼성공간 B 또한 전체적으로 망라되지만, 두 개의 다른 프레임에 의해 그렇게 된다. 혼성공간 C는 B보다 더 낮은 통합 값을 얻는데, 이는 모든 관계를 망라하지 않기 때문이다(비적용범위는 0보다 더 높다). 마지막으로 혼성공간 D는 어쩌면 (α의 값에 따라서) 가장 낮은 값을 갖는데, 이는 모든 관계를 망라하지만 프레임의 높은 분산이 있기 때문이다. 이런 계산을 더욱 명확히 하기 위해, 구체적으로 혼성공간 A와 D를 가져와서 그 통합 값을 결정해 보자. 간단히 하기 위해, $CM_{B+} = CM_b$이고(대혼성공간의 크기는 정상화 목적에서만 필요하므로, 어떤 크기라도 이 예에서 도움이 될 것이다), 아무런 무결성 제약 위배가 없다고 가정해 보자. 혼성공간 A는 1의 단일프레임 통합 I_f을 가질 것인데, 왜냐하면 그것은 혼성공간의 모든 12개 관계를 포함하기 때문이다. 그것은 유일한 것이고, 망라되지 않는 관계는 없기 때문에(*비적용범위*는 0이다), 전체 통합 역시 1일 것이다. 이제 혼성공간 D의 통합에 대해서는 그 과정을 반복해야 한다. ($\frac{2}{12}$, $\frac{2}{12}$, $\frac{2}{12}$, $\frac{1}{12}$의 I_f 값과 함께) 네 개의 프레임이 있을 것이다. 모든 프레임 사이에 아무런 교차가 없는데, 이는 그 합의 첫 번째 항목이 0이라는 것을 암시한다. 더욱이 어떤 두 개의 관계도 서로 다른 프레임에 속하지 않고(*비적용범위*는 최대이다. 즉, 1이다), 네 개의 단일프레임 통합들의 합은 $\frac{2}{12}+\frac{2}{12}+\frac{2}{12}+\frac{1}{12}=\frac{7}{12}$일 것이다. 이것은 우리를 *통합*

기준 $\alpha \times 1 \times \frac{7}{12}$이라는 두 번째 항목으로 데리고 간다($\alpha$가 1보다 작거나 1과 동일하다는 것을 기억하라). 이것은 의도대로 혼성공간 D의 통합 값이 혼성공간 A의 통합 값보다 훨씬 더 작다는 것을 보여 준다.

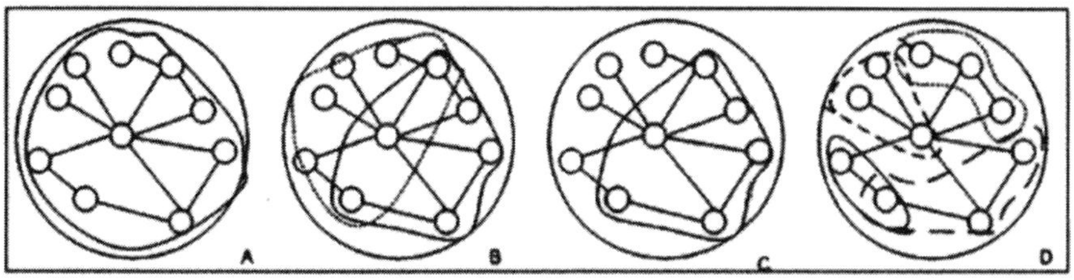

그림 30. 통합 값에서 프레임 적용범위의 역할

5.6.2 위상

위상(Topology)이라는 최적성 압력은 *불활동(inertia)*을 혼성 과정으로 가져간다. 그것은 개념 변화에 반대하는 제약이다. 이는 입력공간과 동일한 위상적 형상을 유지하기 위해 혼성공간이 모든 요소들 간의 정확히 동일한 인접 관계를 유지하여 결국은 입력공간들의 투사된 복사가 되어야 할 필요가 있기 때문에 발생한다. 실제로 이 압력은 보통은 혼성공간의 값에서 큰 손실 없이 무시되는 것이다. 이것은 흔히 혼성공간에 관한 *상상력* 문맥 때문이다. 즉, 새로운 연상은 더욱 참을 수 있다. 물론 이것은 여전히 우리가 추구하고 있는 혼성공간의 유형에 의존한다. 즉, 그것이 유추적 또는 구조 정렬 구성(가령, 승려의 수수께끼)을 간주한다면, 위상은 중추적이다. 그것이 자유 결합(가령, 목표를 가진 상상적 사물인 "말-새")을 간주한다면 위상은 부차적일 수 있다.

위상 기준에서, 요소들의 한 쌍 x와 y가 관계 r에 의해 혼성공간에서 연상된다면, 동일한 관계는 입력공간들 중 하나에서 존재해야 한다는 원리를 따른다. 그런 일이 발생한다면, $r(x,y)$은 위상적으로 정확하다고 말할 수 있다. 위상의 값은 혼성공간의 개념지도에서 위상적으로 정확한 관계들의 비율에 대응한다.

정의 5.6.3(*위상(Topology)*). *위상적으로 정확한* 관계의 집합 $TC \subseteq CM_b$ 에 대해 다음이다.

$$TC = \{r(x,y) : r(x,y) \in CM_1 \cup CM_2)\}$$

여기에서 CM_1과 CM_2은 각각 입력공간 1과 입력공간 2의 개념지도에 대응하고, 위상 기준은 비율로 계산된다.

$$Topoplogy = \frac{\# TC}{\# CM_b}$$

직관적으로, 이 기준은 변하지 않은 채로 혼성공간으로 투사된 입력공간들에서 나온 관계들의 양을 나타낸다. 이것은 혼성 체제에서 위상 제약보다 더 엄격한데, 이는 그것이 대응요소라기보다는 동일성에 기초하기 때문이다. 곧 알 수 되듯이, 대응요소를 원래의 구조/이웃을 유지하는 것으로 분석하는 이런 역할은 풀기(Unpacking) 제약을 위해 남겨둔다. 현재, 위상을 위배하는 유일한 방법은 개념 쌍이 하나의 동일한 개념으로 투사되게 하여(가령, "말"과 "새"를 "말"로 투사되게 하는 것), 한 영역에만 국한되었던 새로운 관계를 가져가게 하는 것이다(가령, ability(bird, fly)는 ability(horse, fly)로 투사되고, pw(wing, bird)는 pw(wing, horse)로 투사된다).

5.6.3 패턴완성

패턴완성 압력은 *입력공간*에 존재하거나 *총칭공간*에서 나오는 패턴의 영향을 가져다준다. 때때로 한 개념은 불완전한 것처럼 보일 수 있지만, 패턴과 "일치될 때"는 타당하다.

현재, 이 책의 문맥에서 패턴은 프레임에 의해 기술된다. 즉, 우리는 이런 두 개념을 구분하지 않으므로, 패턴완성은 기본적으로 프레임 완성이다. 한 프레임을 완성하는 행동은 근거 없는 전제의 진리를 단언하는 데 있다(이것은 정교화 모듈에서 이루어진다). 이것은 충분히 많은 전제들이 참인 이후에만 일어나는 과정이다. 이것은 *완성 임계값(completion threshold)*이라고 부른다. 이것은 디바고에서 외적으로 형상화되는 값이다. 실제로 혼성공간 b 속의 프레임 f로 충족되는 조건에 관한 기준은 f의 *완성 증거(completion evidence)* $e(f_i,b)$라고 부른다. 따라서 완성은 완성 증거가 완성 임계값보다 더 높을 때만 발생할 수 있다.

정의 5.6.4(*완성 증거(Completion Evidence)*). 혼성공간 b에 관해 프레임 f_i의 완성 증거 e는 다음에 따라 계산된다.

$$e\left(f_i,\, b\right) = \frac{\#Sat_i}{\#C_i} \times (1-\iota)^{\#VI}$$

여기에서 Sat_i는 b에서 충족되는 각 f_i의 조건을 포함하고, ι는 무결성 제약 위배 계수이며, VI는 위배된 무결성 제약의 집합이다.

통합 제약에서처럼 다중 프레임을 고려하는 문제가 있다. 이번에 우리가 혼성공간에서 실제로 입증되는 관계들의 집합 대신, 관계들의 부분집합의 가능한 완성을 평가하고 있다고 하면, 선험적인 이론적 근거를 찾는 것은 어렵다(가령, 각각 개별 완성 x를 가진 두 개의 패턴은 x보다 약간 덜한 것을 각각 가지고 있는 세 개의 패턴보다 더 높은 등급을 받는가?). 결과적으로, 우리는 그 패턴들 내에 포함된 모든 조건들의 결합을 찾고, 그 자체의 완성 증거를 평가해야 한다.

정의 5.6.5(*패턴완성(Pattern Completion)*). n개 프레임을 가진 집합 F에 관한 혼성공간 b의 패턴완성 기준은 다음에 의해 계산된다.

$$PatternCompletion = e\left(\bigcup_{0}^{n} f_i, b\right)$$

이 기준은 혼성공간의 잠재력을 증가시키는 데 매우 중요한 역할을 하는데, 왜냐하면 이 기준은 정교화 모듈에서 사용할 수 있는 "시드

(seed)"를 가져다주기 때문이다. 그림 31은 두 가지 예로 패턴완성을 예증한다. 세 가지 조건(pw(X, Y), purpose(Y, fly), ability(X, fly))을 가진 하나의 프레임을 가정하면, 왼쪽에서 그것은 66.6%의 완성 증거를 가지지만(세 개중에서 두 개의 관계는 이미 완성된다: pw(Horse_Bird,wings)와 purpose(wings, fly)), 오른쪽에서 완성 증거는 33.3%에 지나지 않는다(pw(Horse_Bird,wings)만 존재한다). 둘 다에 대해 우리는 한 가지 프레임(가령, 한 가지 *패턴*)만을 고려하기 때문에, 패턴완성의 값은 완성 증거의 값과 동일하다.

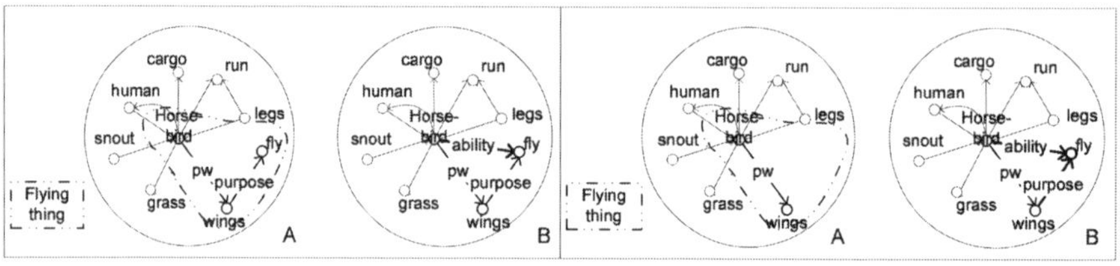

그림 31. 패턴완성의 두 가지 예

5.6.4 중추적 관계의 최대화/강화

포코니에와 터너는 혼성공간 창조를 지배하는 중추적 관계(vital relation)를 제안한다(Fauconnier & Turner 2002). 앞서 말했듯이, 개념적 혼성 접근법은 본래 같은 학자들의 초창기 연구에 의존하므로, 우리는 여기에서 논의하는 중추적 관계에 대한 접근법이 해결되었던 질문들을 미해결로 둔다고 지적해야 한다. 우리는 압축에서 그것의 본질적인 역할에 고민하지 않고서, 중추적 관계를 단지 *현저한(salient)* 관계로 직시하고 있다고 말할 수 있다. 압축은 서로 다른 입력공간들에서 나온 개념들 간의 관계(*외부공간(outer-space)* 관계)를 혼성공간으로 가져간다(즉, 이런 관계는 혼성공간에서 *내부공간(inner-space)* 관계가 된다).[11] 중추적 관계의 강화에 대한 정의가 불분명하고, 이 연구에서는 *압축*에 집중하고 있지 않다는 사실을 간주하면, 최대화(Maximization)와 강화(Intensification)의 구분은 우리가 피하려는 주관성으로 가는 또 다른 단계가 된다. 실용적으로, 이는 여기에서는 최대화에 대한 기준만 제안

11) 압축에 대한 더 많은 내용은 Turner(2006) 참조.

하고, 강화에 대한 구분과 특정한 기준에 대한 논의는 (어쩌면 압축의 계산 견해를 심오하게 탐구할 때) 추가 연구에 맡긴다는 것이다.[12) 기본적으로, 우리는 두 개념지도 사이와 그 내에서 동일한 중추적 관계[13)를 허용하며, 어떤 중추적 관계(가령, 변화, 비유사, 의도성)는 드물게만 사용된다. 디바고는 다른 관계들의 정의도 *중추적*인 것으로 받아들인다. 예컨대, 게임에 대한 개념을 창조할 때, 중추적 관계는 “강도”, “방어”, “능력” 등이라고 결정할 수 있다. 이런 선택의 결과는 중추적 관계의 최대화를 더 강조할 때(적합성 함수에서 더 높은 가중치를 받을 때), 발생하는 혼성공간은 이런 관계들의 최대 가능한 수를 포함한다는 것이다.

우리는 이 기준을 실행하기 위해 대혼성공간 내에 포함된 가능한 중추적 관계의 전체 집합에 관해, 중추적 관계의 비율로 계산되는 혼성공간에 대한 중추적 관계의 영향을 산정한다.

정의 5.6.6(*중추적 관계의 최대화(Maximization_VR)*). Υ를 *중추적 관계*의 집합이라고 하자. 혼성공간 b의 개념지도로부터는 b 안에 있는 중추적 관계의 집합 B_{VR}를 얻을 수 있다.

$$B_{VR} = \{r(x,y) : r(x,y) \in CM_b \wedge r \in \Upsilon\}$$

대혼성공간(모든 가능한 혼성공간들의 결합) B^+로부터 B^+_{VR}를 얻는다.

$$B^+_{VR} = \{r(x,y) : r(x,y) \in CM^+_b \wedge r \in \Upsilon\}$$

마지막으로, 중추적 관계의 최대화 기준은 다음의 비율로 계산된다.

---

12) 실제로 Pereira & Cardoso(2003c)과 Pereira(2005)에서 중추적 관계의 강화를 모형화하려는 시도가 있었지만, 두 가지 이상의 사상 유형을 가정하는 이 제안은 엄격하게 테스트될 수 없었거나 한층 더 탐구될 수 없었다.

13) 변화, 정체성, 시간, 공간, 원인-겨로가, 부분-전체, 표상, 역할, 유사, 비유사, 특성, 유사성, 범주, 의도성과 특유성.

$$Maximization\_VR = \frac{\#B_{VR}}{\#B_{VR}^{+}}$$

5.6.5 풀기

풀기는 혼성공간으로부터 시작하여 전체 과정을 재구성할 수 있는 능력이다. 우리의 견해에서, 그런 업적은 입력공간을 재구성할 수 있는 능력의 기초가 된다. 즉, 혼성공간으로부터 입력공간을 재구성하기 위해서는 공간횡단 사상, 총칭공간, 다른 연결들을 평가해야 한다. 따라서 우리는 풀기가 입력공간을 재구성할 수 있는 능력으로 환원될 수 있다고 제안한다. 이는 공간횡단 사상, 총칭공간, 정신공간들 간의 연결을 재구성하지 않고서는 입력공간을 제대로 재구성할 수 있는 방법이 없기 때문이다.

풀기는 "혼성 판독기(blend reader)"의 관점을 취해야 한다. 혼성 판독기란 생성의 과정을 모르기 때문에 실제 투사에 접근하지 못하는 사람이나 사물을 말한다. 그래서 이런 "판독기"는 "원래" 개념을 암시하는 패턴을 찾을 것이다. 다시 한 번, 우리는 *프레임*, 특히 즉각적인 주변 요소와 관계로 구성된 한 요소의 *결정적 프레임(defining frame)*의 개념을 사용한다. 예컨대, 요소 "날개"가 혼성공간 속의 x로 투사되면, "새" 개념지도에 관한 결정적 프레임은 purpose(x, fly), conditional(x, fly), quantity(x, 2), pw(x, bird)로 구성될 것이다. 이런 관계가 혼성공간에서 더 많이 발견될수록, "판독기"는 x와 "날개" 간의 연결을 더 쉽게 이해할 것 같다.

정의 5.6.7(*결정적 프레임(DefiningFrame)*). 혼성공간 b와 입력공간 d가 주어지면 (입력 개념지도 d를 b로 투사하는 것인) 요소 x는 다음으로 구성된 결정적 프레임 $f_{x,d}$를 가진다.

$$f_{x,d} = C_0, C_1 \ldots C_n \rightarrow true$$

여기에서 $C_i \in \{r(x,y) : r(x_d,y) \in CM_d\}$이다. k가 혼성공간에서 충족되

는 $f_{x,d}$의 조건 (C_i)의 수라고 가정하면, ($\xi(x,d)$로 표상되는) d에 관한 x의 풀기 값은 다음이다.

$$\xi(x,d)=\frac{k}{n'}$$

여기에서 n'는 x가 연결되어 있는 요소들의 수이다. 우리는 x의 *전체 추정되는 풀기 값(total estimated unpacking value)*을 입력공간에 관한 풀기 값의 평균으로 계산한다. 따라서 입력 개념지도 1과 2가 있으면 다음이 있게 된다.

$$\xi(x)=\frac{\xi(x,1)+\xi(x,2)}{2}$$

정의 5.6.8(*풀기(Unpacking)*). $\mathscr{X}$를 입력 개념지도 1과 2로부터 생성된 혼성공간 b의 m개 요소의 집합이라고 하자. b의 *풀기* 값은 다음으로 계산된다.

$$Unpacking=\frac{\sum_{i=0}^{m}\xi(x_i)}{m},x_i\in\mathscr{X}$$

그림 32는 "말" 개념지도에서 "말"에 대한 결정적 프레임을 제시한다. 혼성공간 1에서 요소 "말|새"("말"의 투사)는 ("말" 개념지도에 관하여) 가장 높은 풀기 값을 가지는데, 이는 그것이 정확히 결정적 프레임과 일치하기 때문이다. 혼성공간 2에서 그 값은 더 낮은데, 이는 ("날다"와 "날개"에 대한) 두 개의 새로운 관계가 있기 때문이다. 이는 그것이 정확히 동일한 요소가 아님을 의미한다. 혼성공간 3은 세 개 중에서 풀기 값이 가장 낮은데, 이는 그것에는 (가령, "달리다"과 "풀"에 대한) 어떤 관계가 결핍되어 있기 때문이다.

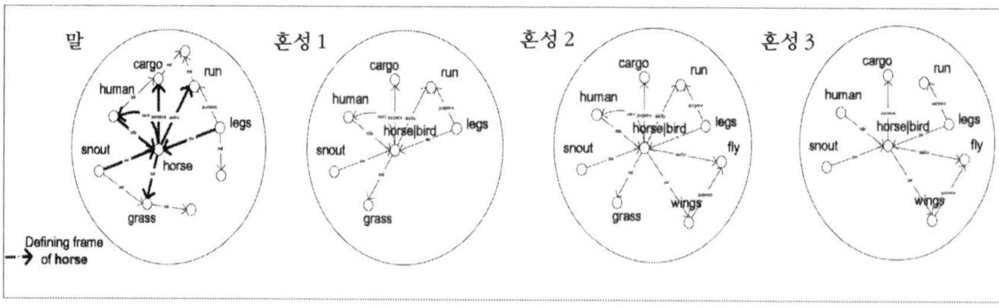

그림 32. 풀기의 예

5.6.6 망

망(Web) 원리는 입력공간과의 연결을 절단하지 않고서 혼성공간을 "운용할(run)" 수 있는 것에 관한 것이다. 우리의 견해에서 이것은 독립적인 원리가 아니라 위상과 풀기 원리에 공동으로 연결되어 있는데, 이는 위상 원리가 "입력공간과의 적절한 연결의 망을 쉽고 추가 감시나 계산 없이 유지하는" 간단한 방법을 가져다주고, 후자인 풀기 원리가 혼성공간으로부터 입력공간을 재구성하는 데 필요한 일을 측정하기 때문이다. 그렇다고 해서 망이 위상이나 풀기와 같다는 것은 아니다. 오히려, 한편 위상은 입력공간에 대한 가장 근본적인 연결, 즉 동일한 구조를 유지하는 압력을 제공하고, 다른 한편으로 풀기는 입력공간과의 연결을 얼마나 쉽게 재확립하는지를 평가한다. 가중 합계에서 결합된 이런 두 값은 입력공간과의 연결망의 강도를 평가한다.

정의 5.6.9(*망(Web)*).

$$망 = \lambda \times 위상 + \beta \times 풀기$$

여기에서 $\lambda + \beta = 1$이다.

이것은 독립적인 변수가 아니기 때문에 망 기준으로 독립적인 실험을 하는 것은 아무런 가치 있는 결론도 추가하지 못하므로, 이 책에서는 그것을 다루지 않을 것이다.

5.6.7 적절성

혼성공간에 대한 "적절성(relevance)" 또는 "타당한 이유(good reason)"라는 개념은 혼성 생성의 *목표*와 관련이 있다. 혼성공간이나 그 부분은 용도에 따라 더 적절하거나 덜 적절할 수 있다. 다시 한 번, 프레임은 "문맥" 지정자(specifier)로서 근본적인 역할을 맡는다(즉, 프레임 내에서 제약의 집합은 그 프레임을 달성하는 문맥을 기술한다). 따라서 혼성공간은 지식기반에서 이용 가능하거나 외적으로 지정되는 것에서 선택할 수 있는 *목표 프레임(goal frame)*의 집합을 가지기 때문에, 이 모두를 충족시킨다면 최대 적절성을 얻는다.

목표 프레임의 양상은 그런 프레임이 질의가 된다는 것이다. 예컨대, 우리는 "나는" 개념을 찾고자 한다면, 관계 ability(x, fly)로 목표 프레임을 형성할 수 있다. 이 프레임을 충족시키는 혼성공간은 매우 적절할 것이다.

정의 5.6.10(*적절성(Relevance)*). 목표 프레임의 집합 F_g, 혼성공간 b의 충족된 프레임의 집합 F_b, 혼성공간 b에서 프레임의 집합 F의 패턴완성에 대한 값 PCN_F를 가정하면 다음을 가지게 된다.

$$Relevance = \frac{\#(F_g \cap F_b) + \#F_u \times PCN_{F_u}}{\#F_g}$$

여기에서 충족되지 않은 목표 프레임의 집합인 F_u는 $F_u = F_g - F_b$로 구성되어 있다. 이 공식은 목표 프레임의 전체 집합 F_g에 관해 충족된 목표 프레임과 부분적으로 충족된 목표 프레임의 비율을 제공한다.

창의성의 관점에서 우리는 적절성의 사용을 "유용성" 기준으로 제안하는데, 이것은 몇몇 실험에서 적용될 생각이다.

5.7 정교화

정교화 모듈은 정교화와 완성의 몇 가지 방법을 혼성공간에 적용하는 것에 책임이 있다. 정교화 모듈에서 규칙과 프레임 결론이 야기되고, 완성되지 않은 프레임(또는 패턴)이 완성된다. 따라서 그것은 이전 장에서 제시한 모형의 정교화 함수 θ를 코드화한다. 그것은 설명된 세 가지 종류의 정교화를 허용한다. 규칙기반 정교화, 내적 논리 정교화, 개념횡단 기반적 정교화가 그 세 가지 종류이다.

규칙기반 정교화 $\theta_{\mathscr{R}}$는 총칭영역에서 나온 규칙을 적용하는 것에 기초한다. 이런 규칙의 전제가 참인 것으로 입증되면, 그 결론은 조사되고, 그에 상응하는 효과는 혼성공간으로 처리된다. 한 예로 다음의 규칙이 있다. 여기에서 우리는 x가 *집*에 산다면, 그 *서직지*가 *물*이므로 *집* 안에 놓여 있는 *물탱크 안*에서 살아야 한다고 말한다.

```
rule(generic, water tank, [lives_in(X, water_tank), habitat(X, water)],
                          [lives_in(X, house)],
                          [lives_in(X, water_tank),
                          in(water_tank, house)],
                          [lives_in(X, house)]).
```

그 전제가 참인 것으로 밝혀지면, 정교화 모듈은 관계 lives_in(X, water_tank)와 in(water_tank, house)를 혼성공간의 개념지도에 추가하고, 또한 관계 live_in(X, house)을 삭제할 것이다. 더 복잡한 또 다른 예는 동일한 선에서 움직이고 있는 두 사물 *X*1과 *X*2의 만나는 지점을 결정하기 위해 운동 법칙을 적용하는 규칙이다.

```
rule(generic, meeting_time, [starting_position(X1, P0X1),
        starting_position(X2, P0X2),
        {X1\=X2}, speed(X1, SX1), speed(X2, SX2), day(X1, D),
        day(X2, D), starting_time(X1, T0), starting_time(X2, T0)],
        [ ],
        [{Dif is SX2-SX1, Dif\=0,T is (P0X1-P0X2)/Dif},
        meet(X1, X2), time(X1, T), time(X2, T)],
        [ ]).
```

이 모듈에서 내적 논리 정교화 $\theta_{\mathscr{C}}$는 혼성공간이 달성하는 프레임을 조사하고, 그 다음에 규칙의 경우처럼 그 효과를 적용한다. (한 입력공간으로부터의 투사에 따른 결과로) 혼성공간의 부분인 규칙의 특별한 경우에, 그 적용을 통제하는 절차가 어떤 다른 규칙에 대한 것과 동일하지만 우리는 또한 내적 논리 정교화를 고려할 수도 있다.

개념횡단 정교화는 아마도 가장 적게 탐구된 정교화 방법이다. 그것은 패턴완성에 기초한다. (패턴완성 기준에서 계산되는) 프레임의 완성 증거가 최소의 명시된 값(*완성 임계값*)을 초과한다면, 정교화 모듈은 *완전히 정의될* 수 있는 빠진 관계를 추가할 것이다. 예컨대, 그림 31(왼쪽)에서 완성 임계값이 66% 이하면 정교화 모듈은 관계 ability(horse|bird, fly)를 추가할 것이다. 이런 경우에, 그 관계는 완전히 정의되는데, 이는 두 논항(horse|bird과 fly)이 알려져 있기 때문이다. 이와 반대로, 그 프레임 전제의 실례가 ability(horse|bird,_)나 ability(horse|bird,∅)를 생산했다면, 아무런 새로운 관계도 창조되지 않을 것이다. 이것은 개념횡단 정교화라고 부르는데, 이는 그것이 외적 개념(완성되지 않은 프레임)에서 나온 지식을 혼성공간의 개념지도로 전이하는 것에 기초하기 때문이다. 우리는 이것이 개념횡단 기반적 정교화를 하는 안전하지 않고 부정확한 방법일 수 있다는 것을 안다. 완성 증거는 차치하더라도 추가된 지식의 정확성이나 유의미성을 보장하는 다른 방법이 없기 때문에 그것은 불안전할 수 있다. 목표 프레임을 다룰 때만(즉, 프레임을 달성하는 외적 동기가 있을 때만), 완성은 유의미한 잠재적인 결과를 갖는다. 근원 개념(프레임)은 어떤 이유로 지식의 타당한 근원처럼 보이는 또 다른 개념이라기보다는, 그것은 내적 논리(패턴완성 기순)의 분석으로부터 창조되기 때문에 개념횡단 기반적 정교화에 대한 부정확한 관점일 수 있다.

이 모듈에 적용되는 규칙과 프레임은 서로에게 영향을 미칠 수 있다. 예컨대, 프레임이 추가하는 새로운 지식은 다시 규칙을 유발할 수 있고, 계속 그렇게 진행된다. 이것은 그 시스템이 적용 순서에 민감하다는 것을 의미한다. 이런 효과를 줄이기 위해, 정교화 모듈은 개념지도에 아무런 변화가 없을 때까지, 즉 관계의 집합 주변에서 안정될 때까지 반복적으로 규칙을 적용한다. 이 접근법의 단점은 순환에 민감하게 된다는 것이다. 예컨대, 다음의 규칙 목록을 생각해 보라. 여기에서 r_1, r_2, r_3

은 관계이고, 혼성공간은 단일 관계 r_1을 포함한다.

$$r_2 \wedge not\, r_3 \leftarrow r_1$$
$$r_3 \wedge not\, r_1 \leftarrow r_2$$
$$r_1 \wedge not\, r_2 \leftarrow r_3$$

첫 번째 규칙을 가동시킨 뒤에, 정교화 모듈은 r_2를 추가함으로써 시작하여 두 번째 규칙을 유발하고, 이것은 r_1을 제거하고 세 번째 규칙을 유발하며, 이것은 첫 단계로 무한히 되돌아갈 것이다. 우리는 이것이 논리 프로그래밍(Logic Programming) 분야에서 알 수 없는 문제가 아니라는 것을 알기 때문에, 좋은 솔루션은 이미 발견되었을 수 있다고 믿는다. 하지만 이 책과 디바고의 현 버전에 대해 그 규칙들은 순환을 해결하는 것에 주의를 기울이면서 코드화되어야 하는데, 이는 우리가 이 주제를 한층 더 조사하지 않았기 때문이다.

우리가 디바고가 개념을 창조하고 있는 영역에 대해 지식이 있을 때 이 모듈은 매우 유용하다. 예컨대, 게임 프로젝트를 위해 설계된 생명체 실험에 대해, 우리는 문제의 솔루션에 관련되거나(가령, 다리 하나가 없을 때 생명체에 목재 다리를 추가하는 것) 가치를 계산할 때(가령, 가능한 두 가지 후보들 간에 충돌이 있을 때 새로운 *강도* 값을 계산하는 것) 특정한 규칙과 프레임을 추가했다.

정교화 모듈은 유전적 알고리즘(GA) 순환 이후에 공장에 의해 생산된 *최고의 혼성공간*에 적용되었을 수도 있지만, 이런 선택은 *최고의 혼성공간* 자체의 생성이 정교화로부터의 개선을 고려할 수 없다는 것을 암시할 것이다. 다시 말해, 그 시스템은 낮은 값의 비-정교화된 혼성공간에서 비롯되었음에도 불구하고, 정교화 이후의 결과는 이전의 불완전성을 보상할 솔루션의 생성을 피하는 경향이 있을 것이다. 이것은 공장의 유전적 알고리즘 내에서 그것을 통합하는 주된 이유였다.

사상기의 경우처럼, 정교화 모듈도 수의적인데, 왜냐하면 그것은 혼성공간의 불완전성을 숨길 때 혼성 기제의 내부 작동을 모호하게 할 수 있기 때문이다. 이것은 그 시스템을 확인하는 데 중요하기 때문에 우리에게 선정한 정교화 방법을 적용하도록 한다.

이전 장의 주제였던 개념창조 모형으로 되돌아가자면, 우리는 정교화 함수 θ가 수렴적 전략이 순회할 공간을 정의하는 데 사용되어야 한다고 말했다. 그 대신, 정교화 모듈은 우리가 발산적 전략으로 기술했던 공장의 유전적 알고리즘에 의해 (수의적으로) 적용되고 있다. 이런 경우에, 일관성을 유지하기 위해, 정교화 모듈을 사용할 때 그 모형의 발산적 관점과 수렴적 관점 모두를 공유하는 전략을 가지고 있음을 인정해야 한다. 따라서 우리는 여기에서 아무런 *순수한* 수렴적 전략을 제시하지 않는다. 언뜻 보면, 이것은 디바고의 결함으로 간주될 수 있고, 발산과 이연연상에 집중하고, 다른 논제를 무시하는 것의 의도적인 타협으로부터 나온다. 하지만, 그리고 동일한 이유로, 그 결합이 그 모형 자체에 있다는 것이 점점 명확해졌다. 실제로, 엄격한 분리라기보다는 서로 뒤섞인 수렴과 발산을 고려하는 것이 더 자연스러운 것처럼 보인다. 수렴/발산 이분법을 접했던 2.2.2절의 분석을 생각해 보자. 이런 이원성이 현저했지만, 어디에서도 엄격한 분리가 존재한다고 제안되지 않았다(오히려, 종종 상호작용을 고려했다).

5.8 창의적 시스템으로서 디바고

이 장을 마무리하기 위해 창의적 시스템의 분류를 제안했던 2.2.2절의 동일한 기준으로 디바고를 분석해 보자.

- 구조: *단일 에이전트(Single agent)*. 앞서 설명했듯이, 우리가 따르고 있는 접근법은 단일 고립 시스템에 집중된다. 미래 단계에서 자연스러운 발달은 그것을 다중 에이전트 환경에 포함하는 것이다.
- 모형: 디바고는 인지과학, 심리학, 철학, AI에서 창의성 분석에서 발달했던 *인지 중심적 모형(Cognition Centered Model; CCM)* 패러다임과 완전히 일치하고, 그 중 대부분은 부분적으로 개념적 혼성이라는 인지적 기제를 위한 제안의 컴퓨팅 구현을 통합한다.
- 삽화적 기억: 디바고에는 삽화적 기억의 진정한 기제가 없다. 그 구현이 어쩌면 단지 피드백 루프를 암시할 수 있지만(그 출력은 *KB*의 부분이 될 것이다), 우리는 그 자체로 충분히 복잡한 것으로 드러난 피드포워드(feedforward)[14] 버

14) (역주) 앞으로의 징후를 계산에 의해 예측하고 그 정보에 기준하여 제어를 행

전에 전념한다.

- 평가: 디바고에는 제약 모듈로 진행되는 내장된 평가가 있다. 외적 실체의 유일한 능동적인 참여는 (각각의 최적성 제약과 어쩌면 또한 입력 개념과 사상과 어울리기 위해 목표와 가중치를 정함으로써) 과정 처음에 발생한다.
- 주제: 이 프로젝트의 주제는 *개념창조*이다.
- 추론 패러다임: 디바고는 규칙기반 추론과 유전적 알고리즘, 그리고 (사상기 모듈 안에서) 정도는 덜 하지만 연결주의를 사용한다는 점에서 *하이브리드* 시스템이다.
- 영역: 다음 장에서 보겠지만, 디바고는 다양한 영역, 즉 2D 그림, 3D 생명체 디자인, 언어적 창의성 등 *다양한 영역*에 적용되었다.

하는 방식으로서, 피드백은 제어하려는 목적값이 목적에서 이탈될 때 소기의 목적에 맞도록 조작하는 것이지만 피드포워드는 예측에 따라 정보를 주고 목적에서 이탈하는 징후가 나오기 전에 장래를 제어하는 것으로 이것은 컴퓨터를 자동 제어에 이용함으로써 가능하다.

CHAPTER 6

실험

디바고는 처음에 제시된 이래로 몇 군데 영역에서 실험 대상이었다. 실험 자체가 다를 수 있는 위험을 무릅쓰고 우리는 두 가지 이유로 이러한 광범위한 접근법으로 결정했다. 우리는 이 책에서 창의성의 컴퓨팅 모형에서 다중영역 환경을 고려해야 한다고 주장해 왔다. 우리는 심도 있는 접근법을 통해 디바고 자체보다는 특정 영역 문제에 점점 집중해 갈 것이다. 어떤 접근법이 되었든, 창의성에 관해 이 시스템을 검증하는 것은 우리가 추구해온 목표로서, 아직까지 결정적이고 논쟁의 여지가 없는 솔루션을 찾지 못한 상태이다. 이것은 미묘한 문제이기에 가장 견고한 원리를 따라야 한다. 첫째, 우리는 입력 지식 구조를 구축하는 것을 피해야 하는데, 유일한 예외는 처음 두 실험인 집-배(house-boat)와 말-새(horse-bird)이다. 둘째, 잘 정의된 해석 기제가 있는 경우를 제외하고 결과에서 가능한 한 거의 판단하지 않아야 한다. 다시 말해, 우리는 모호한 사건에 우리 자신의 관점을 덧붙이지 않아야 한다. 셋째, 우리는 주장 및 달성한 결론을 뒷받침하기 위해 통계상 가장 유의미한 데이터를 제공하고자 한다. 우리는 중심극한정리(Central Limit Theorem)를 따르는데, 이는 "모집단에서 반복적으로 얻은 표본의 평균분포는, 표본의 크기가 크다면(> 30) 대략 정규적으로 분포할 것이고, 모집단 자체가 정규적으로 분포한다면 정확하게 정규적으로 분포할 것이다"라고 말한다. 따라서 관련 모집단 분포를 사전에 알지 못한다면 각 표본이 커야 한다는 조건에 의존할 것이다. 예컨대, 시험된 각 최적성 제약 가중치 형상은 동일한 시작 조건으로 30회 실행했다. 넷째, 2.2절에서 제시된 바와 같이 창의성 평가를 위한 몇 가지 기준을 평가하는데, 이것은 실험을 통해 동일한 평가 체제를 따르게 한다. 이는 그 자체의 영역 내에서 디바고의 행동을 비교하거나 향후 다른 시스템과의 비교를 위한 기준을 제공하는 데도 유용할 것이다.

실험은 연대순으로 제시하므로 독자는 사용된 모듈, 결과의 제어, 방법론, 결과의 해석과 관련하여 그 시스템의 진화를 인식할 수 있다. 배-집에서 우리는 사상기와 혼성기만 사용하여 (배|집 그림들의) 가능한 조합의 전체 집합을 생성한다. 말-새 실험에서만 공장과 제약 모듈을 처음 적용했을 때 결과에 대한 객관적인 분석을 적용할 수 있었다. 거기에서 우리는 나머지 실험에 적용된 참신성(*nov* 함수)을 정의했다. 명사-명사 실험은 디바고를 큰 지식기반으로 테스트하고, 디바고와 개념조합 시스템인 C^3(제3장 참조)를 비교하기 위함이다. 생명체 생성 실험은 디바고를 게임 환경에 적용하는 것에 관한 연구이고, 또한 정교화 모듈을 사용하는 첫 번째 실험이다. 마지막으로, 디바고를 혼성 모형으로 확인하기 위해 디바고를 몇 가지 기존 혼성의 예에 적용한다.

이 시스템을 실험할 때 일부 최적성 제약이 다른 제약보다 우선하여, 결국 일부 제약을 제거하고, 목록을 근본적인 최적성 조건 제약의 부분집합으로 줄일 수 있다는 결론으로 이어질 것이다.

우리는 디바고 분석 결과의 가치(품질 또는 유용성), 이 시스템의 미세조정(fine-tuning)[1] 평가, 결과에서 각 성분의 개별적인 효과와 관련하여 디바고 분석의 문제점을 비밀로 하지 않을 것이다. 그럼에도, 향후 비교에 유용할 수 있는 객관적인 결론과 기준을 제공하기를 희망한다.

6.1 배-집

Pereira & Cardoso(2002)에서 발표한 첫 번째 광범위한 디바고 실험은 두 가지 입력 개념에서 전체 탐색공간을 생성하고 분석하는 것을 목표로 했다. 주어진 문맥은 특정한 목표(가령, “집” 그리기)를 가진 시스템의 문맥이지만, 가능성들의 제한된 집합(가령, 이용 가능한 하나의 그림 실례)으로 그것은 디바고에게 가능한 그림의 지식기반을 확장하도록 *요구할* 것이다.

이 실험에서 지식 표상은 개념지도(Clouds를 사용해서 구축됨; Pereira

1) (역주) 이미 존재하는 모형에 추가 데이터를 투입하여 매개변수를 업데이트하는 것.

& Cardoso 2000)와 실례에 제한되었다. 제한된 표상을 선택한 것은 실용적인 이유 외에(이것은 디바고의 첫 번째 실험이었다), 중요한 결정이 개념 표상에 대한 어떤 견해가 추가 발달(미시이론이나 실례 견해)의 중심일지를 추적하는 것이기 때문이다.

혼성과 개념조합이 작동한 뒤에 "집"과 "배"를 선택했다(가령, Goguen 1999, Andersen 1996). 우리는 이 두 개념을 혼성하고, 모호하지 않은 과정에 따라 새로이 생성된 실례를 해석하고자 했다. 이 경우에, 우리는 간단한 언어(*로고*와 매우 비슷함; Abelsson & diSessa 1981)에 따라 실례를 정의하고자 했는데, 이는 우리에게 간단한 사물(집과 배)을 그리고, 대량의 컴퓨팅 작업 없이 생성된 공간을 보게 했다. 이 언어에서 명령어는 "5픽셀을 위해 선을 그리다"를 의미하는 *on*/5, "그리지 않고 5픽셀을 옮기다"를 의미하는 *off*/5, "45도 왼쪽으로 돌리다"을 의미하는 *left*/45이다. 이 언어뿐만 아니라 실례의 통사론은 부록 D에서 기술한다.

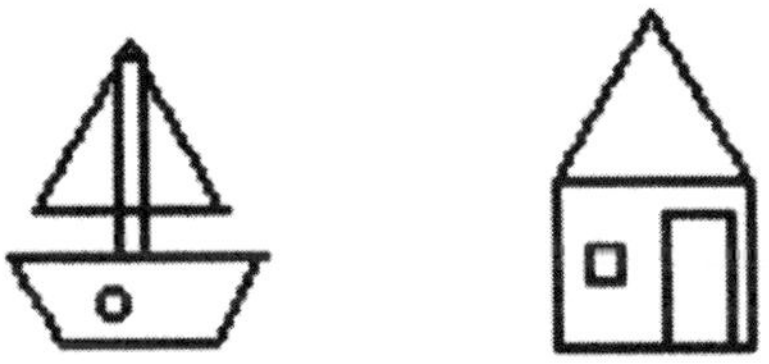

그림 33. 실례에서 그린 배와 집

표 10과 11은 "집"과 "배"의 개념지도를 보여준다. 이러한 개념지도에 대한 짧은 해석은 "배에는 돛, 해치, 돛대 및 선박이 있고, 선박은 컨테이너 역할을 하는 부유 구조물이다" 또는 "인간은 집에 살고, 집에는 많은 방, 지붕, 창문, 문, 본체가 있다"라는 사실을 말해 준다.[2)]

2) 우리는 집을 지탱하는 네 개의 벽을 body라고 부르고 있다.

표 10. 집 영역 개념지도

isa(house, physical_structure)	isa(human, mammals)
isa(physical_structure, physical_entity)	isa(night, time_object)
isa(time_object, information_entity)	isa(skyscraper, physical_structure)
isa(door, physical_object)	isa(window, physical_object)
isa(roof, physical_object)	isa(observation, task)
purpose(roof, protection)	isa(protection, task)
isa(body, physical_object)	isa(container, physical_object)
isa(room, house_part)	isa(house_part, space_location)
isa(day, time_object)	isa(water_proof, property)
isa(tree, vegetable)	isa(vegetable, living_entity)
live_in(human, house)	color(night, black)
have(house, door)	have(house, window)
have(house, roof)	have(house, body)
purpose(body, container)	purpose(window, observation)
purpose(door, entrance)	property(skyscraper, very_big)
purpose(body, container)	have_many(skyscraper, house)
have_many(house, room)	

표 11. 배 영역 개념지도

isa(boat, physical_structure)	isa(sailing_boat, boat)
isa(sail, physical_object)	isa(movement, task)
isa(triangle, geometric form)	isa(geometric_form, information_entity)
isa(water_proof, property)	isa(hatch, physical_object)
isa(observation, task)	isa(mast, physical_object)
isa(vessel, physical_object)	shape(sail, triangle)
shape(hatch, circle)	have(sailing_boat, sail)
have(sailing boat, hatch)	have(sailing_boat, mast)
have(sailing boat, vessel)	have(vessel, floating_structure)
purpose(sail, movement)	purpose(hatch, observation)
purpose(mast, support)	purpose(vessel, container)
property(sailing_boat, slow)	property(hatch, tiny)
property(boat, water_proof)	place(sailing_boat, sea)
use(human, sailing_boat)	sail(human, sailing_boat)

사상기는 네 개의 사상을 생성했다. 표 12는 가장 일반적으로 나타난 두 개의 사상을 보여 준다. 일부 개념 사상이 자연스럽게 오지만(사상 1에서 "window_hatch" 또는 "body_vessel"), 덜 직관적으로 받아들일 수 있는 다른 사상은 사상 함수의 철저함의 결과로 나타난다. 예컨대,

"water_proof-slow"가 나타나는 것은 둘 다 어떤 것의 "특성"일 수 있기 때문이다(가령, "physical_structure can be water_proof"와 "boat can be slow").

표 12. 집-배 실험을 위한 두 가지 사상

entrance	↔	movement	body	↔	sail
task	↔	task	container	↔	movement
protection	↔	support	door	↔	hatch
roof	↔	mast	entrance	↔	observation
door	↔	sail	house	↔	sailing_boat
house	↔	sailing_boat	physical_structure	↔	boat
physical_ structure	↔	boat	window	↔	mast
window	↔	hatch	roof	↔	vessel
body	↔	vessel	water_proof	↔	slow
water_proof	↔	slow	protection	↔	container
container	↔	container	observation	↔	support
observation	↔	observation			
	1			2	

표 13에서는 사상 1에 해당하는 대혼성공간의 발췌 부분을 볼 수 있다. 그것에 따르면, 혼성공간 속의 가능한 관계는 "a house|sailing boat has a window|hatch that serves for observation, a door|sail that serves for entrance|movement and has the shape of a triangle" 등일 수 있다. 혼성 투사 작용에 의한 선택에서 초래되는 결합적 폭발에 주목해 보라.

표 13. 집과 배의 대혼성공간 개념지도

isa(entrance|movement, task)
purpose(door, entrance|movement)
purpose(sail, entrance|movement)
isa(roof|mast, physical_object)
isa(roof, physical_object)
isa(mast, physical_object)
purpose(roof|mast, protection|support)
purpose(roof, protection|support)
purpose(mast, protection|support)
purpose(mast, protection)
purpose(door|sail, entrance|movement)
have(house|sailing boat, body|vessel)
have(sailing boat, body|vessel)
have_many(house|sailing_boat, room)
live_in(human, house|sailing_boat)
live_in(human, house)
live_in(human, sailing_boat)
. . .

purpose(mast, support)
isa(entrance, task)
isa(movement, task)
purpose(door, entrance)
purpose(sail, entrance)
purpose(door, movement)
purpose(sail, movement)
shape(door|sail, triangle)
shape(door, triangle)
shape(sail, triangle)
purpose(roof, protection)
have(house, body|vessel)
purpose(roof, support)
have(house, body)
have(sailing_boat, body)
have(house, vessel)
have(sailing_boat, vessel)
. . .

혼성공간에서 나타나는 모양의 정의(가령, shape(door|sail, triangle)) 외에, 우리는 사물의 시각적 재해석을 정확히 어떻게 생산하는지를 모른다(가령, door|sail의 시각적 모양은 무엇인가?). 다시 말해, 우리는 어떻게 혼성공간을 *읽을* 수 있는가? 로고 절차의 형태를 하고 있는 해당되는 개념(가령, roof, sail, door)에 대한 (시각적인) 정확한 의미론이 있기 때문에, 새로운 그림을 생산하기 위해서는 그런 개념을 어떻게 사용할지 결정해야 한다. 이러한 개념이 단독으로 발견되는 경우에 해석은 간단하지만(잠재적으로 새로운 상황에서 그에 상응하는 로고 절차만 읽어라), 합성어(가령, door|sail)의 경우에 문제는 더 어려워진다. 이상적인 솔루션은 한 수준의 추상화를 내리는 방법을 찾고, 로고 절차들을 혼성하는 것이다. 하지만 이런 방향에서 이루어지는 탐구는 실험의 목표를 정당화할 수 없는 복잡성으로 이어지고 있었다. 이러한 이유로, 이런 그림의 해석자는 그 합성어를 무시하고, 두 가지 대안(가령, door|sail에 대해, door를 가진 그림 하나와 sail을 가진 또 다른 그림 하나)을 생산하여 별도의 투사의 경우와 동일한 결과를 내놓았다. 아마도 이

실험에서 가장 중요한 결론은 그 자체로 합성어의 해석이 최종적이고 결정적인 답을 발견할 때까지 반복적으로 또 다른 혼성 문제를 연다는 것이었다(그림에서 가능한 솔루션은 *시각적 모핑(morphing)*을 적용하는 것일 수 있다). 합성어에 대한 다른 해석을 제안하는 것이 아니라, 단지 시각적 효과가 있는 사상을 고려해서 탐색공간을 상당히 줄일 수 있음에도 불구하고, 새로운 그림의 큰 집합이 생산되었다. 표 12에 제시된 사상은 각각 240개와 408개 그림의 집합을 반복해서 생성한다(각각 약 80과 100개의 서로 다른 이미지를 제공한다). 우리는 사상 1로부터 그림 34의 그림을 발견했다.

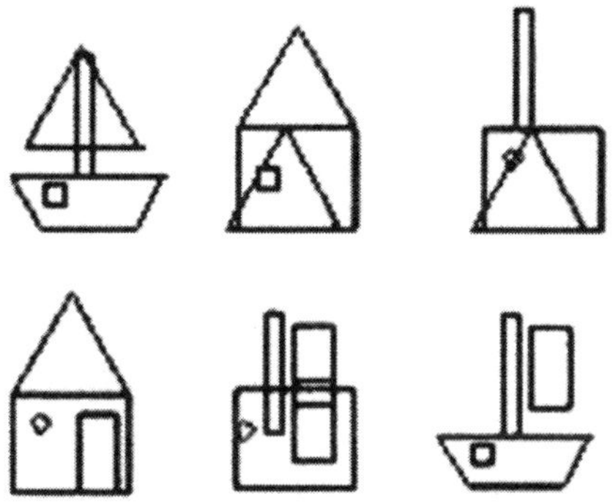

그림 34. 사상 1에서 나온 이미지들

우리는 이러한 house|boats를 분석하여, 몇 가지 미묘한 전이(가령, 첫 번째 범선의 정사각형 해치; 집의 원형 창)와 시각적으로 다행하거나 (가령, 직사각형 돛을 가진 배) 잘못된(가령, 삼각형 문과 상단의 돛대가 있는 집) 두 입력에서 나온 지식을 명확히 공유하는 몇몇 혼성공간을 볼 수 있다. 잘못된 실례가 그림을 생성하기 위한 특정 영역 지식을 갖지 못한 결과나 잘못된 결합(두 번째, 세 번째, 다섯 번째 이미지) 때문에 나타난다고 말하는 것도 적절하다.

사상 2를 적용할 때, 그 결과는 그림 35에서 볼 수 있다. 예컨대, 원(그리고 문)의 서로 다른 배치에 주목해 보라. 사상 3의 경우에(body ↔ vessel, door ↔ mast, window ↔ sail), 디바고는 그림 36과 같은 그림을 내놓았다. 마지막으로 다른 변이를 가진 사상 4(body ↔

vessel, door ↔ hatch, roof ↔ mast, window ↔ sail)는 그림 37의 이미지를 내놓았다.

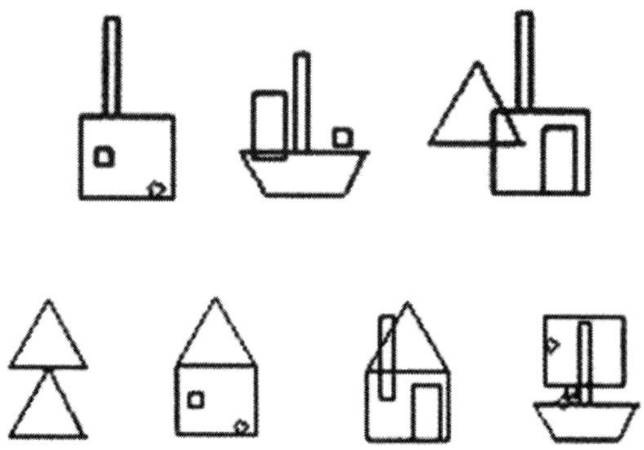

그림 35. 사상 2에서 나온 이미지

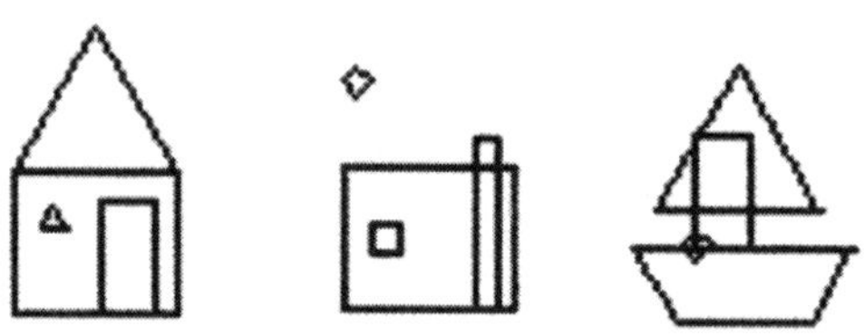

그림 36. body ↔ vessel, door ↔ mast, window ↔ sail 혼성공간에서 나온 이미지

그림 37. body ↔ vessel, door ↔ hatch, roof ↔ mast, window ↔ sail 혼성공간에서 나온 이미지

이런 결과의 시각적 특성은 집이나 배가 어떤 모습이어야 하는지 또는 어떤 물리적/구조적 규칙을 달성해야 하는지로 그 결과를 안내하는 것과 같이 영역 특정적 지식의 적용에 따라 상당히 다를 것이다. 이 실

험의 목표는 미적 판단과는 상관없이 이 시스템의 생성성을 평가하는 것이었다. 집을 그리는 것을 목표로 하는 시스템이라는 이 절의 처음 부분에서 제시한 문맥으로 되돌아가서, 이 시스템이 집 영역에서 집 그림을 탐색하지만 만족스러운 솔루션을 찾지 못하는 상황을 상상해 보자. 그런 다음 그것은 (참신성이 최소인) 원래 영역에서 점차 발산되고자 노력하고, 참신성이 증가하는 *혼성공간의 공간(space of blends)*으로 들어가고자 노력할 수 있다. 이것은 개념들이 특정한 영역에 속하는 것이 아니라 둘 이상의 영역에서 나온 지식을 공유하는 일종의 중간 정신공간이다. 그림 38은 이런 생각을 그림으로 제시한다.

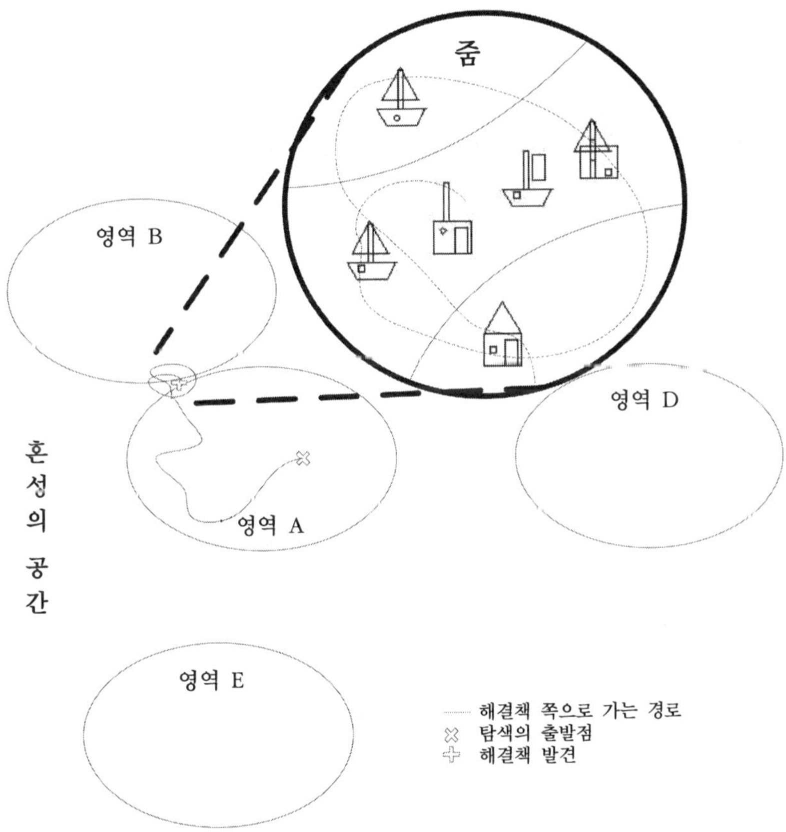

그림 38. 다중영역 환경에서의 탐색

우리는 이런 그림들에 대해 (이미지의 주관성에 의해 흐려지지 않는) 참신성이나 유용성을 정확히 측정할 수 없기 때문에, 2.2절에서 제시한 기준들에 관해 이런 결과를 철저히 분석하지 못한다. 하지만 디바고가 모든 사상을 카운트한다면 (반복이 있는) 모두 1300개 이상의 그림에서 집이나 배의 전형적인 그림과 결정적으로 다른 많은 비율의 그림(90% 이상)을 생산한다고 말할 수 있다(그들은 동일한 그림에서 집과 배의 다른 요소들을 수집하는데, 때때로는 비-상위부과적 사물처럼 일부 부분은 빠져 있거나 기본적인 그림 원리를 위배한다). 이것은 기본적으로 재발명이 아니라(즉, 수렴) 새롭지만 잠재적으로 무의미한 결과를 생산한다(즉, 발산)는 것을 확증한다.

일반적으로, 집과 배의 두 개념이 서로 가깝다고 할지라도(둘 다 물리적 구조물이고 사람이 사용하는 것이다), 이것은 발산적 사고의 컴퓨팅 모형화의 예일 수 있는데, 이는 서로 다른 두 개념을 혼성해서 많은 양의 새로운 실례가 생성되기 때문이다. 이 관점에 따르면, 디바고는 또 다른 시스템이 탐색공간을 확장하도록 돕는 메타층위 엔진일 수 있다. 이것은 탐색공간이 사례기반 추론에서처럼 독립적인 지식 구조들로 구성되어 있는 상황에서 특별히 실행 가능하다.

6.2 말-새

(Pereira & Cardoso 2003a에서 제시한) 말-새 실험은 공장과 제약 모듈의 행동을 평가한 첫 번째 실험이었다.[3] 실제로, 이 실험은 목표가 서로 다른 두 가지 실험으로 구성되어 있다. 하나는 마지막 결과에서 각 기준의 개별적인 영향을 평가하는 것이고, 다른 하나는 그 모형의 정성적 평가와 조율에 관한 것이다. 몇 차례의 예비 유전적 알고리즘(GA) 매개변수 조율 테스트 이후에, 우리는 100개의 개체를 모집단 크기로 결정했는데, 이 중에서 무성생식 5%(그 다음 모집단으로 개체의 복사), 교차 80%(개체 쌍들의 결합), 돌연변이 14%, 무작위 생성 1%(탐색공간에서 무작위 도약을 허용하기)이다.[4] 여기에는 세 가지 중지

3) 이 책에서 보고하는 실험들에서 우리는 제약의 개정된 버전을 적용했으므로, 여기에서의 그 결과는 논문에서 제시한 것과는 약간 다를 수 있다.

4) 변이와 임의성에 대한 다소 큰 이러한 값들은 어떤 변이가 투사 도식에서 영

조건이 있다. 최대값(1)을 가진 개체의 출현, n개의 모집단 달성 ($n = 500$), m개 이상의 모집단에 대해 정지됨(최고값에서 아무런 발전 없음)($m = 200$)이 그 세 가지 조건이다. 우리는 여기에서 기술하는 말-새 혼성과 관련된 전체 실험 내내 이러한 유전적 알고리즘 형상을 유지했다.

집-배 실험에서 합성어의 해석과 관련된 문제 때문에(가령, window| hatch), 우리는 이런 종류의 투사를 중단하고 탐색공간을 줄이고자 했으며, 지금은 2^l에서 $3^{2k} \times 2^{l-2k}$의 다른 혼성공간이 있다. (이미 표 6과 7에서 주어진) 말과 새의 개념지도가 각각 (m=) 29와 (n=) 33개의 개념을 가지고 있어서, 이것이 l=m+n=62를 제공한다는 것에 주목해 보라. (이미 표 9에 주어진) 사용된 세 가지 사상은 크기 k=6, k=5, k=21을 가지고 있어서, 탐색공간은 262의 최소 크기와 $3^{42} \times 2^{20}$의 최대 크기일 것이다. 두 개념지도에서 반복되는 개념과 관계(가령, human)를 무시해도 이것은 매우 큰 혼성공간의 집합에 대응한다.

이 실험은 또한 이 장의 나머지에서 내내 사용할 참신성(*nov* 함수, 리치의 *typ* 함수의 역)을 정의하기 위한 기준을 소개한다. 이 함수는 혼성공간의 개념지도와 입력공간들의 개념지도를 비교하는 것에 기초한다. 입력공간 x와 혼성공간 b 간의 거리의 정확한 값은 b에 속하고 x에 빠진 관계와 x에 속하고 b에 빠진 관계의 합에 대응한다. 우리는 이것을 $d(b,x)$라고 부른다. 이것은 *편집 거리(edit distance)*로 간주된다. 이것은 하나를 다른 것으로 변형시키는 데 필요한 삭제와 삽입 작용의 집합을 말한다. 이 값은 해당 개념지도의 크기에 비례하기에, 그것을 혼성공간 개념지도의 크기(관계들의 수)로 나누어서 다양한 실험을 비교하고 그 시스템의 행동을 평가하게 하는 규격화를 얻는다. Pease et al.(2001)의 원형 (*novelty*2(x))에 대한 비교의 한 가지 기준을 따라서, 함수 *거리*가 한 입력공간으로의 규격화된 최소 거리를 내놓는 것으로 정의한다.

효과를 가진다는 사실로부터 나온다(가령, 요소 투사가 nil로 변이된다면, 그 주변 요소들이 이미 nil로 투사되면 효과를 가지지 않을 것이다). 다양성을 시뮬레이션하기 위해 이런 값들은 적절한 것처럼 보였다. 미래 실험은 이런 논제를 극복하고 더욱 일반적인 값을 적용할 것으로 예상된다.

$$distance(b) = \frac{min[d(b,x_1),d(b,x_2)]}{size_b}$$

그래서 x_1과 x_2는 b를 생성하기 위한 입력 개념이고, $size_b$는 b의 개념 지도 크기이다. 입력과의 거리가 더 멀수록 참신성은 더 높으므로, 함수 nov는 다음처럼 정의된다.

$$nov(b) = \begin{cases} 1 & distance(b) > 1 \\ distance(b) & otherwise \end{cases}$$

유용성(use)을 결정한다는 것은 목적의 존재를 전제한다. 따라서 실험에서 명확할 때만 그것을 적용할 것이다. 이런 실험의 두 번째 부분에는 pegasus를 발견하는 목표가 있고, 공간에서 이 지점까지의 거리는 use를 평가할 것이다. 일련의 운행에서 주어진 nov와 use에 대한 값들의 집합을 분석할 때, 우리는 중앙값을 선호한다. 이는 평균값에서 그러하듯이 중앙값이 이상점에 민감하지 않고, 흔히 평균값을 대표하고 우리가 조사할 수 있는 특정한 혼성공간을 나타내기 때문이다. 이런 가정이 안전하지 않을 때마다, 중앙값과 평균값 간에 큰 차이가 있고 큰 표준편차가 있다면, 다른 암시물도 고려할 것이다. 어쨌든, 독자는 (부록 E에 있는) 결과 파일에서 중앙값, 평균값, 표준편차, 최빈수에 대한 값을 발견할 것이다. 따라서 다른 말이 없다면, 제시된 통계자료는 30회 실시된 결과의 중앙값을 가리킨다. 발분집합(2.1절 다음)은 말과 새라는 두 생명체뿐만 아니라 페가수스로 구성되는데, 이는 후자도 명시적으로 정의했기 때문이다.

6.2.1 최적성 압력의 평가

이 실험은 최종 결과에서 각 압력의 영향을 관찰하여 시스템을 예측하고 제어하는 방법을 제시한다. 이런 실험의 첫 번째 부분에서는 나머지 기준에 제로 가중치를 부여하여 각 최적성 압력을 분리했다. 최적성 압력 중 하나가 독립적이지 않고(망), 다른 하나(중추적 관계의 강화)가 현재 구현에서 고려되지 않았기에 여섯 개의 기준만 고려하면 된다.

입력영역은 (표 6과 7에서) *말*과 *새*의 영역이었는데, 이는 예상 결과가 개념 중 하나(또는 둘 다)의 변경되지 않은 복사본에서부터 입력영역에서 선정된 자질의 집합인 말-새(또는 새-말)까지 다양하다는 것을 의미한다. 총칭영역은 일반적인 존재론, 무결성 제약, 일련의 프레임으로 구성되어 있다(표 8과 부록 F 참조).

우리는 표 9에 제시된 세 가지 사상을 적용했다. 각각의 사상에 대해 여섯 개의 최적성 압력을 테스트했으며, 이들 각각은 30회 실행으로 구성되었다.[5] 정교화 모듈은 사용하지 않았다. 각 혼성공간은 투사 이후에 변형을 겪지 않고 제약 모듈로 검사했다.

이제 각 기준의 개별 효과에 대한 분석을 제시한다.

- *통합*에서 프레임은 탐색공간에서 *유인자* 지점으로 행동한다. 더욱이 큰 적용범위를 가진 프레임이 선호되지만, (*a투사* 또는 *a프레임*처럼) 너무 클 때는 탈락된다. 진화는 적용범위와 만족의 타협을 지향한다. 탐색공간의 복잡성은 사상 크기(사상 알고리즘에서 찾은 공간횡단 연상의 수)에 따라 증가한다. 실제로 크기 5의 사상이 있는 경우 여섯 개의 혼성공간이 나오는데, 최적의 선택은 43% 회수되지만, 21의 사상 크기의 경우에는 여덟 개의 다른 솔루션이 발견되고, 최선의 선택은 단지 6%로 회수된다. 이것은 5.5절에서 논의한 탐색공간의 복잡성과 차원을 확인해 준다. 이 명백한 제이 손실에 대한 좋은 보상은 반환 값이 작은 사상 (0.22)에서보다 명확하게 높은데(가장 좋은 경우 0.68), 이는 더 큰 사상의 경우에 더 좋은 솔루션을 찾는 확률이 작은 것들에서보다 더 높다는 것을 암시한다. 마지막으로, 참신성은 0.71이었는데, 이는 사용된 프레임의 집합이 자연스럽게 입력 중 하나로 이어지지 않는다는 것을 의미한다. 즉, 시스템이 입력 개념에서 발산한다.
- *패턴완성*은 혼성공간이 최대한 많은 프레임을 부분적으로 완성하게(즉, 모두는 아니지만 일부 조건을 충족하게) 이끌어서, 각각의 경우에 그것들을 완전히 충족시키지 않고 그런 프레임과 일치하는 몇 개의 관계 집합을 유발한다. 이는 패턴완성이 고립되어서 발산적인 비통합적 결과를 이끌고, 매우 유용하지 않다는 것을 의미한다. 흥미롭게도, 그것은 통합과 결합될 때는 유용할 수 있다. 왜냐하면 혼성공간으로 그 프레임을 완성하는 데 필요한 개념과 관계를 점진적으로 가져가서, 높은 통합 값을 가진 프레임을 찾는 과정을 진척시키기 때문이다.

5) 운행은 첫 개체군에서 알고리즘이 정지하는 개체군으로의 전체 진화적 순환이다.

탐색 풍경에 관해, 그것은 국부적 극대점에서 매우 풍부한 것 같다. 가장 꾸준한 결과는 사상 2에서 나오고(표 9), 최상의 결과는 13%를 얻었고, 두 번째 최상의 결과는 20%를 얻었다. 흥미로운 점은 국부적 극대점이 항상 매우 엄격한 값 내에 속한다는 것이다(사상 3에서 최대 진폭 0.11). *nov*의 중앙값은 0.79였는데, 이는 이런 용어에서 패턴완성이 통합에 가까울 거라는 우리의 기대를 확인시킨다. 왜냐하면 그 둘은 동일한 프레임의 집합을 사용하기 때문이다.

- *위상*의 실험을 통해 두 개념지도에서 나온 모든 관계를 변형하지 않고 혼성공간으로 가져간다는 것을 관찰할 수 있다. 이것은 극한에서 혼성공간이 입력공간들에서 나온 두 개의 개념지도들의 결합으로 구성되어서, (두 입력공간 모두 *크기*가 동일다면) 참신성이 0.50이 된다는 것을 의미한다(혼성공간의 개념지도 중 절반은 삭제되어서 한 입력공간의 정확한 복사가 되어야 한다). 이런 예측은 결과로 뒷받침된다(*nov*=0.51).
- 가장 높은 값(1)이 입력공간에 존재하는 모든 중추적 관계가 혼성공간에 존재한다는 것을 반영한다면, 이 결과에서 *중추적 관계의 최대화*의 영향은 직접적이다. 각 실행에서 진화가 진행됨에 따라 값은 합당하게 일찍 최대값에 도달할 때까지 커진다. 30회 실행의 각 세트에 대해 그것은 최소 93%에서 값 1에 도달했고, 나머지 7%는 적어도 0.95의 값을 달성했다. 위상처럼 중추적 관계의 최대화의 탐색공간은 매우 *간단한데*, 이는 (거의) 모든 지점에서 전체적 최대가 있기 때문이다. 그러나 위상과는 대조적으로 이 척도는 매우 높은 참신성(0.99)을 초래하는데, 이는 개념지도에서 중추적 관계의 수가 상대적으로 작고, 이러한 관계의 인수에 아무런 제약이 없다는 사실로 설명될 수 있다. 다시 말해, 중추적 관계가 실제로 무엇과 연상되는지는 중요하지 않고, 이 기준에서 투사된 요소들의 분명히 임의적인 선택을 생산하면서 최대값을 얻기 위해 간단히 혼성공간에 존재한다는 것만이 중요하다.
- *풀기* 기준의 결과는 그것이 위상과 비슷한 결과 쪽으로 나아가고, 주된 차이는 혼성공간 속의 관계가 입력공간들에서 나온 하위도표의 복사 다발이라는 것이다. 즉, 풀기는 충돌을 암시하지 않는 관계만을 복사한다(가령, leg와 같이 두 영역에 속하는 개념은 풀기가 명확하기 때문에 문제가 있다). 따라서 그것은 관성의 힘이다. *nov*의 중앙값은 0.63으로서, 혼성공간의 개념지도에 존재했던 것은 무엇이든 간에, 그것은 입력 중 하나와 비슷하지만, 그것을 그 정의와 직관적으로 일치하는 정확한 복사로 만들 어떤 부분이 빠져 있다는 것을 입증한다.

- *적절성*에 관한 테스트의 첫 번째 부분은 하나의 관계 질의를 만드는 것에 집중했다. 이런 경우에, 우리는 "나는 어떤 것"(ability(_, fly))을 요청했다. 그 결과는 어떤 사상에서도 간단해서 실행의 100%에서 최대값(1)을 달성했지만, 발생하는 개념지도는 반드시 전체적인 일정한 구조나 통일성을 드러내는 것은 아니어서 ability(_, fly) 외의 관계를 선택하는 데 있어서 임의성을 알게 했다. 다시 말해, 진화는 두 단계만 취했다. 어떤 개체도 관계 ability(_, fly)를 가지지 않아서 값이 0일 때와 개념지도의 나머지와는 상관없이 관계 ability(_, fly)가 발견되어 값 1을 생산할 때가 그것이다. 프레임 (ability_explanation)을 질의에 추가함으로써 적절성에 관한 테스트의 두 번째 부분은 비슷한 결과를 밝혀주었다. 이 새로운 프레임을 완전히 충족할 충분한 지식이 어느 입력영역에도 없었기에, 그 알고리즘은 최대 만족을 검색하고, 모든 사상에서 100%로 그것에 도달했다. 그래서 *풍경*은 단 하나의 전체적 극대점을 가지고 아무런 국부적 극대점은 가지지 않는데, 이는 질의의 두 부분의 통합을 반영한다. 별개의 프레임이 있다면 국부적 극대점의 존재는 예상된다. 직관적으로, 통합과 적절성의 *검색 풍경*은 비슷한 것처럼 보인다. 통합에서처럼, 참신성은 이용 가능한 프레임, 더 구체적으로 질의에서 사용되는 프레임에 의존한다. 사용된 것의 경우에 nov에 대한 값은 1이었다. 이것은 개념지도를 보충하기 위한 관계를 선택할 때의 분명한 임의성에 대한 관찰과 일치한다.

6.2.2 페가수스 찾기

우리의 목적을 위해 페가수스는 "날개가 있는 날아다니는 말"로 정의하고, (흰색 같은) 다른 자질은 배제한다. 임시 자질도 고려할 수 있지만, 고대 그리스, 그리스 신화, 어떤 존재론적 연상(가령, 순수함은 흰색이다)의 양상에 대한 지식이 필요할 것이다. 그리고 그런 자질은 어쩌면 더 흥미로울 수 있지만 혼성공간의 생성을 상당히 복잡하게 만든다. 형식적으로, 우리가 생성하고자 하는 페가수스는 두 개의 날개와 날 수 있는 능력으로 보강되는 말 영역과 동일한 개념지도를 가진다(그것은 관계 ability(horse, fly), motion_process(horse, fly), pw(wing, horse), quantity(wing, 2), purpose(wing, fly)도 가져야 한다).

우리는 확인 목적으로 페가수스의 모든 관계를 가진 질의를 제출하면서 시작했는데, 이는 그런 관계가 탐색공간에서 발견할 수 있는지 점검하기 위함이다. 그리고 그 결과는 사상 3(표 9)만이 그런 제약을 준수한다는 것을 드러낸다. 이로써 우리는 실험의 나머지 동안 이 사상만 사용했다. 솔루션이 탐색공간에 존재한다는 것을 알기 때문에, 우리의 목표는 그것을 회수하기 위해 필요한 최소의 요구조건을 발견하는 것이었다(가중치, 프레임, 질의). 그 시스템이 다양한 프레임의 큰 집합을 고려하고 질의를 고려하지 않는 첫 번째 실행에서, 우리는 가중치만을 다루어서는 페가수스를 형성하는 것이 간단하지 (또는 심지어 실행 가능하지) 않다는 것을 재빨리 이해했다. 이것은 최적성 압력이 구조적 평가와 일반적인 일관성에 관한 통제를 제공하기 때문이지만, 우리는 순수한 우연에 의해서만 페가수스의 동일한 관계와 일치하는 정확한 가중치를 발견할 수 있다. 이것은 몇 가지 제약을 제외하고는 모든 제약을 따르지 못하는 매우 구체적인 혼성공간이다. 이로서 질의가 필요하다.

질의는 혼성공간이 준수하게 하는 매우 특정한 조건(가령, 위에서 열거한 날기에 대한 조건)에서부터 혼성공간 구축에서 우리의 선호도를 반영하는 매우 추상적인 프레임(가령, 프레임, *a투사*: 입력 개념지도 1에서 나온 요소들은 모두 투사되어야 한다)에 이르기까지 다양하다. 직관상, 최고의 선택은 추상의 서로 다른 층위들의 결합으로 구성되는 것처럼 보인다.

질의는 적절성 기준에서만 고려되기 때문에, 그것에 우선권을 주려면 가중치는 커야 한다. 실제로, *a투사*와 날기 조건을 가진 질의를 사용해서 테스트할 수 있듯이, 질의가 충분히 구체적일 때는 적절성만 사용하는 것은 솔루션의 개념지도를 혼성공간으로 가져가기에 충분하다. 창의성의 관점에서 매우 특정한 질의를 가질 것으로 예상되지 않고, 우리는 덜 제약된 검색 지시에 더 관심이 있다. 표 14는 사용한 매개변수뿐만 아니라 얻은 *nov*와 *use* 값도 보여 준다. *use*는 다음과 같이 계산된다.

$$use(b) = 1 - \frac{d(b, target)}{size_b}$$

여기에서 *target*은 최적 혼성공간의 개념지도이다(이 경우는 *Pegasus*이다). 제시할 가중치는 통합(I), 패턴완성(PC), 위상(T), 중추적 관계의 최대화(MVR), 풀기(U), 적절성(R)에 대응한다. fly conds.는 혼성공간이

날 수 있는 생명체이기 위한 관계이고, *a프레임*, *a투사*, new_ability는 앞서 기술한 프레임이다(부록 E에서 상세히 설명했다). 제시한 값은 각 결과의 집합에서 중앙값에 대응한다.

표 14. 사용한 열 가지 형상. 질의: A=fty conds.+a투사; B=fly conds.+a프레임; C=fty conds.+a투사+a프레임; D=new_ability+a투사+a프레임

실험 #	I	PC	T	MVR	U	R	질의	*nov*	*use*	최고 혼성 (*nov/use*)
1	0	0	0	0	0	100	A	0.59	0.53	0.40/0.74
2	0	0	0	0	0	100	B	0.86	0.26	0.0/[6]
3	0	0	0	0	0	100	C	0.59	0.53	0.40/0.71
4	50	0	0	0	0	50	C	0.51	0.62	0.19/0.97
5	33.3	33.3	0	0	0	33.3	C	0.78	0.34	0.82/0.32
6	33.3	0	33.3	0	0	33.3	C	0.60	0.52	0.49/0.66
7	25	0	25	25	0	25	C	0.70	0.28	0.45/0.58
8	20	0	20	20	24	20	C	0.62	0.33	0.47/0.51
9	34	0	16	10	4	36	C	0.43	0.70	0.44/0.95
10	34	0	16	10	4	36	D	0.26	0.71	0.35/0.73
11	20	0	0	0	0	80	C	0.16	0.76	0.21/0.90
12	20	0	0	0	0	80	D	0.58	0.47	0.18/0.92

목표가 입력 중 하나("말")와 매우 비슷하다고 말해야 하며, 참신성은 정확히 0.26으로서, 첫 번째 실험 이후에만 인식된 매우 낮은 값이다. 그것을 덜 전형적인 것으로 만드는 것은 개념지도의 인위적인 변화를 암시하기 때문에(실제로 페가수스는 날개가 달린 말*이다*), 우리는 그것을 다루지 않고자 했다. 더욱이 페가수스에 가깝지만 (그것이 유사성의 반대 방향에 해당한다면) 말과는 동떨어져 있는 혼성공간을 생성하는 것은 이론상 가능하다. 이런 실험에서 알 수 있듯이, 참신성의 임계값을 맞추지 못하는 유용한 결과가 있고, *use*가 높은 점수를 얻을 때 *nov*에 반대 일이 발생할지라도 *nov*와 *use* 간에 선형적 관계는 없다.

첫 여덟 개의 형상은 적합성 함수에 최적성 압력을 점차 추가하는 효과를 이해하기 위함이었다. 적절성만 사용한 첫 번째 세 개의 형상에서는 페가수스에 대해 예상되는 모든 개념과 관계를 *쉽게* 가지지만, 그것이 종종 다른 관계들의 분명히 임의적인 선택에 의해 보충된다는 것을

6) 형상 2에는 둘 이상의 점수가 매우 높은 혼성공간이 있다는 것에 주목해 보라. 0.59보다 더 높은 use를 가진 것은 아무것도 없다.

입증했다. 이것은 통합에 가중치를 가지지 않아서 초래되는데, 우리는 형상 4에 이것을 추가해서 우리의 페가수스에 가장 가까운 결과를 내놓는다. 그것은 전체 말 영역의 투사와 새 영역으로부터 wings와 fly ability의 선택적 투사이다. 발톱 두 개, 깃털, 짹짹 지저귐 같은 몇 가지 추가 지식이 있었다. 대부분, 추가 지식은 입력공간과 그리고 페가수스와 거리가 먼 혼성공간을 유발한다. 발견된 페가수스는 평균 상황이라기보다는 기이성이었다. 간단한 설명은 통합의 가중치가 디바고에게 페가수스와 경쟁하는 프레임들(가령, 새의 개념지도 구조를 투사하는 *b 프레임*)을 다양한 방식으로 충족하게 유도한다는 것이다. 형상 5에서 패턴완성의 영향은 그 결과를 최소의 비완료성으로 이끌었는데(가령, 갈기, 날개, 다른 항목을 제외한 모든 것을 가진 페가수스), 이는 그 자체로 현재 목표에 대한 의미심장하거나 심지어 긍정적인 기여가 아니라는 것을 밝혀내었다. 이는 후속 형상에 그것이 참여하지 못하게 하는 이유이다.

위상(형상 6)을 추가하는 것은 본질적으로 두 가지 결과를 가져왔다. 형상 4의 경우처럼, 그것은 각각 분명히 임의적으로 선택된 *깃털*이나 *부리*와 같은 추가 자질을 가진 "정확한" 페가수스를 내놓았다. 이것들은 또한 적합성 함수에서 가장 높은 점수를 받았다. 하지만 어떤 실행에서는(10%), 그 결과가 마치 연결된 것처럼 동일한 개념지도에 두 생명체(말과 새)를 포함했다(가령, 동일한 다리나 귀를 가짐). 이것은 다소 원치 않은 결과이고, 이는 위상의 가중치가 다른 것들에 비해 상대적으로 작아야 한다는 것을 암시한다.

다음 형상인 중추적 관계의 최대화는 위상과 동일한 결과를 입증했지만, 혼성공간으로 전이된 추가 관계를 더 많이 통제한다. 예컨대, 혼성공간은 (관계 *양*에서 나온) 날개 2개, (pw에서 나온) 부리와 깃털을 가질 수 있지만, 그것은 결코 (member_of에서 나온) 난생동물은 아니다. 다른 한편으로, 우리는 전체 결과에서 점진적 집중 결핍을 감지할 수 있다(어떤 두 가지 운행도 정확히 동일한 결과를 내놓지 않았다). 이것은 그 시스템을 통제하는 우리의 목표를 상당히 복잡하게 한다. 이것은 간단히 설명된다. 즉, 적절성, 통합, 위상, 중추적 관계의 최대화는 모두 동일한 가중치를 가지고 (최대화와 같은) 어떤 것은 더 쉽게 충족되어서, 진화가 어디에서 출발했던 간에 그곳으로부터 최대값을 향해 진화를 유도한다. 풀기가 더 안정적인 결과를 내놓았지만, 동일한 현상은 형상 8에서도 발생했다.

이런 실험에서 나온 즉각적인 결론은 각각의 압력이 서로 다른 가중치를 가져야 한다는 것인데, 이런 가중치는 각 압력이 결과에서 가져야 하는 영향의 정도에 일치한다. 우리는 특정한 사물(페가수스)을 찾고 있고, 그것이 어떤 것인지, 무엇을 가지지 않아야 하는지를 안다. 어떤 자질은 우리가 그것이 가졌으면 하는 질의 조건으로 다루어지지 않는다. 이것은 우리를 형상 9와 10에서 사용된 충족 가능한 가중치를 얻기 위한 테스트로 이끌었다. 이런 가중치를 찾는 문제의 거대한 차원이 주어지면, 그것들은 우리의 직관에 의해 유도되는 생성-테스트 과정으로부터 얻었으므로, 왜 이런 값은 있지만 다른 값은 없는지는 상세히 설명하지 않는다. 하지만 정성적 분석을 하면 적절성과 통합의 명확한 장점을 보게 된다. 적절성은 "우리가 요청한 것을 충족하는" 역할을 하고, 통합은 (질의 프레임에 집중한) 전체적인 일관성과 일치성을 보장한다(가령, 그것은 솔루션이 2개 다리와 4개 다리를 동시에 갖지 못하게 막는다). 또한 추가 지식의 전이를 허용하기 위해 위상, 최대화, 풀기가 더욱 별개로도 존재한다. 어쩌면 형상 9는 "가장 풍부한" 페가수스를 드러내었는데, 이는 대체로 목표에 이르지 못하지만 모든 관계뿐만 아니라 선정된 다른 관계(*폐, 깃털, 발톱*을 가지는 것)의 선정도 포함한다는 의미에서이다. 여전히, 이 결과가 어떤 실행 전체에서 일관성 있게 나타났지만, 그 시스템의 통제에 대한 어려움을 입증하면서 결과의 높은 변이성이 있다(형상 9에 대해 *nov*의 평균값은 0.64이고 표준편차는 σ = 0.17이다. 형상 10에 대해 *nov*의 평균값은 0.57, σ = 0.17이다).

마지막으로, 우리는 첫 번째 형상에서 배운 것에서 목표에 대한 최상의 근사치를 발견할 것으로 예상하면서, 단지 두 개의 제약(적절성-80%와 통합-20%)으로 축소하고자 했다. 실제로 이것은 특히 형상 10에 대한 결과에서 확인되었다. 어떤 암시물에 심하게 영향을 미쳤던 두 개의 실행에서 매우 나쁜 이상점을 피하지는 못하지만(그것은 $mean_{nov} = 0.24$, $\sigma_{nov} = 0.08$과 $mean_{use} = 0.70$, $\sigma_{use} = 0.30$을 생산했다), 그 결과는 매우 안정적이다(6%의 이상점을 피한다면, $mean_{nov} = 0.16$, $\sigma_{nov} = 0.06$과 $mean_{use} = 0.77$, $\sigma_{use} = 0.10$을 얻는다). 우리는 얻고자 하는 출력의 종류를 자신 있게 알 때 나중에 이 특정한 형상을 사용할 것이다.

이제, 더욱 상세한 분석을 위해, 리치의 기준에 대한 값을 계산할 것이다. 우리는 전에 언급했듯이 참신성이 전형성의 반대이고 ($typ = 1 - nov$), 유용성은 값과 동일하도록($val = use$), 쌍 *참신성/유용성*과 *전형성/값* 간의 사상을 가정한다. 후자는 논란의 여지가 있지만 이 문맥에서 리치의 기준을 적용하기 위한 최선의 방법일 수 있고, 특히 우리가 기술하고 있는 것과 같은 형식적 배경에 대해 하나의 목표를 달성하거나 조건을 충족하는 것만큼 어떤 것의 값을 많이 측정할 수 있다는 것은 우리의 신념이다. 다시 말해, 그것은 한 문제에 대한 솔루션이다. 즉, 유용하다. 이 철학에 따르면, 표 15에서 그 값들을 얻는다. 우리는 매개변수 α, β , γ에 대해 값 0.5를 가정했다는 것을 기억한다.

표 15. Ritchie(2001)의 기준 결과

기준	*값*
1	0.443
2	0.273
3	0.504
4	0.636
5	1.000
6	0.364
7	0.500
8	1.333
9	0.000
10	N/A
11	0.406
12	0.483
13	0.273
14	0.636

첫 번째 네 가지 기준으로부터, 디바고가 절반 기준 근처(기준 1과 3)에서 전형성과 값을 생산하고 있지만, 명확히 전형적 항목(2와 4)보다 더 가치 있는 항목을 생산한다고 말할 수 있다. 기준 5로부터 모든 전형적 결과가 가치 있는데, 이것은 명확히 전형성의 범위 내에 속하는

우리 목표 때문이다. 하지만 (6과 7로부터) 귀중하지만 비전형적인 결과가 있는데, 이것은 창의성에 대한 좋은 암시이다. 전형적인 결과(기준 8)에 관해 가치 있는 비전형적 결과의 비율은 틀릴 수 있는데, 이는 서로 다른 형상으로 결과들을 비교하고 있기 때문이다. 마지막 네 가지 형상은 명확히 다른 것들보다 더 전형적이고 가치 있는 결과를 생산한다. 재발명이 통계적 타당성에 속하지 않는 임시 실행에서만 나타났으므로, 기준 9와 10에서 볼 수 있듯이 디바고가 재발명을 일관성 있게 생산했다고는 말할 수 없다. 이 사실은 왜 11에서 14까지의 기준이 첫 번째 4가지의 재생인지를 이해하는 데 중요하다. 실제로 이런 8개의 기준들 간에 상관성이 있어서, 그것들이 더 작은 집합으로 환원될 수 있을 것이다.

Colton, Pease & Ritchie(2001)에 따라 그 시스템의 미세조정을 결정하기 위해(부록 A 참조), 우리는 각 결과를 정의할 때 그렇게 많은 변수가 있다면 *기껏해야* 추측만 결정할 수 있다. 가령, 지금까지의 실험들로부터 적절성과 통합이 패턴완성보다 창의적으로 더 유용하고, *a프레임*이 *a투사*보다 덜 창의적으로 유용하다고 말할 수 있다(형상 1과 2를 비교해 보라). 하지만 높은 복잡성이 관여한다는 것도 볼 수 있다. 예컨대, 형상 11과 12를 비교해 보라. 전자는 보통 후자보다 더 좋은 결과를 생산했지만, 후자는 더 높은 점수를 받는 최고의 혼성공간을 가진다. 따라서 형상 11이 형상 12에 대한 더 좋은 특이성을 잃는 대가를 치르고서 더 많은 안정성을 얻었던 것처럼 보인다. 형상 11에서 그 프레임들의 개별적인 영향을 점검하기 위해 80%의 적절성과 20%의 통합의 동일한 가중치 형상을 모든 가능한 질의의 결합에 적용했다(표 16 참조). 첫 번째 두 개의 질의(void query와 fly conds.)가 유용한 것을 전혀 달성하지 못한다는 것에 주목해 보라. 이것은 (*a프레임*이나 *a투사*와 같은) 조직 프레임을 적용하지 않았기 때문이다. 이런 경우에 디바고는 어떤 것이라도 만족시키거나(텅 빈 목록) 관계의 작은 집합을 만족시키는(fly conds.) 쪽으로 지향해서, 그것이 조직 프레임을 사용하지 못하게 하고 일관된 전체를 만들지 못하게 막는다. 이로부터 *a프레임*과 *a투사*가 혼성공간을 *조직하는* 데 중요하다고 결론내릴 수 있다(이런 경우에, 말 개념지도의 동일한 조직 쪽으로 그렇게 한다).

표 16. 디바고의 미세조정 점검

질의	*nov*	*use*	*최고 혼성* *nov/use*
empty list	1.00	0.00	1.00/0.00
fly conds.	1.00	0.00	1.00/0.00
a투사	0.36	0.56	0.19/0.74
a투사, fly conds.	0.35	0.81	0.21/0.95
a프레임	0.00	0.74	0.00/0.74
a프레임, a투사	0.15	0.67	0.00/0.81
a프레임, a투사, fly conds.	0.16	0.76	0.21/0.90

우리는 또한 *a프레임*과 *a투사*-(*a프레임* 단독이나 *a투사*와 결합해서)만 사용할 때 디바고가 "말"의 정확한 복사나 매우 비슷한 결과를 생산한다고 지적할 수 있다. 하지만 날기 조건과 함께 결합될 때는 (매우 근사하게) 페가수스로 이어질 수 있는 전체를 만든다. 이것은 페가수스로의 높은 미세조정을 암시할 수 있지만, 동일한 결합이 적용된 가중치(가령, 형상 5)에 따라 다른 결과를 유발할 수 있고, 다른 결합(가령, 형상 5)이 동일한 가중치 형상을 가진 동일한 결과를 유발할 수 있다는 것도 알 수 있다. 결론컨대, 한편 프레임이 이 시스템을 제어하고 조율하는 방법이라면, 그 적용이 가치 있는 결과를 보장하지 않고, 이런 의미에서 이 시스템을 미세조정하는 것은 매우 어려운 과제라는 것도 사실이다. 이것은 공간의 복잡성과 프레임 결합의 특수성으로부터 유발된다(어떤 것들은 양립하지만, 어떤 다른 것들은 경쟁할 수 있다).

개념과 프레임 설계를 선택할 때 이 절의 결과를 주관적으로 유도했지만, 우리는 디바고에게 새롭고 유용한 출력을 생산하게 이끌 수 있다고 주장한다. 그럼에도, 디바고는 통제하기 어려운 시스템인데, 특정한 출력으로 의도적으로 편중되는 것은 어렵기 때문에 이것은 한 면에서는 좋은 양상이다. 하지만 그것의 완전한 잠재력을 테스트하는 것은 매우 어렵기 때문에 다른 면에서는 나쁜 것이다.

우리는 또한 파블로 게르바스와 공동(Pereira & Gervás 2003)으로 자연언어생성(Natural Language Generation) 기법에 기초하여 혼성공간의 텍스트 기술을 생성하는 해석기(Interpreter)를 개발했다. 이 시스템은 "말"과 "새"의 입력 개념과 비교해서 기술을 만들었다. 자동으로 생성되는 혼성공간의 기술에 대한 예는 다음이다.

(1) 말새는 말이다. 말새는 날개 두 개와 깃털이 있다. 날 수 있고, 날아서 움직인다.
(2) 말새는 말이다. 말 새는 날 수 있고, 깃털, 부리, 날기 위한 날개가 있으며 날아서 움직이다.
(3) 말새는 말이다. 말 새는 날 수 있다. 지저귀고, 날기 위한 날개가 있으며, 날아서 움직인다.

예 (1)은 형상 4의 결과에 대응한다. 예 (2)와 (3)은 형상 9에서 나온 해석이다.

6.3 명사-명사 결합

(Pereira & Cardoso 2006에서 발표된) 명사-명사 결합에 관한 실험에서, 우리는 다른 연구자들(Costello 1997)이 독립적으로 구축한 데이터 세트로 디바고의 행동을 보여주고, C^3과 비교한다(3.3.1절 참조). (명사와 연상되는) 각 개념은 디바고를 위해 채택한 것과 동일한 통사론으로 나타낸다. 여기에서는 후속 실험들에서 따를 두-단계 방법론을 처음으로 적용하는데, 첫 번째 단계는 선호되는 결과로 그 시스템을 "조율하는" 것이고, 두 번째 단계는 그 시스템이 주어진 질의의 제약을 받으면서 자유생성을 하게 하는 것이다. 또한 처음으로 유용성(*use*)에 대한 더욱 정확한 기준을 정의하는데, 이것은 적절성 원리에 대해 얻은 점수에 대응할 것이다. 이론적 근거는 혼성공간이 한 상황에 특정할 수 있는 화용적 조건들의 집합을 달성하면(가령, 그것은 음식을 자르는 기능을 하는 점토 사물이어야 한다) 또는 응용을 위한 일반적인 요구를 달성하면(가령, 그것은 단일 색채와 단일 모양을 가진 사물이어야 한다) 유용하다(즉, 귀중하다)는 것이다. 이것은 그 시스템에 대한 질의로 주어질 수 있다. 따라서 *use*는 이제 적절성의 값에 대응할 것이다. 이것은 이전 실험에서 *use*에 대한 선택과 모순되는 것처럼 보이지만, 유일한 차이는 이제 *use*가 검색에 참여한다는 것인데, 이는 새로운 개념의 창조가 목적 주도적이어야 한다는 창의성 모형과 일치한다. *nov*에 대한 값은 정

확히 이전처럼 주어질 것이다.

이런 실험에서 사용하는 데이터세트는 명사-명사 개념적 조합에 대한 Fintan Costello(1997)의 박사학위 논문에서 빌려온 179개의 개념(명사 개념적 기술)으로 구성되어 있다. 이 논문(그리고 Costello & Keane 2000과 같은 후속 출판물)에서, 저자는 각 개념을 ("necklace(목걸이)" 에 대해) 다음에서 볼 수 있는 속성-값 쌍의 집합으로 기술한다.

Necklace	
name:	(necklace)
feature-set:	(solid inanimate static)
color:	(silver gold)
shape:	(small circular)
structure:	
made_of:	metal
parts:	(pendant)
found:	
function:	((wears person3 necklace neck) (decorates necklace person3))

개념지도로 전환하는 것은 간단하다. 즉, 각 "자질"은 특성 관계가 되고, *색상*, *모양*, *재료*라는 속성은 각 이름과의 관계가 되며, 각 *부분*은 pw(부분-전체)로 전환되고, 각 "기능"은 (장소나 도구와 같은 세 번째 논항을 가진) *에이전트*와 *피에이전트(actee)* 관계의 집합으로 전환된다. *에이전트*는 함수의 첫 번째 논항이지만 *피에이전트*는 두 번째 논항이다. 따라서 "목걸이"에 대한 개념지도 표상은 다음과 같다.

property(necklace, solid)	made_of(necklace, metal)
property(necklace, inanimate)	pw(pendant, necklace)
property(necklace, static)	actor(wears, person3)
color(necklace, silver)	actee(wears, necklace)
color(necklace, gold)	place(wears, neck)
shape(necklace, small)	actor(decorates, necklace)
shape(necklace, circular)	actee(decorates, person3)

처음의 데이터세트에는 명사들 간에 상호관계가 있다. 예컨대, pendant, person3, neck에 대한 표상도 있고, necklace와 함께 이런 명사는 사람과 목걸이에 대한 지식을 나타내는 작은 도표로 간주될 수 있다. 이 작은 도표 내에는 흔히 함수 명시의 반복이 없다(가령, neck이나 person3 표상에서는 암시적으로는 존재하지만 wears 함수는 없다). 이런 실험을 위해 우리는 각 명사를 개념지도로 직접적이고 별도로 전환했고, 개념지도들 간에 아무런 의사소통이 없는데, 이는 지식기반 속에 있는 많은 명사가 원래의 암시적 데이터를 소실한다는 것을 의미한다. 이는 필수적이었는데, 왜냐하면 그 암시적 망을 개념지도로 자동적으로 전환하는 것이 프로그래밍에 관해 사소한 실행이 아니고, 명확히 이 프로젝트의 목표에서 떨어져 나가기 때문이다. 데이터세트의 또 다른 양상은 어떤 개념에 몇 가지 다른 실례가 있다는 것이다(가령, person3은 명사 person의 세 번째 표상이다). 우리는 또한 이것들을 합병하지 않고 지식기반으로 직접적이고 별도로 전환했다.

이런 실험의 주된 목표는 디바고가 또 다른 개념조합 시스템에서 나온 지식에 적용될 때 참신성과 유용성의 기준에 관해 어떻게 행동하는지를 관찰하는 것이었다. 또 다른 의도는 이런 기준에 관해 디바고에 대한 제어를 향상시키는 것이었다.

우리가 이런 실험에서 고려하는 명사-명사 해석은 *하이브리드 해석(hybrid interpretation)* 또는 *특성 해석(property interpretation)*이다(3.3.1절 참조). 이런 테스트 이전에 했던 일부 테스트에서 (구소 정렬에 기초하는) 사상기는 명확히 관계적 해석과 알려진-개념 해석 같은 다른 유형의 해석을 허용할 수 없었다. 이것은 개념적 조합이 구조 정렬로 환원될 수 없다고 주장하는 Keane & Costello(2001)와 동일한 방향을 암시할 수 있다. 우리의 경우에, 구조 정렬 방법론의 엄격함은 디바고의 필요한 유연성에 영향을 미친다. 즉, (일대일이 아닌) 일대다 사상을 때때도 고려해야 한다. 때때로 입력을 가변적 입도로 표상하는 것이 가능해야 한다(가령, "tweety is a bird"로 사상되는 "fido is a canine, who is a mammal"는 canine ↔ bird나 canine ↔ tweety가 아닌 fido ↔ tweety와 mammal ↔ bird를 내놓아야 한다). 여전히 우리는 이런 한계가 컴퓨팅 한계나 표상적 한계 그 이상이라고 주장할 수 없으므로, 그것이 너무 엄격하다고 주장하기 전에 구조 정렬과 컴퓨팅에 관한 추가 탐구를 해야 한다.

이런 실험에 대한 화용적 배경을 제공하기 위해 우리는 독자에게 특징들의 특정한 집합을 가진 결합을 얻고자 하는 상황을 고려하게 촉구하므로, 위에서 기술한 명사의 동일한 통사론을 가진 *스크립트*를 통해 이런 집합을 정의할 수 있다. *유용한* 개념은 스크립트의 슬롯에 대해 특정한 값을 가지고, 무결성 제약의 집합을 준수해야 한다. 따라서 요구되는 이런 슬롯과 값은 질의에 함께 배열할 수 있다. (조율 집합을 제외하고는) 모든 실험에서 이 질의는 다음으로 구성되어 있었다.

```
property(A,[animate, inanimate]),
property(A,[liquid, solid]),
property(A,[static, mobile]),
made_of(A,_),
shape(A,_), color(A,_),
actor(F,_), actee(F,_)
```

꺾쇠괄호는 이접을 의미한다(가령, 개념 A는 *유생물*이거나 *무생물*이어야 한다). *에이전트*와 *피에이전트* 관계의 존재는 그 개념이 기능을 가져야 한다는 것을 의미한다.

우리는 미리 "좋은" 결합을 형성하기 위해 어떤 종류의 프레임이 필요했는지를 정확히 알 수 없어서, 이것은 적절한 프레임의 집합을 찾게 도와 준 조율 단계의 필요성으로 이어진다. 이 조율 이후에야 그 시스템을 테스트할 수 있고, 그 시스템이 그 자체의 개념을 구성하게 둔다.

6.3.1 조율

우리가 사용한 조율 세트는 그 목록에서 임의적으로 선택한 개념들의 30개 쌍으로 구성되어 있다. 각 쌍을 위해 명사-명사 결합에 대한 우리의 해석에 일치하는 솔루션(이것은 *조율 목표(tuning target)*라고 부른다)을 구성했다. 이 하이브리드 해석은 선택한 명사 표상 내에 담긴 지식만을 고려하고, 머리어 명사에 집중했다. 이는 어떠한 명사의 쌍 A-B에서도 해석이 "A-B는 그렇고 그런 A 특징을 가진 B이다"는 것이다.

다시 말해, *머리어(head)*인 B는 항상 우리 해석에서 *초점 개념(focal concept)*이다.

각각의 실험은 각 쌍에 대해 30번 실행하는 것으로 되어 있어서(정확히 동일한 출발 조건으로 실행한다), 질의에는 목표를 달성할 프레임들의 집합이 있다. 뒤따라 나온 가중치 형상은 적절성에 대해 90%이고 통합에 대해 10%였는데, 이것은 그 프레임들을 테스트하려는 우리의 의도를 반영한다. 그 결과가 대개 목표를 빠뜨리고 있을 때, 다른 프레임을 선택하거나 새로운 프레임을 고안했으며, 다시 30회를 했다. 더 구체적으로, 목표와의 두 개 이상의 관계의 실수가 있거나 이런 실수가 근본적인 관계의 실수가 있을 때 이런 일이 발생했다(즉, 그것이 없다면 그 결과는 새롭거나 귀중하지 않을 것이다). 표 17에서는 조율 결합, 목표 기술, 발생하는 목표에 대한 차이, 참신성 점수와 질의에서 사용한 프레임을 가진 표본을 보여 준다. 두 명사에 대한 기존의 지식 표상을 사용해서만 목표 해석을 얻는다는 것을 기억해야 하는데, 이것은 어색한 해석의 출현을 정당화해준다(가령, "head hammer handle", "pen person"). 또한 그 프레임들이 처음에 목표 해석에 맞도록 맞추어졌고, 효과적일 때 나중에 다시 사용되었다는 것을 알 수 있다(가령, "bullet potato"에 대해 "shape transfer"가 사용되었고, 종종 후속 실험들에서 사용되었다).

표 17. 조율 세트의 발췌(목표와의 평균거리(평균오차)=0.67, 표준편차=0.994)

조합	조율 목표	오차	프레임	*nov*
bullet potato	small and cylindrical potato	2	bcore, shape_transfer, slot_set_completion	0.08
cow vehicle_body	black and white vehicle that eats grass	0	bcore, function_transfer, slot_set_completion	0.44
eagle shirt	brown, bird-shaped shirt	1	bcore, structure_transfer, shape_transfer	0.46
engine ball	self-mobile ball	0	bcore, feature_set_contrast	0.29
flower_bloom plant	spherical plant	0	bframe, shape_transfer	0.12
fruit1 paper1	paper with fruit-seeds that humans eat	0	bcore, structure_transfer, function_transfer	0.40
head hammer_handle1	mobile and animate (living) hammer handle	2	bframe, feature_set_contrast	1.00
neck instrument	a small and straight instrument	0	bcore, shape_transfer	0.25
necklace paper	circular paper that people use in the neck for decoration	1	bcore, function_transfer	0.45
patient paper1	paper that has illness	0	bcore, function_transfer	0.14
pen person	thin, long person, that is used (by others) to write on paper	2	bcore, function_transfer	0.67
pencil pendant	thin, long pendant, used to write on paper	0	bcore, shape_transfer, function_transfer	0.46
potato acorn	brown, spherical acorn	1	bframe, function_trasnfer	0.30
potato herring tail	spherical herring tail	2	bcore, shape_transfer	0.12
pottery spoon	spoon made of clay	1	analogy_transfer	0.56
skin stem	thin stem	0	bcore, shape_transfer	0.14
spoon1 frame	brown frame	1	bframe, single_ differentiating_feature	0.00
spoon1_handle lens	straight and long lens	0	bcore, shape transfer	0.25
thorns hammer1	small and sharp hammer	0	bcore, shape transfer	0.13
tool boxcar	a boxcar used to make other objects	2	bcore, function transfer	0.08
torso pencil1	small, animate and mobile (living) pencil	0	bcore, feature_set_contrast	0.36
utensil web	a metal web, used to make food	0	feature_set_contrast, function_transfer	0.40
vegetable person3	static, inanimate person	0	feature_set_contrast	0.37
vegetable spoon	a thing with spoon shape that grows on earth	1	bcore, function_transfer	0.50
vehicle_body vessel1	vessel made of metal	1	bcore, slot_set_completion	0.14
vessel1 food	concave shaped food in which one can put	0	bcore, function_transfer, something_shape_transfer	0.37
victim projectionist	projectionist that was damaged by a gun	0	bcore, function_ transfer	0.25
wheel sitting_room	circular sitting room	0	bcore, shape transfer	0.25

표 18은 달성한(또는 총칭영역에 있는 기존의 프레임에서 선택한) 프레임들을 제시한다. 나머지 실험을 위해 이것은 이용 가능한 프레임의 집합이 되었다.

표 18. 실험에서 사용한 프레임

프레임	*묘사*
b프레임	혼성공간은 머리어 명사의 동일한 관계를 가진다(물론 논항은 다를 수 있다)
b핵	혼성공간은 머리어 명사의 동일한 관계와 논항을 가진다(기능과 관련된 것은 예외이다)
analogy_transfer	수식어 요소의 모든 이웃 요소들과 관계들을 머리어의 사상 대응물로 전이하라
function_substitution	머리어에서 나온 기능은 수식어의 기능으로 대체된다
single_differentiating_feature	머리어와 수식어는 한 자질에서만 다른데, 이것은 머리어로 전이된다
function_transfer	머리어는 수식어의 부분이었던 기능을 얻는다
shape_transfer	머리어는 수식어의 모양을 얻는다
structure_transfer	머리어는 수식어의 구조를 얻는다
slot_set_completion	값을 가지지 않은 머리어 속의 슬롯들은 수식어의 상응하는 값들로 채워진다
feature_set_contrast	머리어 속의 자질 집합은 수식어의 자질 집합으로 교체된다

하지만 목표 해석과 프레임 모두 우리가 만들었기 때문에 이런 실험에 확실히 주관성이 있다. 간단한 자동 프레임 생성 기제는 없기 때문에, 그리고 언어 자체가 어떤 전문지식을 요구한다고 가정하면, 프레임은 기술한 방법으로 구성해야 했다. 다른 한편, 임의적으로 생성한 쌍에 대한 다른 사람들의 해석을 사용하는 것이 가능한데, 이것은 전문지식을 가진 꽤 많은 참여자들에게 그 제약을 이해하게 한다(해석은 특정한 표상에 국한된다). 다음 두 실험(기존의 혼성공간과 게임 생명체)에서 그렇게 했다. 이 실험에 대해서는 아직 그렇게 하지 않았기 때문에, 각 경우에 우리는 직관과 상상력을 따르고자 했다. 최악의 경우, 그 실험은 자유생성 집합에 적용되는 조율 세트에서 명사 결합의 특정한 방법을 반영한다.

모든 실험에서 사용하는 사상은 구조 정렬 알고리즘에 의해 자동적으로 생성되었고, *시드(seed)* 동면 교량은 명사의 개별적인 식별소 상징을 연결한다(가령, "necklace paper"에서 *시드* 동면 교량은 necklace와 paper로서, 이것들은 다시 made_of 관계로 가서, metal과 paper 간의 사상을 확립한다). 그것은 전형적으로 두 명사 모두에서 동일한 역할을 가진 요소들 간의 기존 사상이다(color 값과 color 값, made_of 값과 made_of 값 등).

6.3.2 자유생성

명사-명사 결합의 자유생성은 33개 개념 쌍의 집합을 임의적으로 선택하고(조율 세트와 완전히 구분되는 자유생성), 혼성된 새로운 개념을 생성하기 위해 앞서 기술한 질의를 사용하는 것으로 되어 있다. 표 18에서 볼 수 있는 모든 프레임은 적합성 함수의 가장 높은 점수와 일치한 프레임의 선택을 찾을 수 있도록 그 시스템에 이용 가능했다. 최적성 제약 가중치는 이전 실험에서 배운 것에서 선택했다. 이런 경우에, 우리는 프레임에 중심적인 역할을 주고 싶었지만(따라서 적절성과 통합에 높은 값을 제공한다), 또한 위상, 중추적 관계의 최대화[7]와 풀기에는 작은 통제를 허용했다. 후자는 입력 개념의 주요 특징의 계승을 강화하기 위해 더 높은 가중치를 받았다. 그 값은 적절성 45%, 통합 30%, 위상 5%, 중추적 관계의 최대화 5%, 풀기 15%였다. 또한 지식 전이를 자극하기 위해 적어도 두 개의 프레임이 달성되도록 하는 무결성 제약을 추가했다. 이 외에, 매개변수들은 조율을 위해 사용되는 것과 동일했다.

그림 39는 입력공간들("fish_tail1", "desk", "fish", "spider")과 적용된 프레임을 가진 "fish_tail1 desk"와 "fish spider" 혼성공간의 생성에 대한 예를 보여 준다.

7) 선택한 중추적 관계는 isa, pw, purpose, quantity이다.

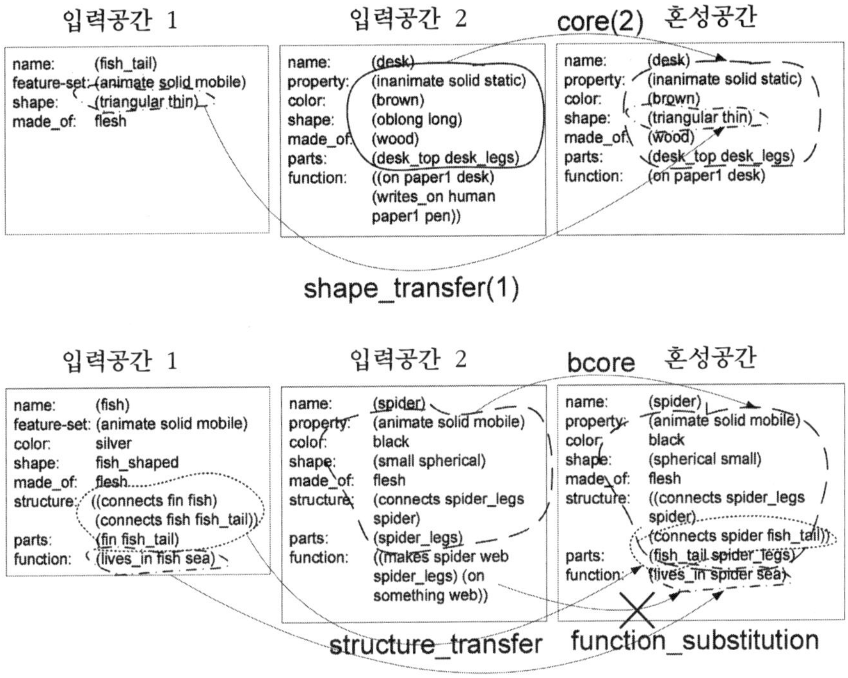

그림 39. "fish_tail1 desk"와 "fish spider"를 구성할 때 사용하는 프레임

표 19는 달성한 결과를 보여 준다. 각 개념의 쌍에 대해, 우리는 (적합성 함수에 관해) 30회의 최고 결과를 보여 주고, 머리어와의 차이를 강화함으로써 그것을 텍스트상에서 기술한다. *use* 점수는 발생하는 적절성 값에 정확히 대응한다. 따라서 100%는 질의의 모든 조건이 충족되었고, 무결성 제약은 아무것도 위배하지 않았다는 것을 의미한다. 나른 값은 어떤 조건이 충족되지 않았다거나 무결성 제약이 위배되었다는 것 중 어느 하나를 암시한다(혹은 둘 다를 의미한다).

표 19. 결과의 발췌(평균 유용성=78%; 표준편차=35%; 중앙값=100%)

조합	*해석*	*use*	*nov*	*프레임*
barrel spoon	Spoon	1.00	0.09	bcore
bed pips	Oblong pips	0.53	0.25	bcore, shape_transfer
bird1 sea	A bird shaped sea, with wings, and head and made of flesh	1.00	0.67	bcore, shape_transfer structure_transfer, slot_set_completion
bird_head clothes	Curve shaped clothes	0.81	0.12	bcore, bframe, slot_set_completion, shape_transfer
cow_head torso	Conical torso	0.60	0.14	bcore, shape_transfer
desk ornament	Brown, wooden, ornament one can put paper on	1.00	1.00	bcore, function_transfer slot_set_completion
desk1 spoon_ bowl	Spoon bowl besides which one puts a chair (and is not used to put food in)	1.00	0.31	bcore, function_substitution
engine apple tree	Oblong, long and large apple tree	0.43	1.00	bcore, shape_transfer
fish spider	Spider with fish tail that lives in sea, but does not make webs	1.00	0.69	bcore, function_substitution, structure_transfer
fish tail1 desk	Thin, triangular desk	1.00	1.00	bcore, shape transfer
flower_bloom hammer	A spherical hammer	1.00	0.13	bcore, shape_transfer
food body_part	A body part that serves to be eaten	0.35	0.33	bcore, function_transfer
herring instrument	A silver, fish-shaped (with fin and tail) instrument that lives on sea and is not used to play music	1.00	0.87	bcore, shape_transfer, function_substitution, structure_transfer
horse_head insect	Insect	0.04	0.00	bcore
insect rodent	A small rodent	1.00	0.12	bcore, shape_transfer
mattress knife	A long knife that is on a frame	0.00	1.00	bcore, shape_transfer, function_substitution
oak horse	A horse that grows on earth, it has a trunk and a crown, but keeps its horse function	1.00	0.58	bcore, structure_transfer, shape_transfer
paper1 chair seat	White chair seat	0.50	0.17	bcore, slot_set_completion
patient fruit	Human shaped, skin-colored fruit that is ill	1.00	0.60	bcore, shape_transfer, function_substitution
patient plant	Human shaped, skin-colored plant	1.00	0.28	bcore, bframe, shape_transfer, slot_set_completion
person5 paper	Paper that sleeps in bed	1.00	0.14	bcore, function_ substitution
person5 stem	Stem that sleeps in bed	1.00	0.50	bcore, function_substitution
pottery neck	A neck made by a human	1.00	0.37	bcore, function_transfer
rose bloom desk	Desk	1.00	0.42	bcore
sole bird	A black bird	1.00	1.00	bcore, slot_set_completion
spider_legs carriage	Carriage	0.67	1.00	bcore, bframe
stem vehicle	A straight, green vehicle	1.00	0.18	bcore, shape_transfer, slot_set_completion
train building	A building with the shape and structure of a train, and which serves to transport people	1.00	0.54	bcore, function_transfer, structure_transfer, shape_transfer
utensil pottery	Pottery	0.04	0.50	bcore

예컨대, 그림 39에서는 두 혼성공간 모두 질의의 모든 요구조건을 충족한다는 것을 관찰할 수 있다(따라서 100%의 점수를 받는다). 가령, made_of와 color에 대한 아무런 값이 없다면, *use*는 75%인데, 이는 (8개 중에서) 2개의 조건이 충족되지 않았기 때문이다. 또 다른 상황은 무결성 제약의 위배일 수 있는데(가령, "어떤 것은 *검은색*이면서 동시에 *살*로 만들 수 없다"), 이는 페널티를 유발할 것이다(가령, 무결성 제약 위배 페널티가 20%라고 가정하면, "fish spider" 유용성 값은 80%이다). 제시한 프레임은 각 조합에 대한 최고의 결과를 구성할 때 발견되는 프레임에 대응한다.

우리는 모든 실험이 결국은 *b핵* 프레임을 충족한다는 것에 주목한다. 우리가 사용한 질의를 고려하면 이것은 놀라운 일이 아니다. 이런 질문은 *b핵* 프레임 관계와 거의 일치하는 관계들로 구성되어 있다. 여전히 프레임에 관해, 우리는 그 결과가 본질적으로 6개 프레임(bcore, slot_set_completion, shape_transfer, structure_transfer, function_transfer, function_substitution)을 사용했다는 것도 알 수 있다. 가능한 설명은 다른 4개는 너무 구체적이거나(single_modifying_feature) 너무 포괄적이어서(*b프레임*) 실행에서 안정성을 달성하지 못했다는 것이다.

결과는 참신성과 유용성 간에 상관성이 없다는 것을 보여 주는데, 이는 직관상 타당한 것처럼 보인다. 그러나 *use*는 몇 가지 예에서 우리의 직관과 대조를 이룰 수 있고(가령, 왜 "horse head insect"가 "rodent insect"보다 덜 유용한지에 대한 분명한 이유가 없다), 그 설명은 우리가 다루고 있는 문맥에서 새로운 사물에는 근본적인 조건이 몇 가지 부재할 수 있다는 것이다.

아마도 그 질의는 대상의 "핵"에 너무 많이 집중되기 때문에(기능을 제외한 모든 양상) 중추적일 때도 혼성 생성 동안 그 기능을 잃을 수 있다. 예컨대, "herring"과 "instrument"를 혼성할 때, 그 결과는 그것이 악기라고 *말하지만*, 그것은 음악 기능을 잃어서 텅 빈 개념을 유발한다. 우리는 또한 혼성공간 "train building1"과 "bird1 sea"을 지적한다. 둘 다는 불일치를 드러낸다("a train building1 is a building that serves to transport people"과 "a bird1 sea is a sea with wings...it is made of flesh"). 이런 불일치는 은유적 과점에서 탐구한다면 창의적인 것으로 드러날 수 있다. 이것은 때때로 인간에게는 사소할 수 있지만 매우 복잡한 컴퓨팅 도전이다. 이런 극단적인 예의 존재를 막는 것은 무결성 제약을 추가하는 것에 의존하지만(가령, "something that serves for transportation cannot be made of bricks"), 이런 제약은 그 시스템의 창의적 잠재력에 거스를 것이다.

use 점수를 관찰하면, 얻은 평균 78%는 확실히 구체적인 질의와 데이터세트에 담겨 있는 구체적인 지식에 매우 의존한다. 질의가 덜 제약된다면(가령, 조건들 중에서 절반만 가진다면) 점수는 확실히 더 높지만, 데이터세트에서 충족될 수 없는 조건을 추가한다면 *use*는 100%를 달성하지 못할 것이다. 이런 수치가 보여 주는 것은 그 모형이 적절히 형상화될 때 질의 충족을 탐구할 수 있어서 해당 문맥에 유용한 결과를 제공한다는 것이다.

리치에서 나온 기준으로부터 계산하면 표 20의 결과가 나온다.

표 20. Ritchie(2001)의 기준 결과

기준	*값*
1	0.543
2	0.563
3	0.782
4	0.781
5	0.778
6	0.344
7	0.786
8	0.786
9	0.036
10	16.000
11	0.513
12	0.831
13	0.500
14	0.781

표 15에서 보여 준 (말-새에 대한) 이전 실험과 비교해, 발분집합을 고려하거나 고려하지 않고서(11-14) 전형성과 값에 대한 점수가 올랐다(1-4)는 것에 주목할 수 있다. 두 실험의 내재적 차이 외에, 이것은 또한 디바고에 대한 더 높은 통제를 반영하는데, 이는 따르는 방법론(조율

+자유생성)과 가중치 선택에서의 후천적 경험 때문이다. 이런 실험은 더욱 현실적인 배경도 보여 준다. 예컨대, 모든 전형적인 항목이 가치 있는 것은 아니고(기준 5), 소수의 재발명이 이루어졌다(9). 그러나 이 것들은 그 결과들 중에서 매우 소수의 비율이었다(10). 흥미롭게도, 디바고는 출력의 전체 집합에 관해 이전 실험과 거의 정확히 동일한 비전형적 항목과 가치 있는 항목의 비율을 생산했다(6). 그것은 비전형적 항목을 고려할 때도 증가했다(7).

6.3.3 C^3에 대한 비교

우리는 Costello & Keane가 C^3으로 실시했던 비슷한 실험을 활용했다. 그들은 이런 실험에서 명사 쌍 10개를 임의적으로 생성했고(가령, "eagle"과 "tulip"), 각 쌍에서 두 가지 가능한 조합에 대한 해석을 생성했다(가령, "eagle tulip"과 "tulip eagle"). 이것은 20개의 조합을 제공하고, C^3는 그것에 해석을 제공했다(가령, "An eagle tulip is a tulip that grows on an eagle"). 이런 실험은 개념조합의 창의성을 모형화할 의도였으므로, 이런 실험과 디바고를 비교하는 것은 합당하다. 하지만 우리는 주관성을 면하는 비교는 할 수 없는데, 왜냐하면 여기에서 언급하는 (참신성과 유용성의) 값과 C^3 출력에 의한 값(타당성, 정보성, 진단성) 모두는 동일한 관점에서 정렬되지 않기 때문이다. 확실히 C^3 해석은 종종 우리의 스크립트에서 암시하는 *use* 기준에서 실패할 것이고, 디바고는 반드시 C^3 제약으로 잘 진행되는 것은 아닐 것이고, 이런 결론은 어떤 것이 더 창의적인지 말하는 것에 관해 성공적인 결과를 유발하지 않을 것이다. 우리는 아마 더 흥미로운 다른 실험을 할 수 있다. 디바고가 C^3의 동일한 결과에 도달할 수 있는지(따라서 있다고 한다면 *동일한* 창의성을 달성할 수 있는 가능성을 제공하는지) 점검해 보라. 그리고 어떤 프레임이 필요할지 결정해 보라(그런 프레임은 달라야 하는가?). 먼저, 표상에 관해 두 시스템 모두를 평준화하기 위해 디바고가 다른 개념과의 암시적 관계에 접근하도록 해 주어야 했다.

디바고가 C^3과 동일한 결과를 발견할 수 있는지 점검하기 위해 *조율 단계*라는 과정을 적용하고, 디바고가 2.4의 평균 오차와 중앙값 1을 가지고서 동일한 결과를 달성할 수 있다는 것을 발견했다. 이것은 *정상* 오차가 0이나 1이었고, 평균 오차가 두 이상점에 의해 강력하게 영향을 받아서 오차 8과 10이었다는 것을 의미한다. 디바고가 실패한 이 후자의 경우는 세 번째 명사에서 나온 지식을 포함한 해석이었다. 즉, 어느 입력에도 속하지 않고 지식기반 속의 다른 요소에서 나오는 속성이 있을 때의 해석이었다. 나머지에서, 그것은 C^3의 동일한 결과를 보통 달성했다. 또한 그것은 C^3가 정보성 제약을 통해 배제했던 지식(가령, "an eagle tulip is solid")을 포함할 의도였다. 이 논제에서 어떤 것이 더 정확하든 간에, 각 명사의 *진단적* 자질이 그 명사를 다른 명사와 관련해 구분하는 자질이라고 주장함으로써(실제로 C^3에서 이용 가능한 정보) 디바고가 이 추가 지식을 급진적으로 줄일 수 있다는 것도 명확했다.

이 실험에서 나오는 가장 인상적인 결론은 디바고가 매우 작은 프레임의 집합을 가지고서 C^3와 동일한 결과를 달성할 수 있다는 것이다(오차는 막 기술했다). 실제로 두 개의 프레임만이 약 85% 필요했는데, *a핵*(또는 초점이 수식어에 있는지, 아니면 머리어에 있는지에 따라 *b핵*)과 analogy_transfer가 그것이다. 이는 본질적으로 C^3가 명사들 중 하나(머리어나 수식어)를 선택하고, 그것을 중심으로 결합을 구축했으며(이는 그것이 동일한 구조와 동일한 "핵" 속성을 가지고 있다는 것을 의미한다), 또한 직접적으로 관련된 속성을 다른 명사로 전이했다는 것을 의미한다. *직접적으로 관련된*이란 도표 표상에서 거리 1을 가진 속성을 의미한다. 이것은 C^3에서 생성된 결합이 본래 *특성* 유형이었다는 것을 암시하는 듯하다. 결과들 중에서 다른 15%도 *b프레임*(또는 초점에 따라 *a프레임*)을 사용했다. 그 결과, 표상, C^3 결과는 부록 E에 제시했다.

결론컨대, 디바고는 적절한 프레임의 집합(*a프레임*, *b프레임*, *a핵*, *b핵*, analogy_transfer)을 사용해서 탐색의 목표와 C^3와 동일한 결과를 달성할 수 있다. 이는 그것을 명사-명사 결합 해석 시스템으로 형상화하기를 원한다고 할지라도 더 작은 프레임 결합의 집합만이 하이브리드 유형과 특성 유형에 대해 고려되어야 하고, 진단적 자질과 같은 다른 요인으로 주의를 기울여야 한다는 것을 의미한다. 다른 한편, 이 책에 있는 다른 실험을 고려하면, 구체적으로 조합의 언어학에 초점을 두지 않고도 디바고가 훨씬 더 큰 가능성을 제공한다고 결론내릴 수 있다. 다시 말해, C^3는 명사 결합을 모형화하고,[8] 디바고는 다른 문제해결 상황에 더욱 개방되어 있는 개념조합을 다룬다. 우리는 C^3의 한계에 대한 의심에 답할 수는 없지만(그것은 적절한 형상을 가지고서 디바고의 동일한 결과를 달성할 수 있는가?), C^3와 디바고가 동일한 인지적 문제를 다른 관점들에서 다루는 내적으로 매우 다른 시스템이라는 것은 명확하다.

6.4 생명체 생성 실험

우리는 이제 독자에게 디바고 표상에 따라 코드화되는 사물의 지식기반을 가진 게임(생명체, 물리적 사물, 시나리오 등)이라는 문맥을 상상하게 한다. 각 게임 상황에 대해 미리 결정된 특정한 사물을 가지는 것 대신, 부분적 명시만이 주어져 있다고 가정해 보자(가령, 상황 x에 대해, 그 게임은 *블루팀*에 속하는 *친절한* 생명체를 필요로 하고 *힘* y를 가져야 한다). 지식기반의 크기, 이런 명시의 추상성, 이런 사물을 회수하기 위한 능력 있는 엔진에 따라, 그런 게임은 더 예측 불가능하고 놀라울 수 있는데, 이것은 게임 개발의 분야에서 현재의 한 가지 도전이다.

우리는 막 제공한 문맥과 일치할 게임에 대한 혼성 엔진을 이상화했는데(Ribeiro et al. 2003), 이것은 부분적으로 게임의 특정한 영역과 수행 논제에 주의를 기울이는 디바고의 재실행이다. 이것들은 항상 게임 개발에서 중추적이다. 그 생각의 실행 가능성을 평가하고 해당 문제에 대한 첫 번째 통찰력을 가지기 위해, 디바고에서 생명체를 생성하는 것에 관한 실험을 했다.

8) 참고해야 할 양상은 C^3에서 모형화되는 결합들이 다양한 인간언어(영어, 독일어, 네덜란드어 등)에 특정하다는 것이다. 포르투갈어와 프랑스와 같은 언어들은 전치사를 의무적으로 사용하기 때문에 덜 불분명하다.

6.4.1 조율

우리는 수백 개의 다양한 생명체로 구성된 Magic©The Gathering 게임을 기반으로 하는 처음에 12개 생명체를 만들었다. 이 각각은 강도와 방어 값 쌍, 팀 색깔, *마나* 비용(food_consumption로 해석된다)을 가지고 있고, 또한 기능성(가령, 다른 생명체를 보호하다)과 능력(가령, 날다)을 가질 수 있다. 아래에서는 pajem_angelical이라는 예를 보여 준다(사용한 모든 생명체는 부록 F에 있다).

```
isa(pajem_angelical, human)
isa(pajem_angelical, bird)
member_of(pajem_angelical, creature)
strength(pajem_angelical, 1)
pw(left_arm, pajem_angelical)
defense(pajem_angelical, 1)
pw(right_arm, pajem_angelical)
food_consumption(pajem_angelical, 2)
team_color(pajem_angelical, white)
color(pajem_angelical, human_colored)
pw(torso, pajem_angelical)
made_of(pajem_angelical, flesh)
points(strength_enhancement, 1)
points(defense_enhancement, 1)
cost(defense_enhancement, 0)
pw(wing, pajem_angelical)
pw(left_leg, pajem_angelical)
pw(right_leg, pajem_angelical)
actor(strength_enhancement, pajem_angelical)
actee(strength_enhancement, creature)
pw(head, pajem_angelical)
cost(strength_enhancement, 0)
actor(defense_enhancement, pajem_angelical)
actee(defense_enhancement, creature)
ability(pajem_angelical, fly)
```

이 단계에서 (목표를 얻기 위해) 생명체의 혼성공간을 얻어야 했다. 우리의 편견을 피하기 위해 디바고의 내부 과정을 알지 못하고 개념적 혼성 이론을 거의 모르는 다른 연구자에게 생명체의 쌍을 임의적으로 선택하고 각각에 대해 세 가지 다른 조합을 고안해 달라고 요청했다. 그는 14개의 생명체 쌍을 선택하여 42가지 조합을 만들었다. 그런 다음 디바고가 동일한 조합 세트를 생성하는 데 도움이 될 수 있는 프레임 집합을 얻는 것이 우리의 과제였다.

프레임의 테스트와 설계를 시작하기 전에, 이전 실험에서처럼 솔루션이 탐색공간에 실제로 존재하는지 확인할 필요가 있었다. 다시 말해, 목표의 정확한 관계가 있는 질의와 설계자가 적용한 사상,[9] 무결성 제약

9) 이 단계에서 우리는 42개의 조합에서 이 사상을 추출해야했다. 모든 생명체는 상대적으로 작은 관계와 개념을 가지고 있기 때문에 어렵지 않았다.

조건 없음(그래서 목표가 어떤 불일치를 가지던 간에 가치는 낮아질 것이다), 적절성에 대한 90% 가중치(그리고 통합에 대한 10%)의 형상이 주어지면, 디바고는 충분히 많은 생성 이후에(말-새 실험의 경우 약 30%) 정확히 동일한 혼성공간을 생성할 수 있어야 한다. 그러한 형상에서, 탐색공간은 목표의 관계 세트나 디바고가 달성할 수 있는 부분집합을 포함하는 단 하나의 최대값을 갖는다.

그림 40에서는 5개의 조합만이 탐색공간에 완전히 포함된다는 것을 관찰할 수 있다. 이 명백한 오차의 원인은 더 큰 오차가 발생한 조합을 검사하면 간단하다. 이러한 조합 중 하나인 field_surgeon과 pajem_angelical의 두 번째 조합을 분석해 보자. 여기에서 5개의 오차가 있다. pajem_angelical의 개념지도는 위에 주어졌고, field_surgeon은 다음과 같이 표상된다.

```
isa(field_surgeon, clerical)
member_of(field_surgeon, creature)
strength(field_surgeon, 1)
defense(field_surgeon, 1)
food_consumption(field_surgeon, 2)
team_color(field_surgeon, white)
color(field_surgeon, flesh_colored)
made_of(field_surgeon, flesh)
size(field_surgeon, medium_size)
pw(head, field_surgeon)
pw(left_arm, field_surgeon)
pw(right_arm, field_surgeon)
pw(torso, field_surgeon)
pw(left_leg, field_surgeon)
pw(right_leg, field_surgeon)
actor(healing, soltarian_priest)
actee(healing, creature)
points(healing, 1)
```

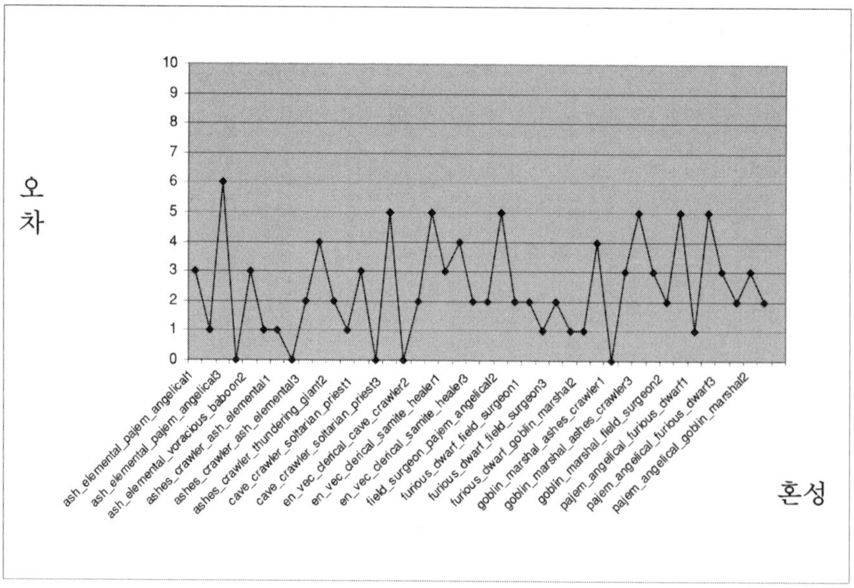

그림 40. 각 혼성공간에 대해 디바고가 이론상 달성할 수 있는 가장 적은 오차(30회에 대한 평균값)

field_surgeon|pajem_angelical2에 대한 설계된 조합은 다음이었다.

pw(pajem_angelical_right_arm, field_surgeon)
member_of(field_surgeon, creature)
pw(pajem_angelical_torso, field)surgeon)
strength(field_surgeon, 2)
pw(pajem_angelical wing, field_surgeon)
defense(field_surgeon, 1)
pw(field_surgeon left leg, field_surgeon)
food_consumption(field_surgeon, 1)
actor(defense_enhancement, field_surgeon)
team_color(field_surgeon, white)
actee(defense_enhancement, creature)
points(defense_enhancement, 2)
made_of(field_surgeon, flesh)
color(field_surgeon, human colored)
pw(field_surgeon_head, field_surgeon)
cost(defense_enhancement, 1)
pw(pajem_angelical_left_arm, field_surgeon)

moves(field_surgeon, jumping)

곧 볼 수 있듯이, 해당되는 모든 수(힘, 방어, 음식 소비, 포인트와 비용)는 뒤섞였다. 대입이 디바고의 투사 기제와 일치하면 아무런 문제가 되지 않지만, 그렇지는 않았다. 때로는 숫자 1이 2로 투사되고(strength의 두 투사), 때로는 (defense에서) 1로 투사되며, 그 경우는 더 복잡해지는데, 이는 0이 (cost에서) 1로도 투사되기 때문이다. 우리가 제기하는 문제는 명확히 선택적 투사가 입력 개념지도에서 각 개념에 대해 한 번의 투사만 가질 수 있으므로, 사상 함수에 의해 1이 0, 1, 2로 사상된다 하더라도(이것은 일대일 구조 정렬 알고리즘으로는 항상 가능한 것은 아니다), 혼성공간에서는 이 중에서 하나로만 투사될 수 있다는 것이다. 이것은 이제 심각한 한계처럼 보인다. 이 혼성공간에서 또 다른 문제점은 완전히 새로운 개념이 하나 있다는 것인데, 그것은 어느 입력공간에서도 존재하지 않던 jumping이다. 설계자가 따랐던 추론은 이 새로운 생명체에는 다리가 하나뿐이기 때문에 점프를 해야만 이동할 수 있다는 것이었다. 이것은 지식기반에서 규칙을 발생시켰기 때문에 중요한 정보였다. 가능한 것 중에서 가장 적은 오차를 결정한 후에는 그 프레임을 결정하도록 진행할 수 있다.

동일한 추론을 유지하지만 이선 프레임(*a프레임*, *b프레임*, *a핵*, *b핵*) 중 일부가 매개변수(각각 *프레임(X)*와 *핵(X)*)로 단순화되었음을 알 수 있다. 그림 41은 달성된 것 중에서 최상의 성능을 보여 주고, 그림 42는 최상의 결과와의 차이를 보여 준다. 기중치 형상은 동일했다(90% 적절성, 10% 통합). 부록 E에는 생성된 혼성공간의 목록이 있다.

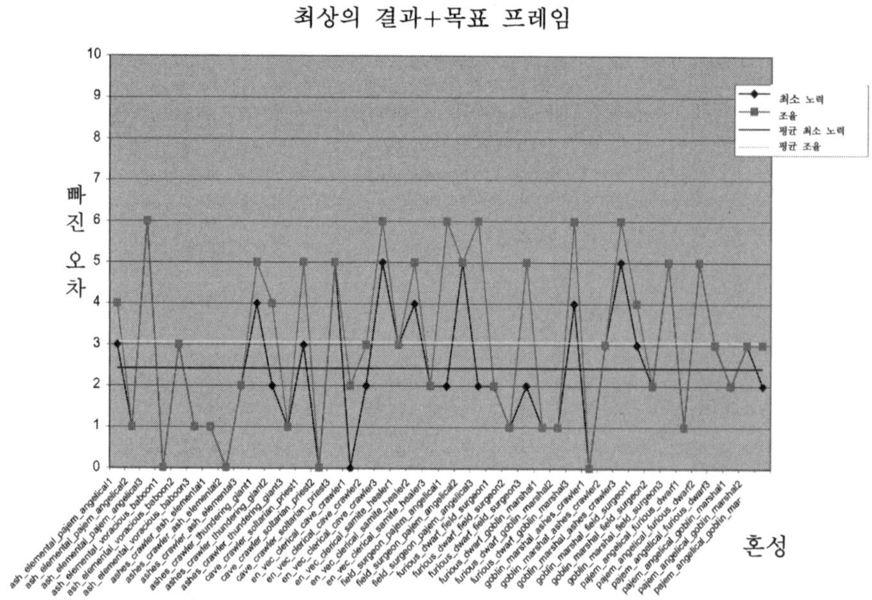

그림 41. 가능한 최상+프레임 결과(평균값)

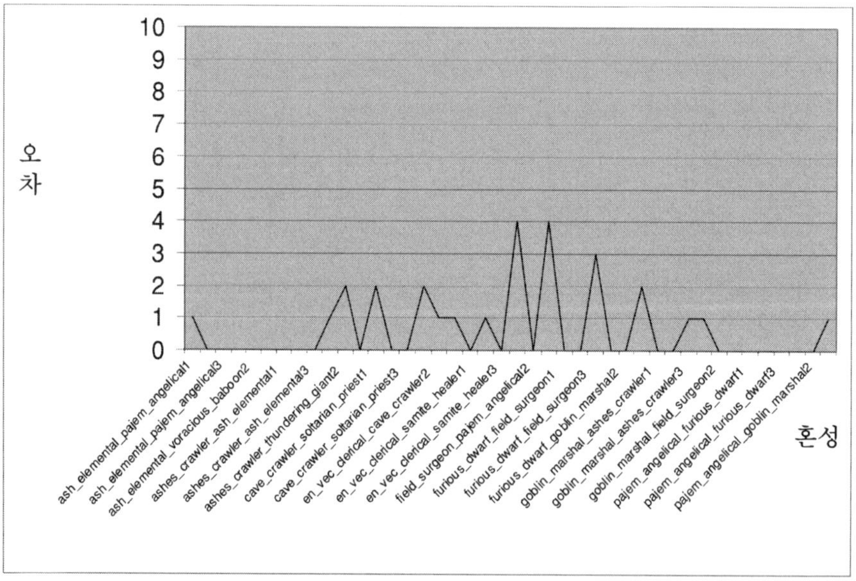

그림 42. 디바고의 효율성: 최상의 값과의 차이(평균값)

몇 가지 상황을 제외하고는 최상의 결과나 그것에 매우 가까운 결과를 줄 프레임들의 조합을 찾는 것은 어렵지 않았다. 특정한 혼성공간에 그 프레임들을 맞추는 것을 피하고자 했기 때문에 (그림 42에서 2보다 큰 오차를 가진) 일부 혼성공간에 대해서는 프레임들의 *안정적인* 조합을 찾기가 어려웠다. 어떤 프레임들의 조합이 주어지더라도 탐색공간은 너무 복잡해졌으며, 일부 프레임을 달성하기 위해 디바고는 다른 것을 버려야 했고, 결국 30회의 실행 내내 많은 다양한 국부적 최대값을 달성했다. 양립하지 않는 프레임들의 예는 (표 21에서) shape_amputation(List)와 shape(X)에 대한 프레임들이다. 전자는 생명체의 부분을 제거하지만, 후자는 그것을 전체로 만들려고 한다.

표 21. 생명체 혼성공간에서 사용하는 프레임의 목록

creature(X)	생명체의 이름은 생명체 X의 이름과 동일하다
frame(X)	생명체는 입력 X의 동일한 관계 집합을 유지한다
core(X)	생명체는 입력 X의 핵(모든 속성)을 포함한다
shape_amputation(L)	생명체는 목록 L에서 모양 항목(*팔*, *다리* 등) 중 어떤 것도 가지지 않는다
shape_transfer(S, X)	생명체는 X로부터 모양 S를 계승한다
function_transfer(X)	생명체는 입력 X로부터 기능을 계승한다
fightAttr(X)	생명체는 싸움 속성(*힘*과 *방어*)을 계승한다
shape(X)	생명체는 입력 X로부터 전체적인 모양을 계승한다
attr transfer(L, X)	생명체는 입력 X로부터 목록 L에 있는 속성들의 집합을 계승헌디

6.4.2 자유생성

디바고가 새로운 생명체를 생성할 수 있는 능력을 보기 위해 우리는 몇 가지 다른 형상과 생명체 조합을 적용했다. 게임 문맥이 주어지면, 이번에는 정교화를 적용하여 시각적 출력을 생산하고자 한다. 저작권 의무와 완전히 정의된 3D 생명체 3개(늑대인간, 용, 말; 그림 43 참조)의 이용 가능성 때문에, 지식기반의 내용은 위에서 사용한 Magic©The Gathering으로부터 나온 생명체와 비슷한 방식으로 코드화되는 후자의 사물만 포함하도록 바뀌었다.

그림 43. 지식기반에서 이용 가능한 생명체

지식기반을 바꾸고 획득한 프레임과 규칙을 유지함으로써, 우리는 디바고가 어느 정도의 융통성이 있음을 검증할 수 있다. 사실상, 개념지도에서 같은 종류의 관계를 유지했으므로 몇 가지 규칙과 무결성 제약만 창조되어야 했다. 우리는 날개가 달린 무언가가 날 수 있는 능력을 가져야 하고, 다리가 홀수인 무언가가 빠진 연결에 목재다리를 가져와야 하고 점프하여 움직여야 한다고 진술하기 위한 규칙을 추가했다. 또 다른 규칙은 동일한 속성에 대해 두 가지 다른 숫자 값이 있을 때의 평균을 계산한다(그리고 그것을 이 평균으로 대체한다). 또한 무언가가 위험하고 매우 강하며 매우 클 때(*힘* > 5와 *크기* > 3), 그것이 ogre head(괴물 같은 머리)를 가지고 원래의 것을 잃어버려야 한다고 진술하는 규칙을 추가했다. 새로운 무결성 제약은 생명체가 동일한 속성에 대해 두 가지 다른 값을 가져서는 안 되고, 대칭이어야 하며, 같은 장소에 두 개의 *머리*, 두 개의 *몸통*, 두 구성원을 가져서는 안 된다고 진술한다(가령, 두 개의 *왼팔*).[10)]

이 실험 내내 하나의 질의만 적용했다. 이 질의를 결정하기 위해 이전 단계에서 42 마리의 생명체를 만드는 데 사용된 프레임 조합의 이력을 분석했다. 우리는 각각이 creature(X), frame(X), core(X)와 같은 둘 또는 세 개의 추상적인 프레임을 가지고 있다고 결론지었다. core(X)는 너무 구체적이기 때문에, creature(X)과 frame(X)을 가지고자 했다(전자는 혼성공간에 하나의 생명체 이름만 가지고, 후자는 그것의 관계적 구

10) 물론 이것은 결코 이러한 생명체가 생성되지 않는다는 것을 의미하지는 않다. 시스템은 그러한 구조가 피해야 한다고 말하고 있다.

조를 따르도록 한다). 각 입력으로부터 모양 부분을 전이하는 것에는 어느 정도의 규칙성도 있으므로, X와 Y가 다른 shape_transfer(E1, Y), shape_transfer(E2, Y), {E1 \= E2}를 가지고자 했다. 따라서 그 질의는 다음이다.

creature(X), frame(X), shape_transfer(E1,Y), shape_transfer(E2,Y), {E1\ = E2, X \ = Y}.

따라서 좋은 혼성공간은 다른 생명체의 적어도 두 개의 모양 부분을 가진 한 생명체의 구조로 구성될 것이다. 표 22는 생명체의 각 쌍과 가중치 형상에 대해 참신성과 유용성의 중간 결과뿐만 아니라 최고 혼성공간에 대한 점수도 보여 준다. 가중치 형상은 본질적으로 이전 실험에서 사용한 것들로 구성된다.

표 22. 생명체 조합의 결과

조합	가중치					*nov*	*use*	최고 혼성공간
	I	T	MVR	U	R			(*nov*/*use*)
horse werewolf	34	16	10	4	36	0.50	1.00	0.56/1.00
horse dragon	34	16	10	4	36	0.31	1.00	0.25/1.00
werewolf dragon	34	16	10	4	36	0.50	1.00	0.62/1.00
horse werewolf	10	0	0	0	90	0.86	1.00	0.86/1.00
horse dragon	10	0	0	0	90	0.69	1.00	0.57/1.00
werewolf dragon	10	0	0	0	90	0.74	1.00	0.65/1.00
horse werewolf	20	0	0	0	80	0.86	1.00	0.86/1.00
horse dragon	20	0	0	0	80	0.87	1.00	0.75/1.00
werewolf dragon	20	0	0	0	80	0.76	1.00	0.65/1.00
horse werewolf	30	5	5	15	45	0.83	1.00	0.71/1.00
horse dragon	30	5	5	15	45	0.37	1.00	0.50/1.00
werewolf dragon	30	5	5	15	45	0.59	1.00	0.65/1.00

이런 실험들에서 거의 모든 결과가 질의를 전적으로 충족시키므로 각 질문에 대해 100%의 값을 제공한다(평균은 0.98이고, 0.05의 표준편차는 몇 가지 이상점에 대응한다). 참신성에 관해, 가중치 형상을 가진 결과의 변이성을 관찰할 수 있다. 실제로 적절성과 통합에 초점을 둘 때, 그 시스템은 전형성에서 벗어나는데, 이는 사용한 프레임을 분석하면 이해할 수 있다. 적절성과 통합은 두 입력 모두에서 나온 지식을 사용

하는 것을 선호하고, 한 입력을 다른 입력보다 크게 선호하지는 않는다. 다른 실험에서도 검증할 수 있는 것처럼 그렇게 하면 참신성이 증가하한다. 반대로, 그 프레임이 어느 한 입력을 선호하면(가령, 페가수스는 말이다) 전형성이 증가한다. 위상과 풀기 등 다른 최적성 원리를 추가할 때, 100% 솔루션을 얻지만 참신성이 줄어드는 것을 알아차릴 수 있다. 이것은 적절성에 대한 무거운 가중치로부터 초래되지만, 목표 프레임을 달성하면서도 다른 원리를 가능한 한 많이 준수하는 혼성공간에 대한 선호도가 있다(위상과 풀기는 특별히 입력과의 유사성을 선호한다). 리치의 기준을 적용하면 표 23을 얻을 수 있다. 이 표에서는 이전 실험(기준 1과 2)과 비교하여 전형성의 평균과 비율이 약간 낮아진 것을 볼 수 있다. 모든 결과가 질의(3과 4)를 전적으로 충족시키면, 값의 평균과 비율은 물론 100%이다. 이런 사실은 다른 기준(5, 7, 12, 14)에서의 최대값을 암시한다. 다시, 이것은 무언가의 *값*을 결정할 때뿐만 아니라 그것을 다른 실험과 비교할 때에도 어려움을 보여 준다. 창의성에 대한 매우 중요한 기준인 비전형적인 결과와 가치 있는 결과의 비율은 0.667로 증가했다(이전 실험에서 이것은 0.333으로 반올림되었다는 것을 기억하라). 이것은 모든 것이 지금 최대로 귀중하다고 가정하면 예상 가능하다. 나머지 기준은 동일한 결론을 확인한다. 디바고는 모든 조합에 대한 값 기준을 충족할 수 있었고, 어느 입력도 다시 만들지 않았으며, 낮은 전형성(즉, 높은 참신성)을 가진 결과의 일부를 생성할 수 있었다.

표 23. Ritchie(2001)의 기준 결과

기준	*값*
1	0.343
2	0.333
3	1.000
4	1.000
5	1.000
6	0.667
7	1.000
8	2.000
9	0.000
10	N/A
11	0.308
12	1.000
13	0.333
14	1.000

다른 연구자와 함께 개발한 해석기로 이러한 3D 이미지를 생성했다(Ribeiro et al. 2003). 그것은 디바고가 생성한 개념지도를 받아 3D 이미지를 기술하는 "wavefront obj" 파일을 생산한다. 생명체의 몇 가지 부분은 별도로 코드화했고(가령, horse_back_leg, ogre_head), 개념지도에 따라 함께 배치했다. 생성한 생명체를 알도게 하기 위해 이제 몇 가지 예를 제시할 것이다(나머지는 부록 E에 있다). 그림 44, 45, 46, 47은 각각 형상 1, 2, 3, 4에서 발견한 최고의 혼성공간의 이미지를 보여 준다.

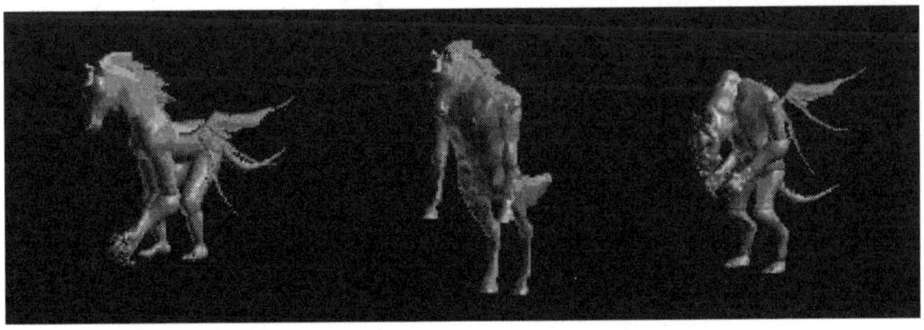

그림 44. horse|dragon(nov=0.25), horse|werewolf(0.56), werewolf|dragon(0.62)에 대한 최고의 혼성공간

그림 45. horse|dragon(0.37), horse|werewolf(0.86), werewolf|dragon(0.65)에 대한 최고의 혼성공간

그림 46. horse|dragon(0.75), horse|werewolf(0.86), werewolf|dragon(0.65)에 대한 최고의 혼성공간

그림 47. horse|dragon(0.50), horse|werewolf(0.71), werewolf|dragon(0.59)에 대한 최고의 혼성공간

생성된 생명체의 범위에 대한 통찰력을 주기 위해 우리는 최악의 결과도 보여 준다. 이런 결과에서는 구성원(가령, 날개)이 하나 부족하거나, 같은 지점에 구성원이 둘 이상이거나(가령, 뒷다리가 4개인 horse|werewolf) 해적 다리가 있음을 알 수 있다. 그림 48을 보라.

그림 48. horse|dragon(nov=0.73), horse|werewolf(0.44와 0.60), werewolf|dragon(0.67)에 대한 최악의 혼성공간

우리는 독자가 이미지에 과도한 중요성을 두지 않도록 이런 생명체의 시각화를 이 절 끝으로 미뤄두었다. 실제로 이 생명체들 각각의 뒤에는 훨씬 더 많은 것이 있는데, 즉 *능력, 힘, 방어* 등과 같은 특징이 있다. 따라서 제목에서 보고되었듯이 참신성은 이러한 비시각적 특징의 영향을 받았을 수도 있다.

이런 실험에서 나오는 긍정적인 결론은 생성 모형으로서 디바고가 게임 환경의 역학을 향상시킬 수 있다는 것이다. 디바고가 생명체뿐만 아니라 시나리오, 물리적 사물, 행동 등도 혼성하게 허용된다고 가정해 보라. 더군다나 적절한 프레임을 사용하면, (가령, 시나리오의 색상이나 질감을 생명체나 사물의 기능으로 전이하는 혼성공간을 가지고서는) 생명체와 시나리오를 혼성하는 것이 이론적으로 가능한데, 이는 게임의 가능성을 매우 강화시켜줄 것이다.

이런 실험이 게임 개발을 위한 동기를 자극했지만, 해결해야 할 몇 가지 문제도 밝혀내었다

- 이 실험에서 사용한 대부분의 사상은 사상기로 만들지 않았고 손으로 코드화했는데, 이는 첫 번째로 사상기가 표상의 단순성에 의해 쉽게 속임을 당하기 때문이고(가령, 사상기는 back_leg를 right_arm으로 사상할 수 있는데, 이는 둘 다 동일한 관계 pw로 그 생명체에 연결되기 때문이다), 두 번째는 사상의 일부가 구조 정렬에 기반하지 않기 때문이다. 숫자의 뒤섞음이라는 앞의 상황은 좋은 예이다.
- 투사는 너무 제한적인데, 이는 투사가 목표로 더 적은 오차를 달성하지 못하게 막는다. 아마도 게임 엔진은 동일한 개념지도 요소에 대해 다중 투사를 고려해야 한다.

- 디바고는 각 생명체를 생성하는 데 매우 느리다. 이것은 프롤로그 기반적 원형에 대해서는 수용 가능하지만 온라인 시스템에 대해서는 그렇지 않다. 이러한 이유로 게임 엔진은 계산상 더 빠르고 더 가벼운 환경에서 개발되어야 한다.

6.5 기존의 혼성 실례

이 연구의 한 가지 기여는 개념적 혼성의 컴퓨팅 모형이므로, 문헌에서 개념적 혼성공간으로 인식된 예로 이 모형을 확인하는 것은 중요하다. 3.3.2절과 부록 B에서 기존의 혼성 실례를 제시한다. 이런 예는 문헌에서 나오고, 개념적 혼성의 컴퓨팅 모형을 구축할 때 고려해야 하는 사례연구이다. 더 많은 실례를 포함할 수도 있지만, 충분히 명시되었고(이런 예는 어쨌든 모든 사상과 입력공간에서 나온 예를 구분해야 한다), 두 개의 입력공간만을 고려하는 실례에 국한했다(다중 입력공간을 가진 실례도 많이 있다). 더욱이 이런 실례는 우리 측의 주관적인 평가를 막기 위해 설명의 어딘가에서 "개념적 혼성공간"으로 간주되어야 한다.

표 27에서는 그 실례뿐만 아니라 특성도 나열한다. 이런 실례는 개념적 혼성의 참고문헌에서 지난 몇 년 동안 접근해 온 많은 상황을 대표하는 것들이다. 정교화를 제공하기 위해 총칭공간에 몇 가지 규칙을 추가했다. 운동법 규칙(5.7절 참조)과 상식적 함의를 나타내는 규칙(가령, "x와 y가 결혼하면" 그들은 부부가 된다")이 그 예이다. 각 실례에 대한 사상이 이미 문헌에 나와 있으므로 사상기는 사용하지 않았다.

표 24. 문헌에서 발견된 개념적 혼성의 12개 실례

이름	*위상*
승려의 수수게끼	단일 연결망, 위상 보존
CEO 권투	단일범위 연결망
총상	명사 합성어, 이중범위 연결망
칸트 논쟁	이중범위, 거울 연결망, 패턴완성
육상 요트	명사 합성어, 유추
쓰레기통 농구	이중범위
컴퓨터 데스크톱	이중범위, 은유
컴퓨터 바이러스	이중범위, 범주 변형
동성 결혼	이중범위, 범주 변형
샌드위치 반사실문	반사실적 혼성, 단일범위
"마벨은 폴의 딸이다"	XYZ 혼성공간, 단일범위
애완 물고기	명사 합성어

우리는 이런 실례에서 입력공간, 혼성공간, 총칭공간, 사상을 추출했다. 일반적으로, 이 모두는 표나 그림에서 직접 이용 가능했다. 특별한 경우는 "컴퓨터 데스크톱"과 "컴퓨터 바이러스"로서, 이것들은 우리가 삽입한 상식 지식으로 완성했다.

표 24의 각 예에서, 이런 실험의 목표는 디바고가 "정확한" 혼성공간(목표)을 어느 정도까지 달성할 수 있는지를 이해하는 것이었다. 이전 실험과는 달리, 여기서의 목표는 그 시스템의 창의성을 평가하는 것이 아니라 개념적 혼성 모형이 되는 데 얼마나 적당한지, 즉 목표물에 대한 오차를 최소화하는 데 얼마나 적당한지 찾는 것이기 때문에서 참신성과 유용성에는 집중하지 않을 것이다. 이런 목표는 문헌에 나오는 각 예에서 기술된 혼성공간에 대응한다. 표 25는 "총상"에 대한 목표뿐만 아니라 오차가 0.75인 (가상의) 혼성공간도 보여 준다. 그것은 목표에 속하지 않는 두 가지 관계("actee(shoot, target)"와 "result(shoot, result)")와 하나의 목표 관계("actee(shoot, human)")를 놓치고, 3의 합을 생산한다. 그 목표의 크기가 4이므로 3/4 (= 0.75)의 오차가 있다. (6.2절의 말-새 실험에서 거리를 계산하기 위해 기술된 것과 동일한 추론을 따르는) 이 오차 측정은 직관이 말하는 것보다 더 높을 수 있는 오차 값을 강화한다. 예컨대, 투사된 관계 *r*이 또 다른 관계를 잘못 대체하는 경우, 이는

하나(즉, "단 하나만"의 잘못된 관계가 있다)가 아니라 두 개(하나는 *삭제*를 위한 것, 다른 하나는 *삽입*을 위한 것)로 간주될 것이다. 이것은 추정된 오차를 2로 나누어야 한다는 것이 아니라, 발견된 오차를 언제 정량적으로 분석할지를 고려해야 한다는 것을 의미한다.

표 25. "gun wound(총상)"에 대한 목표 혼성공간(왼쪽)과 혼성공간(오른쪽)

목표 혼성공간		혼성공간
actor(shoot, agent) actee(shoot, human) means(shoot, gun) result(shoot, wound)	오차 = 0.75 →	actor(shoot, agent) actee(shoot, target) means(shoot, gun) result(shoot, wound) result(shoot, result)

말-새 실험에서처럼, 우리는 실험을 고립된 제약과 결합된 제약이라는 두 가지 단계로 분리한다. 전자에서는 각 예에 대해 디바고의 고립된 최적성 제약의 행동을 관찰할 수 있다. 그렇게 할 때 이런 제약 중 어떤 것이 혼성공간 생성에서 최소의 오차를 달성하는지를 관찰할 수 있다. 그 결과는 또한 실험의 마지막 단계에도 유용한데, 이 경우에는 이전에 얻은 결과에 따라 제약들을 결합할 것이다. 망, 중추적 관계의 최대화와 강화라는 원리에는 집중하지 않는다. 이유는 분명한다. 즉, 망은 우리의 구현에서 독립적이라고 생각하지 않으므로 망을 별도로 테스트하는 것은 타당하지 않다. 우리는 어쨌든 존재 이유인 중추적 관계의 압축 역할을 고려하지 않으므로, 중추적 관계의 최대화/강화의 결과는 그 자체의 대응하는 이론과 직면할 수 있는 결론을 내놓지 않을 것이다.

또한 명사-명사 실험을 위한 방법론을 따랐는데, 프레임을 얻기 위한 첫 단계 *조율* 단계를 거쳤다. 달성된 프레임 세트는 표 26에 나열되어 있고, 부록 B와 E에서 그 코드를 보여 준다. 표 27은 각 실례에서 사용된 목표를 보여 준다.

표 26. 사용한 프레임에 대한 비공식적 기술

프레임	기술
a프레임	혼성공간은 입력공간 1의 동일한 관계를 가진다(물론 그 요소들은 다를 수 있다)
b프레임	혼성공간은 입력공간 2의 동일한 관계를 가진다(물론 그 요소들은 다를 수 있다)
a투사	혼성공간은 입력공간 1의 요소를 가진다
b투사	혼성공간은 입력공간 2의 요소를 가진다
유추 전이	혼성공간의 [부분]은 입력공간 2의 사상된 요소들의 모든 이웃 요소들과 관계들을 입력공간 1의 상관물로 전이해서 초래된다
역할 전이	[명사-명사 합성어 혼성공간의 경우에] 머리어는 수식어의 역할 요소로 투사된다(가령, "gun wound"에서 "부상"은 혼성공간에서 "결과"로 투사된다
논쟁	혼성공간은 논쟁 시나리오에서 예상되는 모든 관계를 가진다(예 3 참조)
날 압축	두 입력공간의 모든 일시적인 요소들은 같은 날의 지시물이 된다
머리어 전이	[명사-명사 합성어 혼성공간의 경우에] 머리어(입력공간 2)에 연결된 모든 관계와 요소는 손대시 않고 그대로 혼성공간으로 투사된다

표 27. 적절성 원리를 위해 사용한 목표

		목표
예	프레임	관계
승려의 수수께끼	날 압축	만남(승려 1, 승려 2)
CEO 권투	a프레임, b투사	
총상	a프레임, 역할 전이	
칸트 논쟁	b투사, 논쟁	
육상 요트	a투사, 머리어 전이	
쓰레기통 농구	a프레임, 유추 전이	
컴퓨터 데스크톱	a프레임, b투사, 유추 전이	
컴퓨터 바이러스	a프레임, 머리어 전이	
동성 결혼	a프레임	동성(사람 1, 사람 2), 결혼(사람 1, 사람 2)
샌드위치 반사실문		
마벨은 폴의 딸이다	b프레임, a투사	
애완 물고기	a프레임, b투사	

표 27에서는 프레임 선택에서 규칙성을 관찰할 수 있다. 일반적으로, 혼성공간의 일반적인 구조를 확립하는 적어도 하나의 총칭적 조직 프레임(*a프레임*, *b투사*)이 있다(*a프레임*은 혼성공간이 입력공간 1의 관계를 유지하도록 만든다. *b투사*는 혼성공간이 입력공간 2의 요소를 유지하도록 만든다). 그런 다음 변형하거나(가령, *유추 전이*, *머리어 전이*, *날 압축*) 조직할(가령, *역할 전이*) 수 있는 다른 프레임이 있을 수 있다. 마지막으로, *논쟁*과 같은 프레임을 식별하는 패턴은 특정한 상황에서 사용된다. 최종 발언은 "샌드위치 반사실문" 예에 관한 것이다. 생명체 실험에서 언급했듯이, 이 혼성공간에서처럼 디바고는 일대다 사상이 필요할 때 기술적으로 목표에 도달하지 못하므로, 우리는 그것을 나머지 실험에서 제거했다. 적절성 외에, 어떤 다른 최적성 원리는 특별한 형상 문제를 요구하지 않으므로, 그 적용은 전적으로 0보다 더 높은 가중치에만 의존한다.

6.5.1 고립된 원리의 실험

실험에서 이 부분의 의도는 첫 번째 순서 내에서 각 혼성공간의 지배적인 원리를 찾는 것이다. 즉, 그것은 혼성공간에 즉각적으로 만연해 있는 것처럼 보이는 원리를 제공하여(우리는 두 번째 순서 내에서는 만연해 있는 것처럼 보이는 원리의 쌍을 볼 것이다), 혼성공간들에 대한 첫 번째 분류를 제공한다. 이 후자의 생각은 각 혼성공간에 대한 모든 (고립된) 원리의 행동을 고려하고, 그것들을 집합으로 비교할 때 한층 더 정확할 수 있으므로, 우리는 각각의 값을 개별적으로 비교하는 대신에 값들의 연속을 비교할 수 있다.

그림 49는 각 최적성 원리의 전반적인 결과를 제시한다. 이 그래프에서 즉각적인 결론을 도출할 수 있다. 즉, 적절성 원리는 어떤 다른 원리보다 오차가 일관되게 더 적다. "CEO 싸움" 혼성공간은 이 두 가지 원리에서 최대 오차의 기록을 깨뜨린다. 이것은 이전 실험의 결과를 입증하고 이 원리의 중요성을 강조한다. 다른 한편으로, 이것은 혼성공간 증거의 어떤 것도 (적어도 우리가 그것들을 구현했을 때) 별개의 다른 원리에 대한 자연스럽게 내재적인 경향을 가지지 않는다는 것을 증명한다. 더욱이 적절성 원리가 목표에 대한 직관적이고 시행착오식 선택에 따라 각 혼성공간에 대해 다르게 형상화되기 때문에, 정확한 솔루션으로 이어질 수 있는 포괄적인 문맥 독립적 원리가 없다는 것을 암시하는 듯하다. 또한 적절성이 특정한 형상을 요구하기 때문에, 사용한 목표의 선택에 따라 그 값은 크게 달라질 수 있으므로, 독자는 이 도표를 해석하는 동안 이 양상을 유지해야 한다.

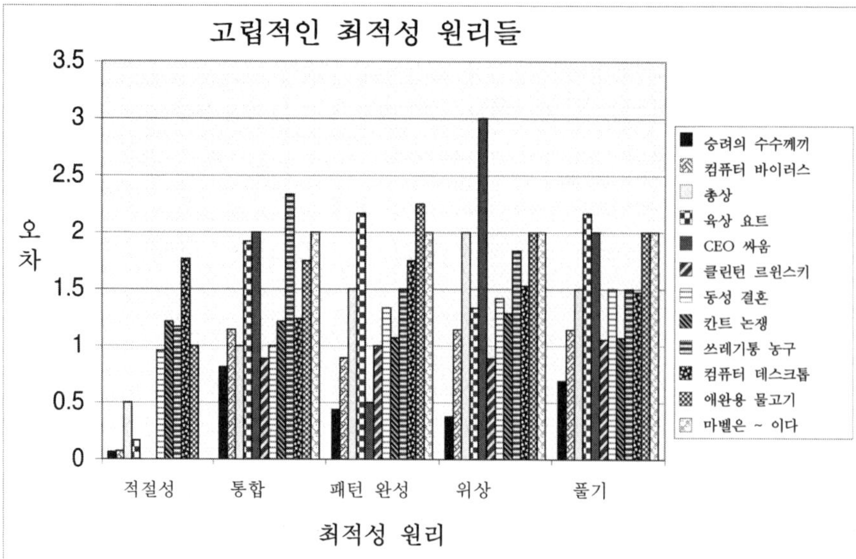

그림 49. 각 최적성 원리에 대한 오차의 중앙값

그림 49에서 나온 더욱 실용적인 결론은 그래픽 표상 자체에 관한 것이다. 막대를 사용하는 것이 x축에 척도가 없으므로 정확한 것으로 보이지만, 그렇다고 해서 우리가 고려할 수 있는 몇 가지 종류의 혼성 공간을 이해하고 조직하는 과제가 단순화되는 것은 아니다. 이러한 이유로, 우리는 이를 선 그래프로 나타내기로 했다(그림 50).

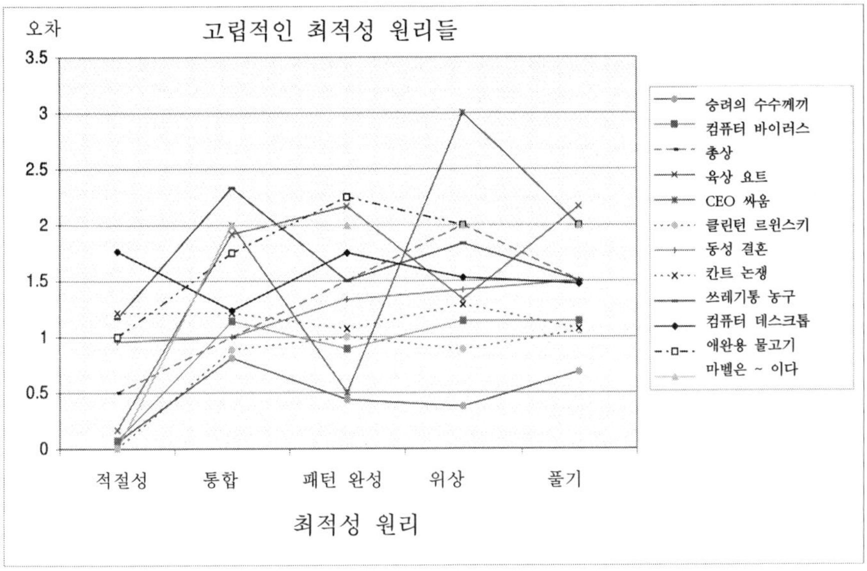

그림 50. 각 최적성 원리의 오차에 대응하는 축소된 선 그래프

표 27에 제시한 유형론에 주의를 기울이는 결과를 분석하는 것은 이 단계에 대한 우리의 첫 번째 관심사였다. 그러나 결과에서는 특별히 흥미로운 패턴은 발견되지 않았다. 이에 대한 다양한 설명이 있지만, 가장 두드러진 설명은 원리와 주어진 유형론 간에 아무런 상관성이 없다는 것을 암시한다. 예컨대, 한 이중범위 혼성공간은 위상을 보존하지만, 또 다른 이중범위 혼성공간은 강한 통합을 요구하고, 거울 망 또한 위상을 보존할(하지 않을) 수도 있다. 후자의 경우, 그것이 위상을 보존하더라도 이 원리의 값은 매우 높지 않아도 된다(즉, 거울 망에는 입력공간들 간에 선험적인 위상적 대응이 없으므로, 보존 노력은 낮을 수 있다). 혼성공간의 복잡성을 입증하는 많은 다른 주장이 제기될 수 있으며, 이는 결국 유형론 자체의 불확실성으로 끝난다(가령, 단일범위와 이중범위 간의 차이는 극도로 미묘할 수 있다).

다른 한편, 적절성 원리에 대한 목표 프레임의 선택에서 명확한 패턴이 발견되었다. 두 개의 단일범위 혼성공간 모두 쌍 *x프레임*과 *y투사*를 가진 목표를 정확히 달성했다(x와 y는 "a"나 "b"이다). 이것은 단일범위의 개념과 완전히 일치한다. 즉, 한 입력공간의 요소들은 다른 입력공간의 프레임에 따라 조직된다는 것이다. 명사 합성어도 한 가지 패턴을 보여 준다. 즉, 한 입력공간의 "투사"가 있는데, 그것은 그 합성어의 초점과 일치하는 투사이다. 예외는 역시 이중범위인 "총상"이다. 이중범위 혼성공간의 예는 일반적으로 더 특정한 프레임(가령, *논쟁*, *유추 전이* 등)이나 특정한 관계(가령, *동성*(*사람*1, *사람*2))를 요구하고, 정확한 목표에 도달하는 데 있어서 일관성이 덜했다. 이것은 "양면[즉, 이중범위]에서 (...) 특히 혼성공간을 위해 발달되었고, 중심적인 발현구조를 가지고 있는 프레임을 사용하는 것이 필요하다. (...) 양면 망에서는 최적성 원리들 간의 점차 증가하는 경쟁과 그 원리들을 충족하지 못할 수 있는 더 많은 가능성을 볼 수 있다"(Fauconnier & Turner 1998).

우리는 그래프의 모양과 오차를 줄이는 원리에 관해 유사성에 기초한 정성적 평가를 고려하면서 네 가지 다른 종류의 혼성공간 그룹을 발견했다. 그룹 1("동성 결혼", "컴퓨터 데스크톱", "애완 물고기", "총상"), 그룹 2("컴퓨터 바이러스", "칸트 논쟁", "CEO 싸움", "쓰레기통 농구"), 그룹 3("마벨은 ~의 딸이다"), 그룹 4("승려의 수수께끼"와 "육상 요트")가 그것이다. 이것은 각각 그림 51, 52, 53, 54에서 볼 수 있다.

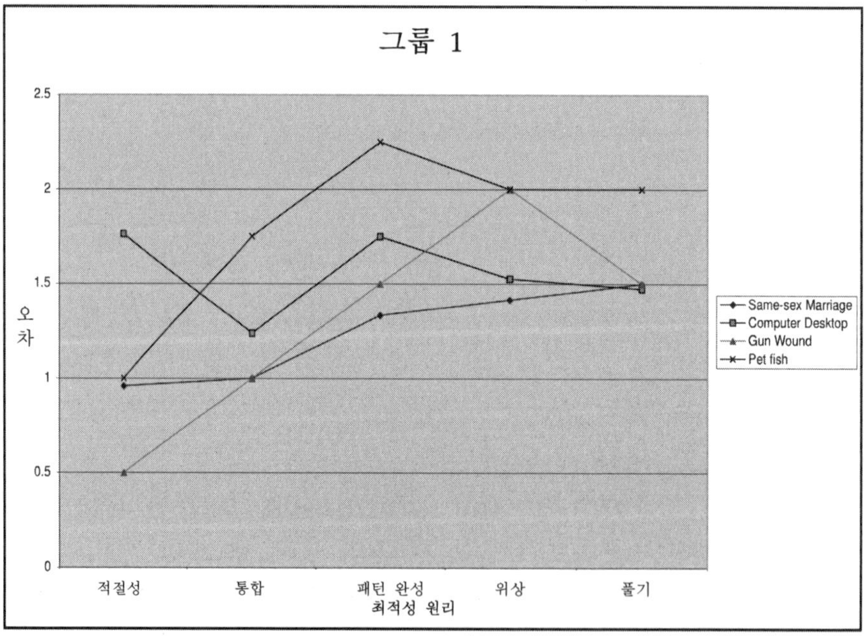

그림 51. 그룹 1

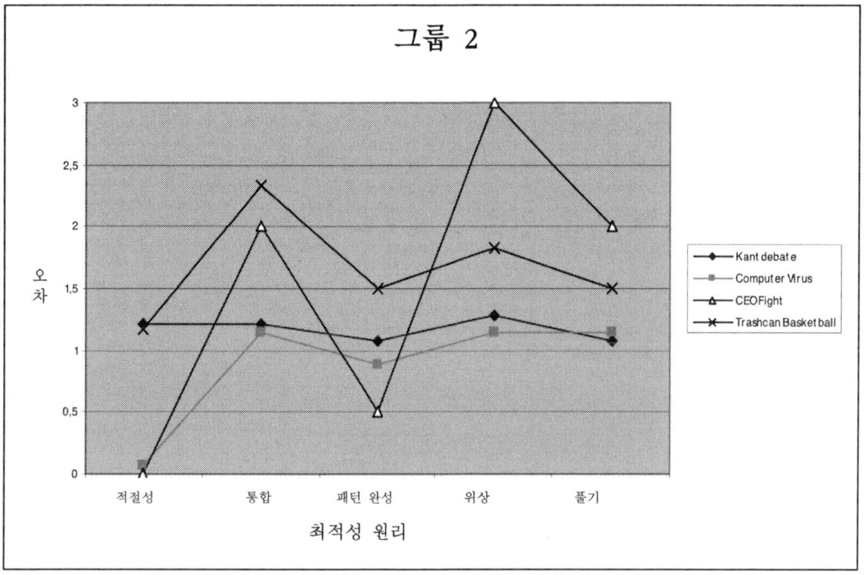

그림 52. 그룹 2

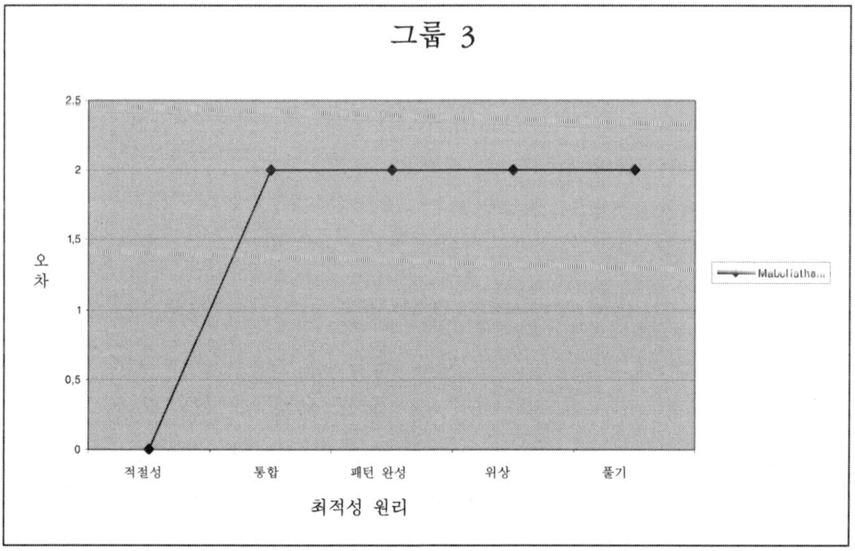

그림 53. 그룹 3

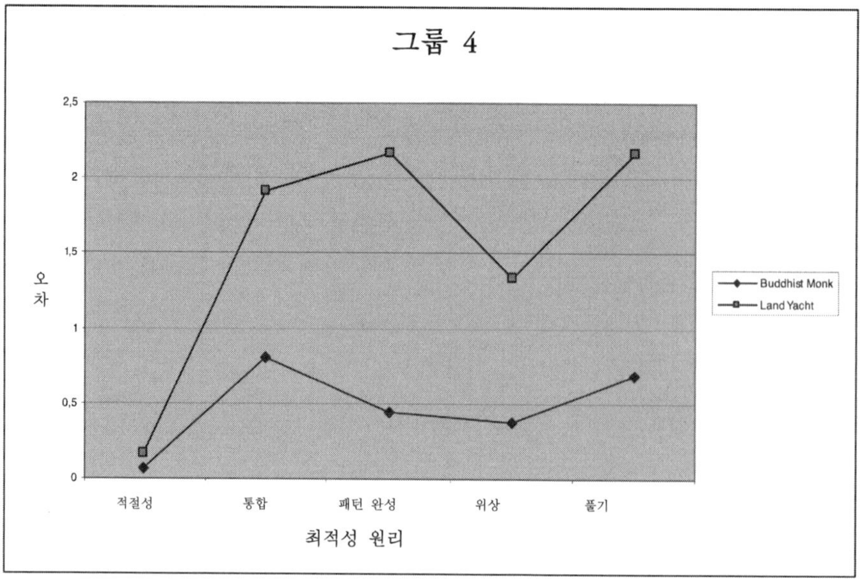

그림 54. 그룹 4

"컴퓨터 데스크톱"을 제외하고 그룹 1의 혼성공간들은 더 적은 오차를 생산하는 적절성 다음에 통합이 뒤따르고, 패턴완성도 비슷한 비율로 뒤따른다. "컴퓨터 데스크톱"은 좋은 목표 프레임 집합을 찾을 수 없었던 유일한 예이다. 결과적으로, 적절성을 별도로 분리하면 매우 큰 오차가 발생했다. 따라서 그것을 이 그룹에 포함시키는 이유는 다른 원리들에 있다. 이 그룹의 다른 예에서처럼 통합은 더 적은 오차를 내놓고, 그 뒤에 패턴완성이 뒤따른다. 위상과 풀기는 모두 적은 오차 범위 내에 속하긴 하지만 덜 일정한 패턴을 보여 준다.

그림 52는 패턴완성에서 두 번째로 작은 오차가 있고, 통합과 위상에서 두 가지 가장 높은 오차가 있는 혼성공간으로 구성된 그룹 2를 보여 준다. 흥미로운 또 다른 의견은 "컴퓨터 바이러스"와 "칸트 논쟁"의 결과 간에 유사성이 있다는 것이다(앞서 말했듯이 목표 형상에 따라 다를 수 있는 적절성은 예외이다). 그룹 3에는 단 하나의 예가 있다. 그림 53에서 볼 수 있듯이 적절성에서 오차가 제로이고 그 뒤에 특정 오차 값을 중심으로 안정화가 나오는 패턴이 있다. (적절성을 제외한) 모든 원리는 2의 오차가 있다. 결과를 신중하게 분석한 후에 다음을 미루어 알 수 있다. a) 그것은 단 하나의 관계에 기초한다(*~의 딸*(*마벨, 폴*)).

b) 그렇다면 목표는 *b프레임*과 *a투사*가 동시에 달성될 때만 달성되는데, 그것이 적절성을 제외하고는 일관되게 발생하지 않는다. 통합에서는 그 시스템이 *a투사*와의 조합 대신에 *b프레임*의 달성에만 더 높은 점수를 준다는 것이 관찰되었다. 이것은 5.6절에서 제시한 통합에 대한 우리의 직관과 일치한다. 우리는 거기에서 혼성공간이 단 하나의 프레임에 완전히 망라될 때 통합 값이 두 가지 다른 프레임에 의해 완전히 망라될 때보다 더 강해야 한다고 주장한다.

위상과 적절성이 주요 원리인 예는 그룹 4(그림 54)에 있다. 실제로, 특히 "승려의 수수께끼"의 경우, 이것은 Fauconnier & Turner(2002: 45)의 분석과 일치하는데, 그들은 이 예에서 위상의 역할이 근본적이라고 강조한다. "육상 요트"의 결과는 예상 밖이었고, 추가 분석을 통해 목표가 한 입력공간("육상")과 위상이 매우 비슷하므로, 특히 다른 입력공간("요트")에서는 거의 어느 요소도 투사되지 않을 때 위상의 가장 높은 값이 목표에 가까워져서 혼성공간에서 "육상" 영역의 복사를 가질 수 있다는 것이 밝혀졌다. 더욱이 이 예는 (적절성을 제외하고는) 작은 오차를 달성하는 데 어려움이 있었으므로 위상의 현저성은 아마도 확대된다.

이런 그룹의 기초가 되는 특정한 패턴은 없는 것으로 보인다. 우리는 개념지도 크기, 발현구조, 입력공간과의 차이 등의 논제를 분석했지만 여전히 아무런 패턴도 발견되지 않았다. 각 그룹에 가중치의 조합을 적용할 다음 절에서는 동일한 그룹 경향이 유지되는지 점검하는 것이 가능할 것이다. 그래서 우리는 그룹화의 유의미성에 대한 다른 증거를 갖게 될 것이다.

6.5.2 원리 조합의 실험

이 실험의 두 번째 부분은 최적성 원리를 다양한 방식으로 조합하는 것에 관한 것이다. 우리는 네 가지 조합을 만들었다. 이런 실험의 이전 단계에서 나온 오차가 가장 적은 두 가지 원리(조합 1), 가중치가 동일한 모든 원리(조합 2), 말-새에서 도출된 가중치의 두 집합의 적용과 MVR을 제외하도록 정규화됨(각각 조합 3과 4)이 그것이다. 표 28은 사용한 가중치 형상을 보여 준다.

표 28. 원리들의 조합에 대한 실험에서 사용한 가중치

조합	가중치 (I, PC, T, U, R)
적절성+통합 (그룹 1)	(50, 0, 0, 0, 50)
적절성+패턴완성 (그룹 2)	(0, 50, 0, 0, 50)
적절성+통합+위상 (그룹 3)	(33.3, 0, 33.3, 0, 33.3)
적절성+위상(그룹 4)	(0, 0, 50, 0, 50)
조합 2	(20, 20, 20, 20, 20)
조합 3	(38, 0, 18, 4, 40)
조합 4	(21, 0, 21, 5, 53)

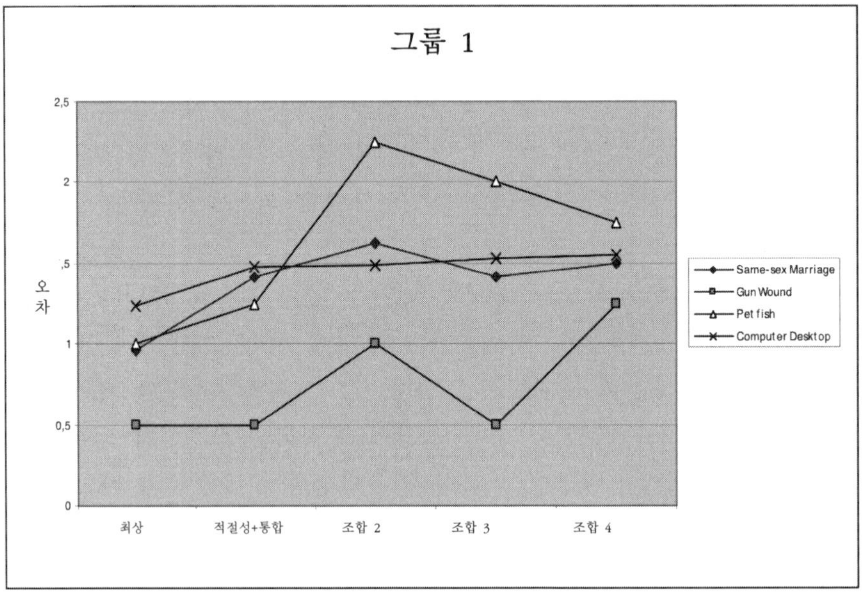

그림 55. 그룹 1에 적용된 가중치의 결합

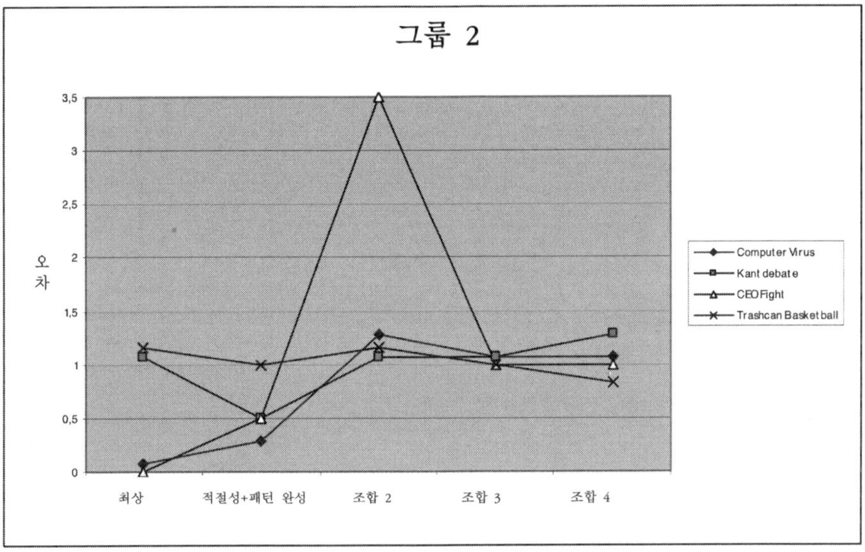

그림 56. 그룹 2에 적용된 가중치의 결합

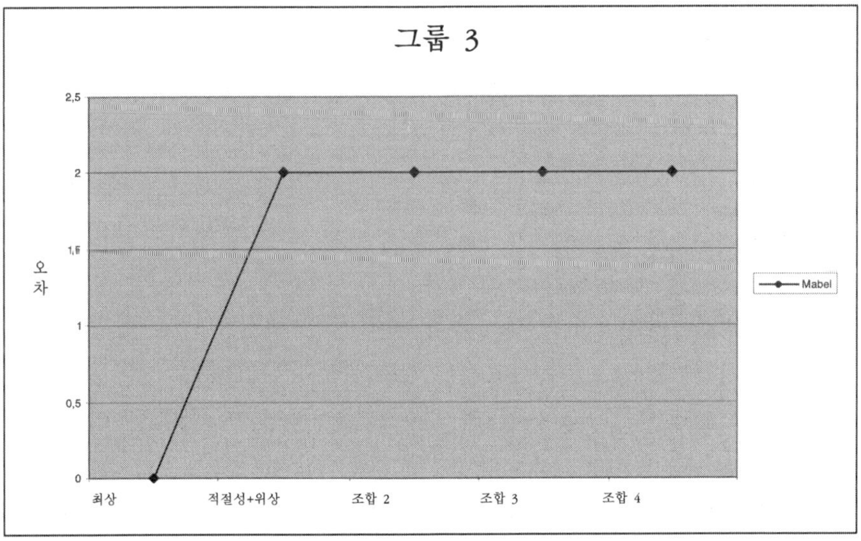

그림 57. 그룹 3에 적용된 가중치의 결합

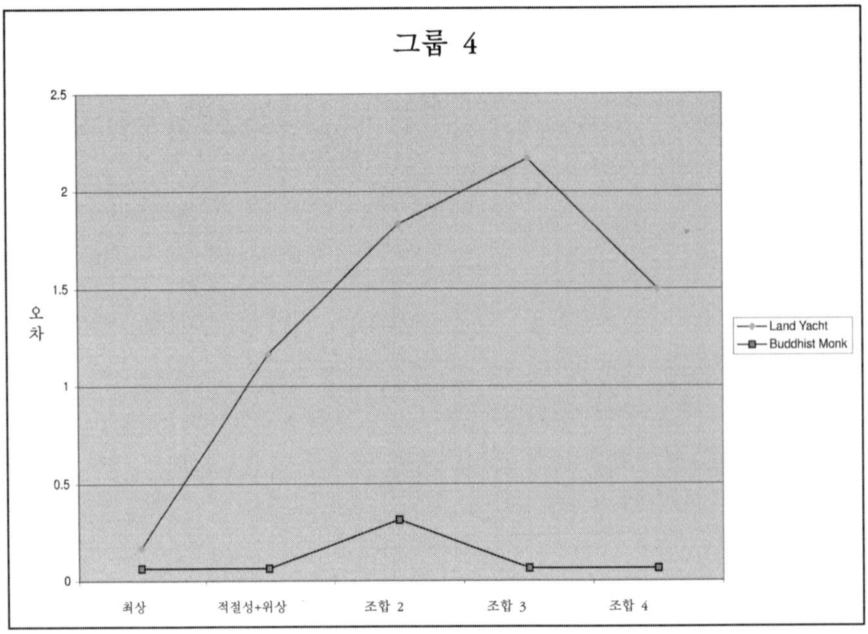

그림 58. 그룹 4에 적용된 가중치의 결합

우리는 이미 논의한 그룹을 유지함으로써 결과를 조직했고, 각 혼성 예에 대해 진화를 더 잘 이해하기 위해 이전 절에서 얻은 오차의 최상 값을 추가했다.

첫 번째 관찰은 조합 2가 최악의 결과를 얻는다는 것으로서, 이는 동일한 가중치를 가진 모든 원리를 추가하는 것이 비생산적임을 의미하며, 각 혼성공간이 경쟁하는 압력을 서로 다르게 조합해서 발생할 수 있다는 생각을 뒷받침한다. 또 다른 즉각적인 관찰은 목표에 접근하는 것이 어렵다는 것이다. 즉, (고립된 원리로) 지금까지 달성한 최선책과 비교할 때, 오차는 "칸트 논쟁"과 "쓰레기통 농구"의 예에서 이 최선책보다 더 작아질 뿐이지만(이것은 적절성과 패턴완성을 조합할 때이다), "총상"과 "승려의 수수께끼"에서는 첫 번째 조합이 최상의 솔루션 오차에 도달한다. 모든 다른 것들에서 대해서는 어떠한 조합도 결과가 더 좋은 것은 아니었다. 이는 이 실험에서 가장 중요한 질문을 제기한다. 적절성(또는 그것을 형상화하는 방법)은 최고의 혼성공간을 달성하기에 충분한가? 지금까지 수행한 모든 실험에서 대답은 "예"로 입증된다. 사실상, 적절한 목표 선택의 경우에 그 복잡성과 무관하게 목표를 찾는 것이 원칙상으로는 가능하다. 그리고 이것은 최적성 원리라기보다는 프레임에 의해 혼성공간들을 분류하는 관점으로 우리를 데리고 간다.

이전 절에서 발견한 네 개의 그룹이 일반적으로 새로운 결과와 일치한다는 것도 관찰할 수 있다. 물론 그 그룹은 요점에 있어서 의심스러운 것으로 보일 수는 있다(가령, 우리는 그룹 1과 2 또는 그룹 3과 4에서 나온 예들의 교환을 상상할 수 있다). 따라서 이제는 두 개의 다른 주요한 그룹(우리는 이것을 클러스터라고 부른다)을 발견할 수 있는데, 첫 번째 그룹은 그룹 1과 2로 구성된다. 이 클러스터에서 조합 2는 일반적으로 가장 높은 오차를 얻고, 그 다음에 조합 4가 나온다. 그룹 2를 제외하고는 조합 3과 "최상의 두 원리" 조합에 대해 동일한 값을 얻는 경향도 있다. 다른 클러스터는 그룹 3과 4로 구성되는데, 여기에서 조합 4는 조합 2와 3보다 훨씬 나은 결과를 얻는 것으로 보인다. 이것은 조합 4가 본질적으로 통합의 가중치에서 조합 3과 다르기 때문에 해당 혼성공간들이 더 적은 통합을 요구한다는 것을 의미할 수 있다. 우리는 여전히 이 클러스터에서 "승려의 수수께끼"라는 한 가지 예가 획득한 오차에서 매우 안정적이고, 적절성의 가중치가 다른 모든 것들과 공유될 때만 더 나쁜 결과를 얻는 것을 볼 수 있다(조합 2).

최종적이고 실용적인 점은 그 시스템의 컴퓨팅 수행에 관한 것이다. 일부 혼성공간의 복잡성과 실험 요구조건(각 형상에 대해 각 혼성공간마다 30번 실행)을 고려하면, 우리의 검색 엔진은 경우에 따라 많은 시간이 필요했다. 우리는 2.4GHz 속도에서 인텔 펜티엄 IV®를 사용했는데, (조합 2, 3 또는 4를 가진 "컴퓨터 데스크톱"과 같은 가장 복잡한 경우에서만) 이것은 때때로 솔루션을 찾는 데 4-5 시간이 필요했고, 결과를 찾는 데 기껏해야 2-5초가 걸렸다. 이 값들은 그 시스템을 최적화한 후에 더 낮아질 수 있지만, 우리가 극복할 수 있는 매우 많은 양의 배경 지식을 고려한다면 우리 인지적 체계의 수행과의 비교를 가능케 할 만큼 충분히 빠르게 되는 것이 어려울 것이다.

6.5.3 일부 고려사항

개념적 혼성의 몇 가지 양상에 관한 복잡성과 고려한 매우 다양한 상황을 간주하면, 디바고의 혼성 기제는 총망라하는 모형은 아니다. 가장 근본적인 초기의 동기는 디바고를 위한 이연연상 모듈이 되는 것이었다. 따라서 그 범위는 모든 개념적 혼성 문헌에서 발견할 수 있는 것과 비교해 매우 제한적인 것이다. 이런 사실 때문에 우리 모형이 확증된 예들의 문맥에서 얼마나 많은 것을 시뮬레이션하고 예측할 수 있는지를 이해하지 못하는 것은 아니다. 더욱이 우리가 알고 있는 한, 연구자들 간에 안정적이고 일반적으로 사용되는 방법론을 가지고 혼성공간을 연구하는 운영 모형이 없다는 점을 고려하면, 디바고는 고려할 수 있는 혼성공간의 부분집합을 확인하고 토론하기 위한 출발점이 될 수 있다. 우리는 그러한 연구가 몇 가지 흥미로운 결과를 가져올 것이라고 믿는다. (아마도 새로운) 혼성공간의 범주화, 일부 혼성공간에서 재발하는 심층 프레임에 대한 이해, 이전 관찰의 확인(가령, 위상은 "승려의 수수께끼"에서 중요하다), 새로운 혼성공간(가령, 그것의 심층 프레임)에 관한 예측이 그런 결과이다.

디바고가 사용한 지식 표상으로 문헌에서도 발견되는 목표(또는 매우 비슷한 솔루션)를 찾을 수 있었다는 것은 사실이다. 이를 달성하면 개념적 혼성 능력에 도달한다는 것이 나의 생각이다. 물론 그것은 우리 자신의 인지와 Fauconnier & Turner(2002)에서 논의한 예들과 비교해 여전히 상대적으로 기본 층위에 있기는 하다. 즉, 어떤 것은 많은 입력공간을 고려하고, 많은 것은 연속적인 혼성공간을 고려하며, 대다수는 형식적으로 기술되거나 표상되지 않은 상황이다. 분명히, 인지의 층위에서 보다 정교하고 현실적인 예를 처리하기 위해 전적으로 상징적이지는 않은 더욱 동적인 지식 표상이 필요할 것이다.

6.6 토의

이 장에서 제시하는 실험은 지금 논의하려는 질문들을 제기했다. 우리는 실용적인 문제로 시작해서 더욱 철학적인 질문으로 나아가고, 그 구현과 모형의 문제점과 장점에 중점하면서, 가능한 진화와 응용으로 독자를 인도할 것이다.

(즉, *nov*와 *use*에 관해) 얻은 결과로부터, 디바고의 행동에 관해 몇 가지 예측을 할 수 있다는 것은 부인할 수 없는 사실이다. 이제는 질문을 통해 명시할 수 있는 문제에 대해, 개념조합의 공간에서 존재하고,

적절성과 통합 가중치에 현저성이 주어지면 디바고는 좋은 솔루션을 회수할 수 있다고 말할 수 있다. 또한 이 질문이 그렇게 암시하거나 그렇게 암시하는 프레임이 이용 가능하다면, 디바고가 입력공간에서 벗어날 것이라고 예측할 수도 있다. 궁극적으로 이용 가능한 질문이나 프레임이 없는 경우, 디바고는 입력공간을 재발견하는 것이 아니라, 특정한 전반적인 일관성이 없고 공간 복잡성 때문일 수는 있지만, 두 입력공간 모두로부터 부분을 계승하는 혼성공간을 생성할 것이다. 이것은 그 자체로 우리가 모형화한 최적성 제약이 적절성과 통합을 제외하고는 디바고에서 성공하지 않았다는 논제를 제기한다. 이 문맥에서 그리고 아마도 일반적으로, 우리는 포코니에와 터너의 여덟 개의 제약을 세 가지로 축소할 수 있다고 믿는다. 목적성에 대한 적절성, 내적 일관성에 대한 통합, 외적 일관성에 대한 위상/풀기가 그 세 가지 제약이다. 하지만 우리는 중추적 관계와 그것의 압축 역할을 철저하게 설명하지 않았다는 것을 인정해야 하는데, 이는 이 세 가지 제약이 개념적 혼성의 구현에 관해 불완전하다는 것을 암시할 수 있다.

앞서 말했듯이 리치 기준의 값에 관한 WASP(2.2.2절에서 언급한 시 생산; Gervás 2000b, Gervás, 2002)와 직접적으로 비교해 볼 때, 그러한 연습은 실제로 이것들이 서로 매우 다르다는 의미에서 단지 학술적일 뿐이다. 그럼에도 새로운 추측을 할 수 있다. 첫째, 우리는 디바고 결과의 요약뿐만 아니라 WASP에 대해 얻은 값도 제공해야 한다(표 29).

표 29. Ritchie(2001)의 기준: 디바고 + WASP 결과의 요약

	실험			
기준	말-새	명사-명사	생명체	WASP
1	0.443	0.543	0.343	0.71
2	0.273	0.563	0.333	0.54
3	0.504	0.782	1.000	0.47
4	0.636	0.781	1.000	0.24
5	1.000	0.778	1.000	0.36
6	0.364	0.344	0.667	0.05
7	0.500	0.786	1.000	0.12
8	1.333	0.786	2.000	0.28
9	0.000	0.036	0.000	0.000
10	N/A	16.000	N/A	N/A
11	0.406	0.513	0.308	0.71
12	0.483	0.831	1.000	0.47
13	0.273	0.500	0.333	0.54
14	0.636	0.781	1.000	0.24

이 결과에 대한 분석에서 나오는 첫 번째 결론은 WASP가 디바고(기준 1-4)보다 더 높은 전형성의 평균과 더 낮은 값의 평균을 명확히 산출한다는 것이다. 이 불균형은 기준 5-8에도 영향을 미치는데, 이것은 기본적으로 디바고의 결과가 WASP의 결과보다 더 높이 평가되는 것으로 분류된다는 것을 보장한다. 그리고 이 불균형은 기준 11-14에 영향을 미치는데, 이는 발분집합과의 비교에 의해 동일한 결론을 얻는다. 기준 9와 10에 의해 어느 시스템도 발분집합을 재발명하지 않는다는 것에 주목해 보라(즉, 이런 후자 척도는 새로운 결론을 추가할 수 없다). 우리는 실제 값을 이 비교에서 더 이상 가져서는 안 된다고 주장해야 한다. 이 시점에서 할 수 있는 최고의 것(그리고 이 경우에 리치 척도의 실제 중요성)은 사용한 기준에 따라 디바고가 WASP보다 더 창의적이라고 결론내리는 것이다. 더 나아가자면, 각 시스템의 특정한 평가 절차를 비교해야 한다. 이것은 (사람들의 인터뷰와 문체 분석에 기초한) 시(Poetry) 생성시스템 평가 방법론과 우리 시스템에서 사용한 평가 방법론을 비교한다는 것을 암시한다. 이것이 안전하지 않은 비교이므로, 디바고와 WASP의 유능한 비교보다 미래의 관련 연구(가령, 개념창조 시

스템의 창의성 평가에 대한 연구)에 대해 방금 내린 평가가 더 중요할 것이다(Dupond와의 비교를 포함해 이 주제에 대해 더 많은 내용을 위해서는 Pereira, Mendes, Gervás & Cardoso 2005 참조).

또한 전형성과 값에 대한 우리의 기준이 단순하므로 리치의 기준에서 높은 가변성뿐만 아니라 반직관적인 결과로 이어진다고 말할 수 있다. 디바고는 형식적 시스템이기 때문에 잘 정의된 기준이 필요하고, 더 복잡한 공식이나 휴리스틱을 구축하려는 노력이 결과에서 더해진 값에 의해 정당화되는가라는 질문이 있다. 앞에서 말했듯이, *값*의 보편적인 기준이 있을 수 없으므로, *오컴의 면도날* 원리를 따르는 것이 적절한 선택으로 보인다. 더욱이 이 선택은 디바고의 장점이 되는데, 이는 이 시스템이 이 책에서 언급하는 대다수의 시스템에서처럼 특정한 응용을 위해 맞게 조정되는 것이 아니라, 다양한 영역들에 적용될 수 있는 타당성을 암시한다는 의미에서이다.

지식 표상은 일부 실험에서 문제가 되는 것으로 밝혀졌다. 즉, 명사-명사 조합과 기존의 혼성 예의 경우, 명확히 개념에 대한 상식적인 지식이 고려한 표상을 훨씬 뛰어 넘고, 이는 그러한 반직관적 결과에 대한 주된 이유 중 하나이다. 프레임이 매우 강력해 보였지만 개념지도의 불충분한 특성을 보완할 수는 없다. 이상적으로 개념지도는 (가령, 카피켓의 슬립넷(Slipnet of Copycat); Hofstadter & Mitchell 1988에서처럼) 동적이어야 하지 고립적이어서는 안 된다. 실제로 이것은 디바고에 대한 첫 번째 강한 자기비판으로 이어진다.

이 책 전반에 걸쳐 다중영역 환경을 주장했지만, 구현된 디바고는 이것을 피상적인 수준에서만 고려한다. 이것은 두 가지 층위에서 볼 수 있다. 개별 실험의 층위에서 고려한 입력 개념의 쌍은 의심의 여지없이 *다른 영역*에서 그것들을 고려할 수 있도록 서로 충분히 거리를 두고 있지 않다. 여전히 개별 실험의 층위에서, 디바고는 외적으로 (또는 무작위로) 개념의 쌍이 주어지므로, 다중영역 환경에서가 아니라 더욱 제약적인 혼성기로 정의되는 공간에서 "방황한다". 전반적인 실험 층위에서 그것은 두 개의 다른 실험에서 나온 입력 개념을 고려하지 않았다(가령, 집과 말을 혼성하거나 늑대인간과 종이를 혼성하는 것). 제시한 실험에서 우리가 직면하는 그런 복잡성을 입증한 후에, 어떤 것은 친숙한 개념(말-새, 집-배, 생명체)에 대한 것이고, 또 어떤 것은 덜 친숙한 개념

(명사-명사 조합, 기존의 혼성 예)에 대한 것인 개별 실험들에 대한 우리의 선택은 확실히 다르지만 중요한 양상들에 의해 산만해지는 것을 피하면서 디바고의 이연연상 능력을 준수해야 할 필요성에서 나온다. 먼저 진정으로 다중영역 환경에서 추론하기 위해서는 그러한 시스템이 디바고에서처럼 더 넓은 범위에 점차 개방되는 것의 동기를 가지고서 더 간단한 환경을 다룰 수 있어야 한다.

우리는 사상기에서 사용한 구조 정렬 알고리즘을 반복해서 비판해 왔지만, 이것이 아직 탐구되지 않은 분야이고, 아직 유망한 대안을 발견하지 못했다는 말을 덧붙여야 한다. 그 알고리즘은 계산상 비용이 들지 않고, 일부 실험에서 디바고에 대해 사상을 제안할 수 있는 장점을 보여 주었다.

논의해야 할 또 다른 문제는 혼성공간의 해석이다. 우리는 시각적 해석과 텍스트적 해석을 제안했지만, 이것들은 선정된 양상만을 기술하고, 잠재적으로 중요한 다른 양상은 배제한다. 이것은 어느 정도 문제가 되는 논제이다. 개념 이론과 실례는 자체 설명적이도록 설계되었지만, 중의성을 피하기 위해 많은 지식이 필요하고, 각 지식이 그 구성소에 대한 설명을 반복적으로 요구하므로, 지상 상징의 존재를 요구한다. 이러한 지상 상징의 의미는 문맥에 의존해야 한다(가령, *날개*의 의미는 3D나 2D 이미지, 기능성 기술, 단어, feathers와 bones를 가진 개념들의 또 다른 망일 수 있고, 이 각각은 서로 다른 문맥에서 적절하다). 이것은 개념에 대한 지식 표상이 영역과 독립적일 수 있지만, 그 해석은 영역에 의존해야 한다(또는 적어도 문맥에 의존해야 한다)는 것을 의미한다.

입력 개념의 두 가지 다른 쌍으로 작업하기 위해 구조적 변화를 필요로 하지 않는다는 점에서 디바고의 다재다능함을 반복적으로 언급했다. 각 개념 쌍에 대해, 그것은 (개념 이론과 실례를 통한) 기술, 질의로 사용되고 총칭영역을 추가하기 위한 프레임의 선택(또는 창조), 제약 모듈을 위한 가중치의 선택을 요구한다. 개념의 기술은 항상 어느 정도의 노력을 요구하지만, 나머지는 이용 가능한 것들로부터 선택할 수 있다. 물론 각각의 적용에 대해 해석기가 필요할 수 있으며, 이것은 불가피하지만 가장 다재다능하지 않은 양상이다.

우리는 디바고가 발산적이라는 것도 증명했다. 이는 디바고가 입력 개념을 재생하지 않는 경향이 있고, 개념적 혼성과 개념창조 모형에 관한 앞 장들에서 발표한 이론이나 원리와 일치한다는 의미에서이다. 이 시스템이 적절한 프레임 집합(그리고 충분한 적절성과 통합)을 갖고서 유용하고 새로운 결과를 산출할 수 있다는 것이 실증적으로 증명되었다. 실제로 우리는 프레임이 여기에서 피상적으로만 탐구한 비범한 힘을 가지고 있다고 믿는다. 프레임은 프롤로그 언어의 표현력을 갖춘 작은 프로그램들로 구성될 수 있음을 기억하라.

창의성이나 발산과 같은 문제를 평가하는 데 있어서 불확실성이 있음에도 불구하고, 이 실험들은 디바고가 매우 객관적인 두 가지 목표를 달성할 수 있었다는 것을 보여 준다. 즉, 디바고는 특정 프레임 집합으로 C^3와 거의 동일한 결과에 도달할 수 있고, 개념적 혼성 문헌에서 나온 예들에서처럼 동일한 혼성공간이나 대략적인 혼성공간을 생산할 수 있다는 것이 그 두 가지 목표이다. 후자는 혼성공간을 조직하기 위한 컴퓨팅 방법론이 될 수 있기 때문에 특별히 중요하다.

독자에게 상상하도록 권유했던 몇 가지 문맥으로 암시되듯이, 우리는 이 책에서 제시하는 모형이 컴퓨팅 시스템이 가능성의 공간을 확장하도록 도울 수 있는, 즉 그것을 *변형시키도록* 도울 수 있는 (어쩌면 메타층위에서) 추론 기제로 더 유용하다고 가정한다. 그러한 시스템은 (디바고의 질문에서 사용되는 것과 같은 언어를 통해) 타당한 가능성이 무엇을 포함하는지에 대한 기술을 우리의 모형에 제공할 필요가 있을 것이며, 그것은 만족스러운 결과를 발견할 때까지 이연연상을 생성할 것이다. 우리는 이것이 특히 부분적으로 쾨슬러, 길포드, 포코니에와 터너에 따라 상상력의 과정을 모방한다고 주장한다. 하지만 우리는 디바고가 그러한 모형의 구현에 관해 매우 불완전하다는 것을 안다.

우리는 창의성 모형이 환경과의 상호작용이라는 근본적인 부분이 부족하다고 거듭 주장해야 한다. 이것은 칙센트미하이를 비롯한 다른 사람들에 따르면 매우 근본적인 것이다. 만약 디바고가 여기에서 논의하는 개념창조 모형의 완벽한 구현이라면, 그것은 외부 세계와의 접촉이 없기 때문에 여전히 다소 자폐적일 것이다. 이것은 디바고가 혼자서 그리고 특정한 목적이나 환경과 독립적으로는 고려되어서는 안 되는 또 다른 이유이다.

결론적으로, 2.2.2절에서 주어진 창의적 시스템에 대한 우리의 정의에 따르면 디바고는 분명히 그 범주에 속한다. 모든 실험에 대해, 디바고는 그 지식의 복사보다 이전 솔루션을 복제한 것이 아닌 더 많은 결과를 산출했다. 디바고는 기존의 목표에 도달할 수 있었거나 대다수의 상황에서 그것에 미치지 못했을 뿐이었다. 디바고는 4.2절에서 나온 개념창조 모형인 인지 중심적 모형에 기초하고, 하이브리드 인공지능 시스템으로 구현되는데, 이는 그것이 전형적인 지식기반 시스템 기법(규칙, 제약, 지식 표상)뿐만 아니라 진화적 연산(Evolutionary Computation) 알고리즘(공장 모듈의 유전적 알고리즘)도 적용하기 때문이다. 따라서 디바고가 인공지능 시스템이기도 하다고 결론내릴 수 있는데, 이는 창의성이 지능의 일부인 것만큼 컴퓨팅 창의성이 인공지능의 일부여야 한다는 주제를 뒷받침하는 논쟁이다.

CHAPTER 7

결론과 미래 방향

이 책의 끝에까지 왔기 때문에, 이제는 창의성 모형과 처음부터 언급한 많은 관련 질문의 층위와 여기에서 제시하는 실용적인 구현과 모형의 층위 모두에서 주된 결론을 이끌어 내야 한다. 주된 기여를 상세히 설명하고 가능한 미래의 연구 방향을 암시하면서 마무리하고자 한다.

대부분의 회의론자들은 컴퓨팅 창의성(Computational Creativity)을 모형화하는 것이 선험적으로 불가능하다고 생각할 것이다. 형식적 기계인 컴퓨터에는 의도나 정서와 같은 근본적인 양상이 결핍되어 있다. 인공지능에도 동일한 반대 주장을 할 수 있다. 어떤 경우에도 우리는 단일적임과 동시에 환원주의적인 인간 중심적 견해에 빠져든다. 모든 특징을 함께 전체로 가지고 있는 존재(또는 사물)만이 창의적이고 지적인 것으로 간주될 수 있다고 가정하기 때문에 그것은 단일적이고, 창의성과 지능을 흑백 논리의 기초로 환원시키기 때문에 환원주의적이다. 그리고 인간만이 이 모든 조건을 충족한다고 가정된다. 일부는 여기에서 기술했지만 심리학, 철학, 인지과학의 분야에서 이루어진 많은 연구로부터 우리는 창의성이 불연속적이라기보다는 연속적이고, 다양한 많은 양상과 관련이 있다는 색다른 결론에 도달했으며, 이런 양상 중에서 어떤 것은 다른 것보다 더 *컴퓨팅*이다. 우리는 컴퓨팅 창의성의 구축에 찬성 주장을 했다. 이런 컴퓨팅 창의성은 인간 창의성(Human Creativity)과 동일하거나 동일한 임계값으로 측정될 필요는 없는 것이다. 컴퓨팅 창의성은 더 정확히 정의되어야 하므로, 우리는 그것이 한 문제에 대한 적절한 양의 귀중하고 정형적이지 않은 솔루션을 생성할 수 있는 능력에 묶여야 한다고 제안했다. 이 연구에서 우리가 내린 한 가지 결론은 창의성 모형이 인공지능 체제를 회피해서는 안 된다는 것이었다. 다시 말해, 창의성을 문제에 대한 솔루션을 찾는 문제에 맞서게 하는 것을 피하거나(물론 이것들은 흔히 훨씬 덜 상술되었다), 전형적으로 인공지능에서 나온 기제(가령, 유전적 알고리즘, 논리 프로그래밍, 신경망)를 사용하는 것을 피해서는 안 된다는 것이다. 그렇다고 해서 창의성이 단지 인공지능 기술의 새로운 응용을 가져올 수 있다는 것을 의미하는 것은 아니다. 오히려 우리는 창의성이 인공지능의 빠진 부분이고, 인간(그리고 일반적으로 자연)이 더 다재다능하고, 평범한 문제에 대한 평범한 솔루션에 덜 국한되며, 변화에 더 개방적이고, 예측 불가능성을 다룰 준비가 되어 있기 위해 창의성을 필요로 하는 것과 동일한 방식으로, 기계가 더욱 능력이 있기 위해서는 더욱 창의적인 행동적 기술을 사용할 필요가 있다고 믿는다.

여기에서 제시하는 모형은 규칙기반 시스템이나 유전적 알고리즘과 같은 잘 알려진 인공지능 기술을 많이 적용하지만, 이것들은 인공지능 내에서 아직 접근하지 않은 이연연상과 발산을 모형화하려는 더 폭넓은 목표로 가는 수단일 뿐이다. 전통적인 인공지능 탐색을 이 책 내내 고려했지만, 항상 탐색공간을 초월하는 세계와 그곳에 도달하는 방법에 주의를 기울이면서 그렇게 했다. 도달할 수 없는 곳에 도달한다는 이러한 역설 내에서 창의성의 연구는 인공지능 내에서 근본적일 수 있다. 이 책은 이런 탐구로 동기화되는 몇 가지 기여를 가져다준다.

- 심리학, 철학, 인지과학의 원리와 이론에 기초한 *개념창조 모형*. 이 모형은 이 책의 *주목적*으로서, 실제 구현이 아니라 이상적인 시스템을 나타낸다. 이 모형은 지식기반의 다양한 분야에서 나온 개념들의 조합을 통해 개념창조를 위한 모듈들과 그것들의 상호작용을 제안한다. 이런 개념창조는 본질적으로 쾨슬러의 *이연연상*(Koestler 1964)과 길포드의 *발산적 사고*(Guilford 1967)에서 고무되지만, 여전히 개념창조와 개념조합의 다른 형식은 해결하지 못한다.
- *개념적 혼성의 컴퓨팅 모형*. 우리는 개념적 혼성(Fauconnier & Turner 1998)에 대한 첫 번째 광범위한 컴퓨팅 접근법을 제시하는데, 이런 컴퓨팅 접근법은 개념적 혼성 이론에서 기술하는 몇 가지 과정(합성, 완성, 정교화, 선택적 투사)과 원리(최적성 원리)를 고려한다. 이 컴퓨팅 모형은 일대일 사상과 두 입력공간에 기초하는 혼성공간의 연구에 직접 적용된다. 이런 입력공간을 디바고의 표상에 따라 나타내면, 앞서 보았듯이

테스트하고 분석할 수 있다. 우리가 이러한 혼성의 컴퓨팅 모형에서 얻은 구체적인 제안은 개념적 혼성 이론에서 제안하는 최적성 원리를 더 적은 수의 원리(통합, 위상, 적절성)로 축소할 수 있다는 것이었다.

- *디바고*. 위의 두 가지 모형은 결국 디바고라는 시스템의 구현으로 이어졌다. 이 시스템은 수반된 많은 모듈을 어떻게 구현할지에 대한 제안으로 구성되어 있다. 디바고는 이 책에서 철저히 기술했고, (개념적 혼성의 실험을 위해) 다른 연구자도 사용할 수 있고, (가령, 다른 시스템의 지식기반을 확장하기 위해) 다른 시스템과 연결될 수도 있다. 디바고는 많은 면에서 특유하다. 즉, (알려진 목적에 따라) 귀중하지만 정형적이지 않은 결과를 생성할 수 있다는 것이다.[1] 발산의 경향이 창의적 행동에 근본적이라는 것은 이 책의 기본 주장이다.
- *다양한 응용*. 디바고는 다양한 응용으로 테스트했다. 실제로 특정한 문제로 지시되는 것보다 그 시스템을 테스트하기 위한 더욱 가설적인 상황이기 때문에 응용 그 자체에 대해 유용하지 않다면, 그것은 나중에 비슷한 시스템으로 비교를 위해, 그리고 더욱 구체적인 디바고의 응용을 위한 출발점으로 사용될 수 있다. 더 중요하게도, 그런 응용은 다양한 상황 내에서 그 시스템을 관찰하고 그 진화와 행동을 분석하도록 해 주었다. 그런 응용은 또한 이연연상이 중요하고 컴퓨팅으로 응용 가능할 수 있는 상황을 위한 제안이기도 하다. 또 다른 시스템을 위해 새로운 개념을 창조하는 것(집-배에서 그림 시스템, 생명체 생성에서 게임 시스템)과 개념적 조합을 연구하는 것(명사-명사 실험과 기존의 혼성공간)이 그러한 상황이다.
- *창의성 평가*. 평가의 논제는 창의성의 연구에서 근본적인 문제이다. 이 책 전체에서 그것은 주요한 관심사이고, 우리는 유용성이나 참신성이라는 보편적 공식의 성배를 약속하지 않고서 컴퓨팅 시스템에서 창의성을 평가하는 것과 특히 디바고와 같은 시스템에 대한 몇 가지 생각을 제안한다. 디바고의 창의성 평가에서 사용하는 기준을 정의하기 위한 주요 기둥은 Ritchie(2001), Wiggins(2001, 2003), Colton et al.(2001)의 연구였다. 우리는 더욱 추상적이고 포괄적인 위긴스의 관점으로 개념창조 모형을 특징짓고, 리치와 콜튼의 더욱 구체적인 관점으로 디바고를 분석했다. 후자는 전형성에 대한 정확한 정의로 이어졌는데, 이런 정의는 입력(알려진 것)과의 거리와 그 시스템이 얼마나 많이 목표를 달성하는지

1) 이 존재는 상황, 형상, 이용 가능한 지식에 많이 의존한다.

에 의해 정의되는 값으로 구성되어 있다.[2] 이런 분석이 창의적 시스템의 분야 내에서는 드물기 때문에, 우리는 이 연구가 일반적인 이 분야의 발전과 특별히 평가의 문제에 기여할 것이라고 믿는다.

이 연구를 추구할 수 있는 광범위한 미래 방향이 있으며, 그 중에서 근본적인 방향 몇 가지는 다음과 같다.

- 이연연상 외의 *다른 창조의 과정*. 우리는 이 책에서 개념창조를 위한 방법으로 이연연상에만 거의 집중했다. 하지만 두 가지만 언급하자면 개념 재표상이나 환경과의 상호작용 같은 다른 방법도 적용할 수 있다. 이런 방법이 여기에서 제안하는 방법과 상당히 다르다거나 그것과 모순된다고 예상할 이유는 없으므로 다른 대안을 허용하는데, 이런 대안은 새로운 모듈을 가진 개념창조 모형의 확장이나 기존 모형의 탐구를 유발할 수 있는 것들이다.
- *혼성 모형으로의 진화*. 여기에서 제시하는 개념적 혼성의 컴퓨팅 모형은 또한 한층 더 발달할 수 있어야 한다. 즉, 최적성 원리를 재설계하는 것, 즉 어쩌면 더 적은 집합으로 축소하는 것, 그리고 중추적 관계와 압축이라는 가장 최신 변화를 포함하는 것이 그러한 추가 발달이다. 이러한 컴퓨팅 모형의 큰 도약은 둘 이상의 입력공간을 극복할 뿐만 아니라 매우 크고 조직적이어야 하는 더욱 현실적인 지식기반을 허용하는 것이다.
- *디바고로의 진화*. 이것은 이 연구의 주된 실용적인 부분이기 때문에 많은 절충안의 여지가 있다. 이것은 우리가 화용적 이유와 연구 방향의 이유 때문에 따르지 않은 길이었다. 이런 길은 미래에 특별히 주의를 받을 가치가 있다.
  - *실제의 다중영역 환경*. 디바고는 여전히 실재하는 다중영역 환경에서 작동할 수 없는데, 이는 이연연상할 개념 쌍의 선택이 임의적이거나 외부에서 만들기 때문이다. 다중영역 환경에서 디바고는 문제에 직면할 때 모든 다양한 영역과 지식 표상으로 구성되어 있을 그 모든 지식을 조사해야 하고, 그 자체로 개념창조를 위한 근원을 선택할 수 있어야

---

2) 여기에서 목표의 개념은 철저한 정의를 암시하지 않는데, 이는 그것이 부분적으로만 정의될 수 있기 때문이다. 예컨대, 철저하게 정의되는 목표는 “draw me a white house, with two windows, a door and a roof”이지만, 덜 철저히 정의되는 목표는 “draw me a construction where one can live in”일 수 있다.

할 것이다. 이런 능력을 개발하기 위한 가능한 알고리즘은 유사 회수에 관한 연구에서 나온다. 이 연구에서 두 개념 간의 유사를 확립하기 전에 그 시스템은 지식기반에서 후보를 찾는다(가령, Gentner & Forbus 1995에서 나온 MAC/FAC이나 Holyoak & Thagard 1997에서 나온 ARCS).

- *메타층위 추론*. 메타층위 추론을 할 수 있다는 것은 디바고에게는 큰 도약이다. 따라서 디바고는 그 자체의 지식과 과정에 대해 추론하고 잠재적으로 그것들을 발전시킬 것이다. 디바고에서 메타층위 추론을 가능케 하는 영감은 사이몬 콜튼의 HR인데(Colton, Bundy & Walsh 1999), 이것은 그 이론에 대한 이론과 그 자체의 규칙에 대한 이론을 생성할 수 있다. 유사하게, 디바고는 그 자체의 최적성 제약이나 혼성 투사와 같은 내적 규칙을 이연연상하거나 더 실재적인 상황에서는 기존 규칙을 이연연상함으로써 새로운 프레임을 창조할 것이다. 이 모든 것은 매우 복잡하고 진지한 연구 노력을 요구할 것이다.
- *환경과의 상호작용*. 이 책의 시작 부분에서 환경이 창의성에 중요하다고 주장했다. 어떤 이론(가령, Csikszentmihalyi 1996의 *체계 모형*)의 경우에, 심지어 환경은 창의성의 존재를 위한 필수 조건이다. 이런 의미에서 디바고는 다소 자폐적이고 명확히 환경과의 더 많은 접촉을 요구한다. 디바고를 다중 에이전트 사회 환경 내에 통합하는 것은 Pazos et al.(2002)가 제안하는 *하이브리드 사회*와 같이 발전시킬 흥미로운 프로젝트인 것으로 보인다.
- *정교화*. 개념창조에서 정교화 단계는 매우 중요하다. 이 단계에서 새로운 개념의 발현구조가 구성되는 것이다. 하지만 개념이 정교화되는 과정은 상황에 따라 상당히 다양하다. 발현적 자질의 일부가 규칙기반 정교화에서 나온다는 것에, 즉 한 상황에 대한 간단한 추론에 의해 달성된다는 것에 일반적으로 의견이 일치하지만(가령, "해변 자전거"는 "큰 타이어"), 다른 자질은 간단히 설명되는 것으로 보이지 않는다(가령, 왜 "드라큘라"는 마늘을 싫어하는가?). 정교화에 대한 대안적 과정을 추구해야 하는데, 이는 결과의 창의성에 큰 영향을 미치기 때문이다. 우리는 가능한 기여가 비슷한 개념을 탐색하고 그것으부터 새로운 지식을 가져옴으로써 (입력공간이나 총칭영역 외의) 지식기반에서 나오는 다른 지식을 사용하는 것이라고 제안한다(가령, "말"과 "새"를 혼성할 때, 그 결과는 "용"과 비슷할 수 있고, "불 내뿜기"와 같은 새

로운 지식을 얻을 수 있다).

결론적으로, 컴퓨팅 창의성의 분야는 지난 몇 년 동안 발전했고, 분명히 아직 초기 단계이다. 더 강하고 교감적인 정의뿐만 아니라 평가 방법과 비교 기준에 대한 현재의 필요성은 주목할 만하다. 그 자체의 장소를 획득하고 번창하여 그 약속을 이행하고자 한다면, 인공지능이나 다른 과학과의 관계를 확립해야 한다. 이런 의미에서 우리의 연구는 그 방향으로 가는 한 걸음에 지나지 않는다.

입력 지식의 효과

제6장에서는 디바고의 창의성에서 입력 지식의 효과를 평가하기 위해 몇 가지 계산을 했다. 여기 부록에서는 그러한 계산의 배경이 되는 이론적 기반을 재현한다. Colton, Pease & Ritchie(2001)는 이제 입력 지식의 효과에 특별히 주목하면서 창의성을 평가하기 위한 기준을 제안한다.

컴퓨팅 창의성(과 일반적인 AI 시스템)의 평가에서 한 가지 주된 문제는 그 시스템의 지식이 어느 정도로 *미세조정(fine-tuned)* 되는지와 관련이 있다. 즉, 그 시스템은 새로운 고가치 항목의 생성을 유발하는 것보다 더 큰 정도로 알려진 항목을 복사한다(Colton, Pease & Ritchie 2001).

입력 지식 K에 대응하는 출력 항목의 집합을 O_K라고 하자. 우리는 V_K를 O_K 속의 *고가치 항목*의 집합으로 정의한다. R_K는 *재발명*이고 (발분집합 I에 속하는 항목들), C_K는 *창의적 집합*이다(V_K에는 속하지 않는 R_K 속의 항목들).

K(입력 지식)의 부분집합 K'의 효과를 결정하기 위해 $V_{(K-K')}$에 미치는 가능한 효과를 먼저 살펴보자.

- 만약 $V_K = V_{(K-K')}$라면, K'는 *창의적으로 부적절하다.*
- 만약 $V_{(K-K')} \subset V_K$라면, K'는 *창의적으로 유용하다.*
- 만약 $V_K \subset V_{(K-K')}$라면, K'는 *창의적으로 파괴적이다.*

창의적으로 유용한 K'의 경우, 콜튼과 동료들은 *의존성 집합* D'_K

를 $D'_K = V_K - V_{(K-K')}$로 정의했으며, 이는 입력 지식에서 K'를 제거한다면 얻을 수 없는 항목 집합에 대응한다. 이제 다음과 같은 조건에서 K'는 *미세조정* 되었다고 말할 수 있다(Colton, Pease & Ritchie 2001).

$$|D'_K \cap R_K| > 0 \text{ 및 } |D'_K \cap C_K| = 0$$

입력 지식 내에 K'가 존재한다는 것은 창의적 출력의 생산에는 영향을 미치지 않고 고가치 항목의 복사에만 기여할 뿐임을 의미한다. K'가 여전히 창의성에 기여하는 경우(즉, $|D'_K \cap C_K| > 0$), K'가 얼마나 미세조정 되는지에 대한 기준을 얻을 수 있다.

$$ft(K') = \frac{|D'_K \cap R_K|}{|D'_K \cap C_K|}$$

당연하게, $ft(K')$가 1보다 클 때 그것은 새로운 값을 생산하는 것보다 더 많은 항목을 재발견하기 위해 K'가 사용된다는 것을 의미한다. 지식 K를 사용할 때 프로그램 P가 미세조정 되는지 여부를 결정하기 위해 콜튼과 동료들은 다음과 같은 두 가지 기준을 제안한다(P는 발분집합 I를 사용해서 구성되었다고 가정한다).

- $m_1(P, I, K) = \frac{|K_{ft}|}{|K|}$, 여기서 $K_{ft} = \frac{\bigcup K'}{K' \subset K : K'\text{는 미세조정됨}}$
- $K' \subset K$에 비해 $m_2(P, I, K) = max(ft(K'))$

만약 m_1이 0보다 크거나 m_2가 1보다 크면, K를 사용하는 P는 어느 정도 미세조정 되어있다고 주장할 수 있다. 만약 m_1가 1이면, K를 사용하는 P는 완전히 미세조정 된다. 만약 m_2가 1보다 크면 새로운 항목을 찾는 것보다 알려진 항목을 복사하는 데 더 많이 사용되는 K의 부분집합이 최소한 하나가 존재한다(Colton, Pease & Ritchie

2001).

이 절에서 제시한 척도들 중 일부를 이 책에서 제시한 작업에 적용했다. 아마도 꽤 최근의 것이면서 여전히 벅찬 다양한 종류의 정교화 때문에, 이런 기준을 실용적인 컴퓨팅 시스템에는 적용하지 않았다. 그러나 리치의 기준을 적용한 시 생성시스템 WASP(Gervás 2002)에 대한 파블로 게르바스의 분석과 콜튼의 HR 미세조정 분석(Colton, Pease & Ritchie 2001)은 예외이다.

부록 B

개념적 혼성의 확증된 예

이 부록에서는 제5장에서 사용한 확증된 혼성의 예를 보여줄 것이다. 제3장에서는 이미 두 가지의 예("승려의 수수께끼"와 "컴퓨터 바이러스")를 기술했다. 이런 예의 경우에는 가능한 한 원본에 가깝게 그림, 표, 설명을 재생산한다. "CEO 권투" 예는 조직 프레임이 서로 다른 두 개의 입력공간을 가진다(Fauconnier & Turner 2002: 128-129). 그것은 사업 경쟁을 개념화하는 은유적 시나리오이다. 이 은유에 따르면, "한 명의 CEO는 한 대를 가격했지만 다른 CEO는 회복했다", "둘 중 한 명이 다른 사람을 KO시켜 의식을 잃게 했다" 등으로 말할 수 있다. 다시 말해, 그것은 사업 영역을 권투 영역에 따라 구조화하는 것이다. 그림 59는 포코니에와 터너가 제안한 연결망을 보여준다. 하나의 입력공간만이 혼성공간의 조직 프레임을 결정하기 때문에, 이는 단일범위 혼성공간이다.

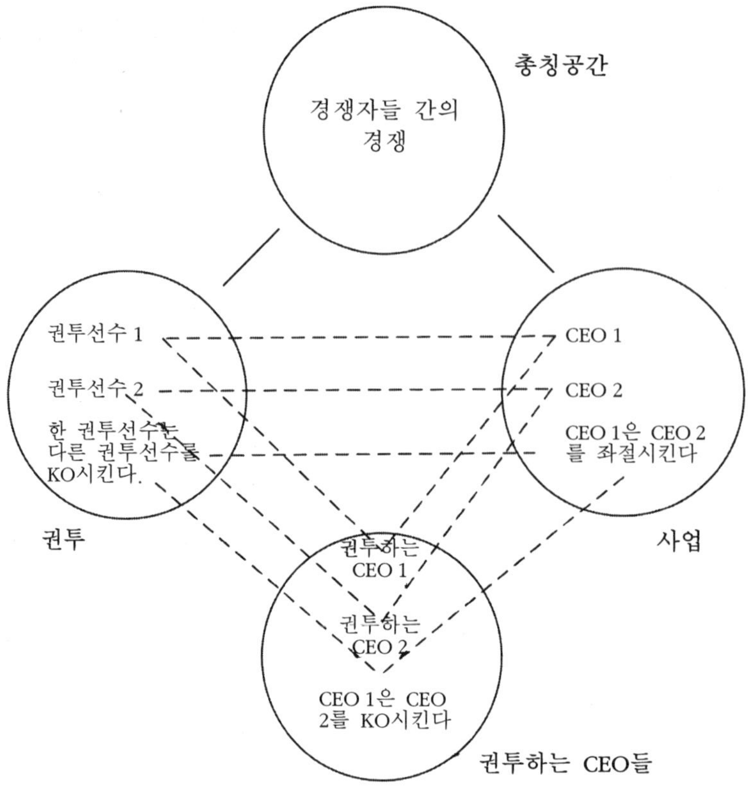

그림 59. CEO 싸움의 혼성 망

쓰레기통 농구 예(그림 60)는 종이뭉치를 쓰레기통에 던지면서 한다고 상상하는 "게임"을 가리킨다(Coulson 2000: 118). 이것은 농구 영역(상상력)과 쓰레기처리 영역(현실)을 통합한다. 발현구조는 환경의 행동유도성(affordances)[1]으로부터 발생한다. 쓰레기통 농구에서, 일부 요소는 쓰레기처리 영역으로부터 계승되지만("쓰레기통", "뭉친 종이"), 다른 요소는 농구 영역에서 계승된다("던지기(사람, 종이, 쓰레기통)"). 게임의 구조는 두 영역 모두에서 나온 것이기 때문에(농구 규칙, 방의 행동유도성), 이는 이중범위 혼성공간으로 간주된다.

1) (역주) 대상의 어떤 속성이 유기체로 하여금 특정한 행동을 하게끔 유도하거나 특정 행동을 쉽게 하게 하는 성질을 말한다. 예컨대, 사과의 빨간색은 따 먹고자 하는 행동을 유도하며, 적당한 높이의 받침대는 앉는 행동을 유도한다.

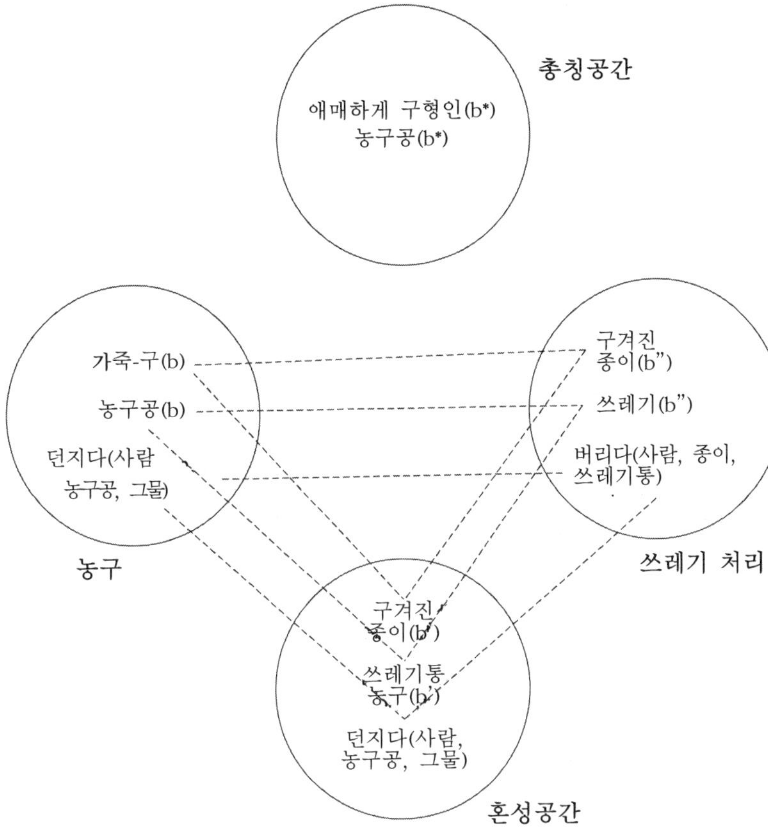

그림 60. 쓰레기통 농구 혼성 망

다음 예는 영구적인 범주 변화를 유발하는 명사-명사 합성어이다. 좀 더 정확히는 "동성결혼"의 개념이다. 한 입력공간은 전통적인 결혼 시나리오이고, 다른 입력공간은 동성인 두 사람을 포함하는 새로운 가정 시나리오이다(Fauconnier & Turner 2002: 271). 공간횡단 사상은 파트너, 동거인, 혼약, 사랑, 섹스 등과 같은 전형적인 요소들을 연결할 수 있다. 그렇다면 선택적 투사는 전통적인 결혼 입력공간에서 사회인식, 결혼식, 과세 방식을 혼성공간으로 끌어 당기지지만, 다른 입력공간에서는 동성, 생물학적 공동자녀의 결핍, 문화적으로 정의된 파트너들 간의 역할이 투사된다(그림 61 참조). 이것 역시 이중범위 혼성공간이다.

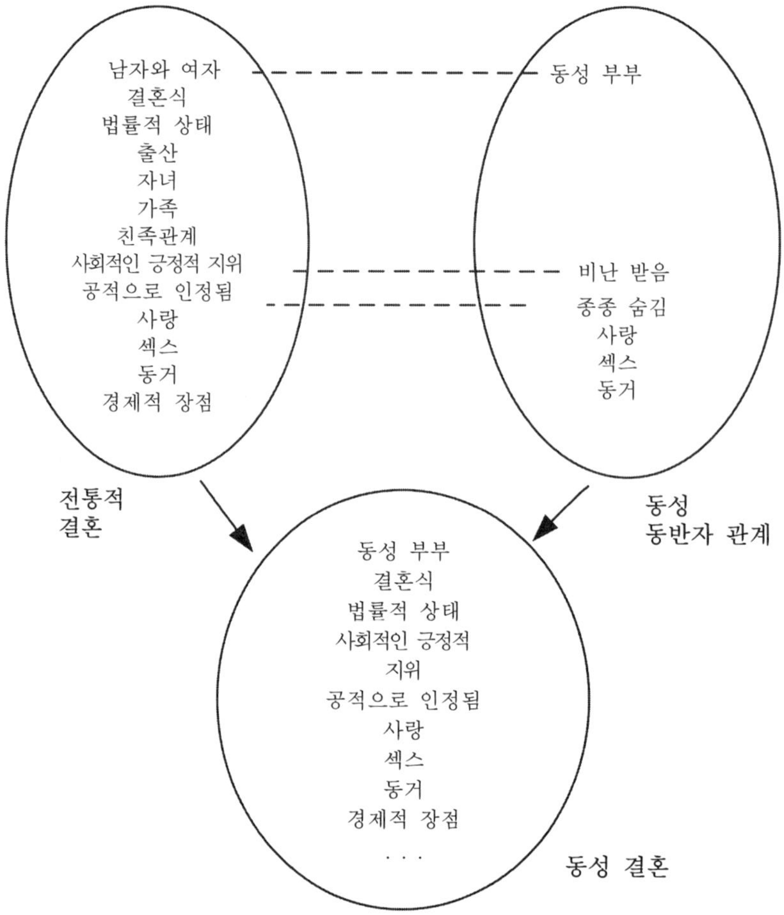

그림 61. 동성결혼의 혼성 망

또 다른 매우 오래된 예는 "칸트와의 논쟁"으로 알려져 있다(그림 62 참조). 이것은 다음과 같은 독백(더 정확히는 상상의 대화)에 관한 것이다(Fauconnier & Turner: 2002: 62).

> 저는 이성이 자체 발달적 능력이라고 주장합니다. 칸트는 이 점에서 저와 의견이 다르죠. 그는 이성이 선천적이라고 말하지만, 저는 그것이 논점을 교묘하게 회피하는 것이라고 대답합니다. 이에 대해 칸트는 『순수이성비판』에서 선천적인 관념만이 힘을 가진다고 반박했습니다. 하지만 저는 그렇다면 뉴런 집단 선택은 어떻게 되느냐고 묻습니다. 그는 아무런 답변도 하지 못하죠.

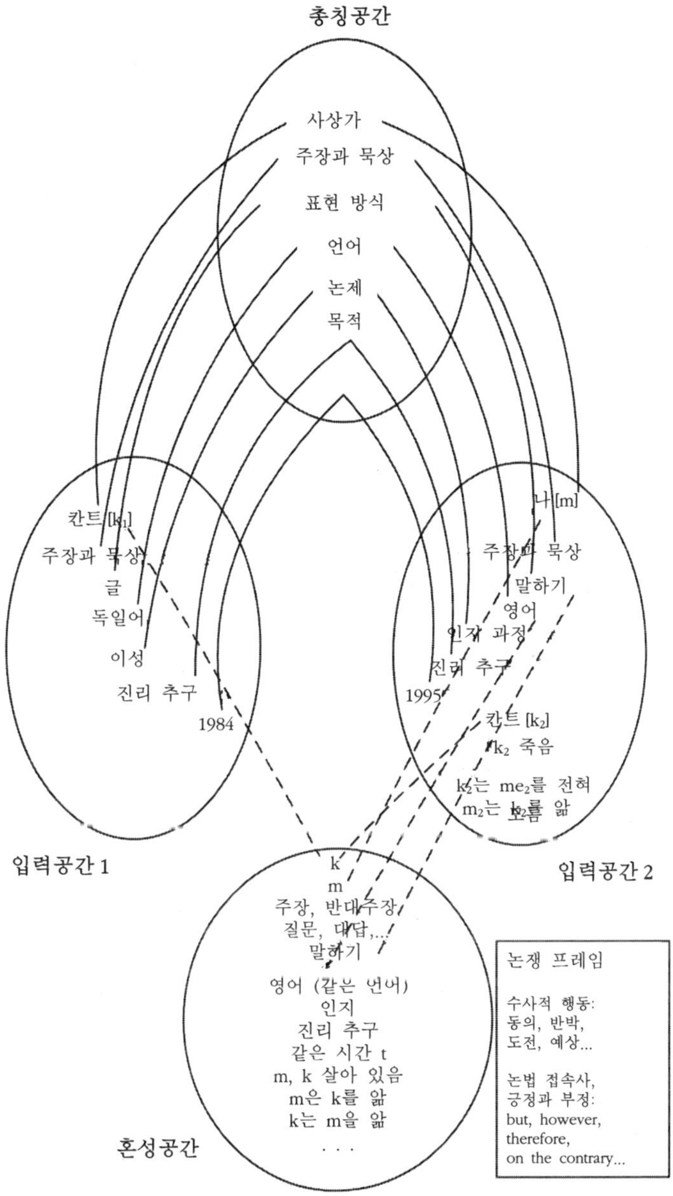

그림 62. 칸트 논쟁의 혼성 망

한 입력공간에서는 18세기 철학자인 칸트(k_2)를 의식하면서 주장을 하고 있는 현대 철학자(m)가 있다. 다른 입력공간에서는 생각하고 집필을 하는 현존하는 철학자 칸트(k_1)가 있다. 혼성공간에는 두 사람이 있고, 어느 한 입력공간에서도 논쟁이 없기 때문에 "논쟁" 프레임이 충원되었다. 논쟁 프레임은 패턴완성을 통해 혼성공간으로 오는데, 이는 논쟁 프레임의 많은 구조가 합성의 결과로 이미 제자리를 차지하고 있기 때문이다(즉, 논쟁 프레임의 많은 요소와 관계는 충원되기 전에 이미 혼성공간에 들어 있었다). 혼성공간이 일단 확립되면 "혼성공간을 운용"할 수 있다. 이 경우에 이것은 두 입력공간에서 나온 논항들로 논쟁 프레임을 실례화해서 이루어진다.

다음 예("총상", "애완 물고기", "육상 요트")에서, 세아나 콜슨(Seana Coulson)은 개념적 조합을 대표하는 주제에 접근한다. 따라서 그녀는 각 합성어의 (관습적) 의미를 설명하기 위해 개념적 혼성을 적용해야 한다고 제안한다. "총상"은 (직·간접적으로) "총"으로 인한 "상처"이다. 이 합성어를 분해하기 위해 따르는 전략은 각 영역과 연상되는 행동 프레임을 충원하는 것이다. 총칭공간에는 원인과 결과를 가진 일반적인 폭력 행위 프레임이 포함되어 있는 반면, 혼성공간에는 좀 더 특정한 발사 프레임이 포함되어 있다. 입력공간은 원인("총" 영역)과 결과("상처" 영역)를 가져간다(Coulson 2000: 130-131)(표 30 참조).

표 30. 총상 사상

입력공간 1	*입력공간 2*	*혼성공간*	*총칭공간*
총	상처	총상	폭력 행위
요소	*요소*	*요소*	*요소*
행위자	위험 행위	행위자	폭력 행위
목표물	인간	인간	수동자
총	수단	총	수단
결과	상처	총상	손상
관계	*관계*	*관계*	*관계*
발사(행위자, 총, 목표물)	원인(위험 행위, 수단, 인간)	발사(행위자, 총, 인간)	원인(폭력 행위, 수단, 수동자)
결과(결과)	결과(상처)	결과(총상)	결과(손상)

"애완 물고기"는 두 입력공간("애완동물"과 "물고기")이 대응요소이고, 혼성공간에서 동일한 요소로 사상되는 혼성공간이다. 즉, 이런 요소들은 동일한 개념으로 융합된다. 이미 제시한 많은 예에서처럼, 혼성공간은 두 입력공간으로부터 구조를 계승한다. "애완동물 소유권"과 관련이 있는 지식은 "애완동물" 영역에서 계승되는 반면, 물고기 속성은

"물고기" 영역에서 나온다(Coulson 2000: 143)(표 31 참조).

표 31. 애완 물고기 사상

입력공간 1	*입력공간 2*	*혼성공간*
요소	*요소*	*요소*
애완동물	물고기	애완 물고기
주인	물	주인
집		집
		물탱크
관계	*관계*	*관계*
먹이(주인, 애완동물)	서식(물고기, 물)	먹이(주인, 애완동물)
사랑(주인, 애완동물)		
	헤엄(물고기)	헤엄(물고기)
		서식(물고기, 물탱크)

"육상 요트" 합성어는 더욱 미묘한 추론을 요구한다. 육상 요트는 최상위 클래스의 고급차로서, 자동차의 중심 특성과 요트의 특징적 속성을 계승한다(다른 범선에 비해 요트는 고급 선박이고, 매우 비싸며, 소유주에게 높은 사회적 신분을 제공한다). 따라서 입력공간으로부터의 투사는 "애완 물고기"의 경우보다 더욱 불균형을 이루는데, 여기서 각각의 중심 특성은 혼성공간으로 투사되었다. 여기서 만약 그런 일이 발생한다면 부조화가 나타날 것이다(예컨대, 자동차는 항해할 수 없다). 표 32 참조는 콜슨이 제시한 공간횡단 사상을 보여 준다(Coulson 2000: 155).

표 32. 육상 요트 사상

입력공간 1	*입력공간 2*	*혼성공간*
육지	요트	육상 요트
요소	*요소*	*요소*
육지	물	육지
운전자	선장	운전자
도로	항로	고속도로
자동차	요트	고급차
주인	부자	부자 주인
관계	*관계*	*관계*
운전(운전자, 자동차, 도로)	항해(선장, 요트, 항로)	운전(운전자, 자동차, 고속도로)
	요트	고급 자동차
	기능: 항해	기능: 운전
	신분: 상류층	신분: 부유함
	주인: 부자	주인: 부자

"컴퓨터 데스크톱"의 예는 은유와 정보 기술의 관계에 관심이 많은 팀 뢰러(Tim Rohrer)에게서 나온 것이다(Rohrer 2000). 컴퓨터 데스크톱 인터페이스는 서류철, 저장장치, 쓰레기통, 서류, 각각의 행동(다른 장소에서 물리적 사물을 옮기기, 서류철 열기)이 있는 사무실의 물리적 데스크톱을 컴퓨터 데이터 관리 표상(디렉터리, 파일)과 물리적 사물(스크린, 구동장치)로 은유적으로 투사해서 나온다. 따라서 표 33은 혼성 과정을 기술하지 않는다. 그것은 기본적으로 데스크톱과 혼성공간 간의 직접적인 대응을 보여 주고, 컴퓨터 영역 요소는 암시적인 채로 둔다.

표 33. 컴퓨터 데스크톱 사상

데스크톱 (입력공간 1 - 근원영역)		인간-컴퓨터 인터페이스 (혼성공간 - 목표영역)
데스크톱	→	스크린
서류	→	파일
서류철	→	디렉터리
저장장치	→	드라이브 아이콘
물리적 사물 옮김	→	끌기 아이콘
물리적 사물 내려놓기	→	놓기 아이콘
사물 삭제	→	쓰레기통에 마우스 놓기 아이콘
업무에 집중	→	'확대', 윈도우 열기
업무 치우기	→	'축소', 윈도우 닫기

반사실문도 혼성 문헌에서 반복되는 주제이다(Lee & Barnden 2001). 반사실문은 우연히 거짓인 어떤 것의 결과에 대한 진술문이다(가령, "내가 너라면…"). 여기서는 시에나 콜슨의 반사실문 예를 하나 들겠다. "내가 빵을 가지고 있다면, 샌드위치를 만들 수 있을 텐데." 입력공간은 실제 공간(시에나는 냉장고에 칠면조, 치즈, 겨자가 있다)과 안에 빵, 조미료, 육고기, 치즈가 들어 있는 샌드위치 공간이다(Coulson 2000: 106-107)(표 34 참조).

표 34. 샌드위치 반사실적 조건문 사상

입력공간 1 *실제 공간*	*입력공간 2* *샌드위치 공간*	*혼성공간* *반사실석 공간*
시애나	행위자	시애나
냉장고	냉장고"	냉장고'
칠면조	칠면조"	칠면조'
치즈	치즈"	치즈'
겨자	겨자"	겨자'
	빵"	빵'

이 저자에 따르면, 반사실문의 조직 구조가 샌드위치 공간에서 오기 때문에 이것은 단일범위 혼성공간이다. 즉, 그것은 각 요소의 개별적 역할을 진술하고 있다.

마지막 예 역시 개념적 혼성 문헌에서 기존 주제이다: "X는 Z의 Y이다” 구문이 그 예이다. 이 구문의 예는 “메이블은 폴의 딸이다”이다 (Coulson 2000: 119). 조직 구조가 입력공간 2에서만 오기 때문에 그것 역시 단일범위 혼성공간이다(표 35 참조).

표 35. “메이블은 폴의 딸이다” 사상

입력공간 1	*입력공간 2*	*혼공간성*
요소	*요소*	*요소*
메이블	딸	메이블
폴	아버지	폴
	관계	*관계*
	~의 딸(딸, 아버지)	~의 딸(메이블, 폴)

부록 C

프레임의 프로그래밍

1. 통사론과 개관

모든 프레임의 통사론은 다음이다.

술어	프레임(영역, 이름, PosConds, NegConds, PosConc, NegConc)
영역	프레임이 포함된 영역이나 개념의 식별자(가령, generic, eating)
이름	프레임의 이름(가령, a투사, a프레임)
PosConds	긍정적 전제(가령, have(X, wings))
NegConds	부정적 전제(가령, weight(X, very_heavy))
PosConc	긍성적 결론(가령, ability(X, fly))
NegConc	부정적 결론(가령, habitat(X, water))

1차 논리에서 프레임은 다음과 같이 나타낼 수 있다.

PosConc and not (NegConc) ← PosConds and not(NegConds)
예컨대(prolog like):
ability(X, fly), not (habitat(X, water)) :- have(X, wings), not(weight(X, very_heavy)).

이것이 혼성공간에 적용되면, X가 날개를 가지고 있고 매우 무겁지 않다면, 날 수 있는 능력을 가지고 있고, 서식지는 물이 아니어야 한다는 것을 의미할 것이다. 위의 프레임을 ("적절성"이라는 최적성 제약 내에서 측정되는) 혼성공간에 대한 질문으로 사용한다면, 그것은 날개라는 요소(그리고 결과적으로 관계 has(_,wings))를 투사하는 혼성공간으로 발전하는 경향이 있지만, 매우 무거운 요소는 투사되지 않는다(그것은 투사될 수는 있지만 weight(_,very heavy)와는 다른 방식으로 투사되어야 한다).[1)]

나중에, "정교화 단계"에서 결론은 촉진되므로 술어 ability(X, fly)가 추가되지만, (그것이 존재한다면) 술어 habitat(X, water)는 제거된다.

2. 프레임의 프로그래밍

프레임 조건(또는 결론) 부분에서는 네 가지 종류의 용어가 허용된다.

1. "sound(X, neigh)"나 "purpose(Y, fly)"와 같은 규칙적인 개념지도 이원론적 술어. 목록 안에서 명시되는 술어 매개변수를 위한 다중 선택권을 제공할 수 있는 특별한 변이형도 있다. 예컨대, "sound(X, [neigh, bark, chirp])"는 X가 울거나 짖거나 지저귀면 그 조건이 충족된다는 것을 의미한다. 특정한 이원론적 술어인 isaN도 고려되는데, 그것은 isa에 대한 전이 폐쇄(가령, because "isa(human, primate)"와 "isa(primate, mammal)"와 "isa(mammal, animal)"이기 때문에 "isaN(human, animal)")이다.
2. 통사론 *투사(개념, 기원, 목적지)*를 가진 투사 명시. 그리고 이 조건의 의미는 개념 *개념*에 속하는 요소 *기원*이 혼성공간에서 요소 *목적지*로 투사되어야 한다는 것이다. 예컨대, 프레임 안에 조건 "projection(horse, neigh, neigh)"이 있다면, 그것은 요소 "neigh"가 혼성공간 속에 유지될 것을 요구한다는 것을 의미하는데, 이는 그것이 (입력공간) 말 개념 안에 있기 때문이다. 물론 이웃 요소도 원래의 "이름"을 유지한다는 것은 아니다(가령, "produce(mouth, neigh)" 대신에 "produce(beak, neigh)"을 찾을 수 있다).
3. 통사론 op(Operator)를 가진 특별한 연산자. 여기에서 Operator는 프레임 해석기가 이해해야 하는 명령어에 대응한다. 현재는 exists(List)라는 하나의 연산자만 있다. 이 연산자는 List의 요소를 이원론적 술어와 투사 포맷으로 전환한다. 예컨대, op(exists([sound/X/neigh,purpose/Y/fly, projection

1) 조건 면에서 우리가 "negation by failure"을 고려한다는 것에 주목하라. 즉, 그것의 진리를 증명할 수 없을 때마다 어떤 것은 참이 *아니다*. 예컨대, 술어 weight(fly, very_heavy)가 없다면, 우리는 그것이 거짓이라고 가정할 수 있다. 다른 한편으로, 결론 면에서 부정은 *삭제*를 암시한다. 즉, 규칙이 유발된다면 어떤 것은 참이지 않을 것이다.

/horse/neigh/neigh]))는 단지 그 목록을 "sound(X, neigh), purpose(X, fly), etc"으로 전환하고, 그것을 프레임의 조건 목록에 추가할 것이다.

4. DCG 문법 통사론에서처럼 중괄호 ("{}") 안에 있는 프롤로그 calls. 이것은 "규칙적인" 프롤로그에 있는 프레임의 프로그래밍을 허용한다. 자연스럽게도, 프레임 프로그래밍에서 규칙적으로 발생하는 상황을 위해 어떤 특정한 술어가 만들어졌다.
   - stats(D,X)는 현재의 혼성 작용의 일부 통계를 생산한다(가령, stats(영역 1, X)는 영역 1의 식별자를 내놓는다. stats(프레임, f)는 프레임 f가 혼성 공간에서 충족된다는 것을 의미한다.
   - current_blend(Blend) Blend는 창조 중인 혼성공간의 식별자이다.
   - m(R, X, Y)는 중추적 관계 R에 따라 사상 대응을 내놓는다(가령, m(analogy, horse, bird)은 유추에 따라 말과 새 사이에 사상이 있다는 것을 의미한다.
   - rel(D, X, R, Y)는 영역 D의 개념지도에 대한 접근을 안내한다(가령, rel(horse, legs, quantity, 4))
   - projection(B, C, X, Y)는 투사 술어에 대한 접근을 안내한다. 여기에서 B는 개념 C에서 나온 X가 Y로 투사되는 혼성공간이다.
   - other_input_domain(D1, D2) D1나 D2가 주어지면 "반대" 입력영역을 가진 다른 것을 실례화한다(가령, other_input_domain(bird, X), X=horse)
   - relationArc(개념, 행동) 행동이 개념에서 action/actee 형상을 가진다면 참이다(가령, relationArc(먹기, 먹기), relationArc(농구, 쏘기)"
   - descendant(R, GUMConcept) R은 GUM 위계에서 GUMConcept의 자손이다(가령, descendant(snowing, ambient_process))

3. 예

여기에서는 추상의 층위에 따라 조직되는 프레임의 예를 보여 줄 것이다. 단순 프레임은 "규칙적인" 이원론적 술어만 사용하지만, 중간 프레임은 여전히 "하위 층위" 추론에 연결되어서 이미 괄호 속에 있는 술어를 적용한다. 추상적 프레임은 혼성 구성 이면의 추론을 다룬다(가령, "한 영역에서 나온 요소를 투사하고, 그러면서 다른 영역의 구조를 유지하라").

단순 프레임

이름: haunted

코드: frame(generic, haunted,
[contain(X, Y), cause effect(Y, fear), attribute(X, [magic, unknown])],
[ ],
[property(haunted,X), cause_effect(haunted, interesting)],
[ ]).

묘사: 어떤 것이 공포를 유발시키거나 마법과 같거나 신비한 어떤 것을 포함하고 있다면, 그것은 귀신이 들린 것이다.

이름: artefact

코드: frame(generic, artefact(X), [isaN(X, physical object), purpose(X, Y), isaN(Y, task)], [ ], [ ], [ ]).

묘사: 특수 임무가 목적인 물리적 실체가 있다면 X는 인공물이다.

이름: habitat_earth

코드: frame(generic, habitat_earth(X), [place(X, [land, earth, ground, solid])], [ ], [ ], [ ]).

묘사: 장소가 땅, 뭍, 지면 또는 고체라면 X의 서식지는 뭍이다.

이름: habitat_water

코드: frame(generic, habitat water(X), [place(X, [sea, ocean, water, liquid])], [ ], [ ], [ ]).

묘사: 장소가 바다, 해양, 물 또는 액체매개 프레임이라면 X의 서식지는 물이다.

중간 프레임

이름: amphibious

코드: frame(generic, amphibious(X), [stats(frame, habitat_water(X)), stats(frame, habitat_earth(X))],
[ ],
[isa(X, amphibious)],[ ]).

묘사: 서식지 물(X) 및 서식지 뭍(X) 프레임을 만족시키면 X는 양서류다.

이름: new_ability

코드: frame(generic, new ability(D1),
[ability(X, A), purpose(P, A), pw(P, X),
{current blend(Blend), projection(Blend, D1, X, X),
other_input_domain(D1,D2), projection(Blend, D2, A, A)},
op(exists([projection/D1/X/X, projection/D2/A/A]))],
[{rel(D1, X, ability, A)}],
[new_ability(X, A)], [ ]).

묘사: 영역 D_1에서 투사된 요소는 혼성공간 내에서 "새로운 능력"을 가진다. 즉, D_1 내에는 존재하지 않으면서 D_2로부터 투사되었던 능력 A를 가지는 X(D_1에서 투사된 것)가 있다. "근거가 충분한" 능력이 되기 위해, X는 A를 행할 능력을 가진 부분(P)를 가진다.

이름: quality_transfer

코드: frame(generic, quality_transfer(D1,Q),
[{current_blend(Blend), rel(Blend, X, Q,A), descendant(Q, simple _quality)},
{projection(Blend, D1, X, X), other_input_domain(D1,D2),
projection(Blend, D2, A, A)},
op(exists([projection/D1/X/X, projection/D2/A/A]))],
[{rel(D1, X, Q, A)}],
[new quality(X, A)], [ ]).

묘사: 개념 D_1에서 D_2로 전이된 특성이 있다. 혼성공간 내에는 원래 공간에서는 존재하지 않았던 관계적 특성(즉, GUM 위계의 단순한 속성 마디로부터 물려받은 관계) A를 가지는 요소 X가 있다.

이름: living_thing_personificationA

코드: frame(generic, living_thing_personificationA,
[actor(_,A), {current_blend(Blend), projection(Blend, D, A, A), rel(D, A, isa,
Type)}],
[isaN(Type, living_entity)],
[personification(A, living_thing)],[ ]).

묘사: A는 어떤 행위를 하는 행위자일 수 있고, A가 생명체가 아니면 (즉 "행위자(먹기, 연필)"), 이는 생명체의 의인화가 된다. 우리는 생명체가 아닌 연필의 의인화를 하고 있다.

이름: living_thing_personificationB

코드: frame(generic, living_thing_personificationB,
[ability(A,_), {current_blend(Blend), projection(Blend, D, A, A), rel(D, A, isa,
Type)}],
[isaN(Type, living_entity)],
[personification(A, living_thing)],[ ]).

묘사: 위와 동일하지만, A는 행위자 일 것 같지 않고, 대신에 능력(가령, "능력(책, 날다)")을 가져야 한다.

추상적 프레임

이름: aprojection

코드: frame(generic, aprojection(A),
[{stats(domain1, A), current_blend(Blend),
findall(projection/A/X/X, (projection(Blend,A,X,_)), L1)},op(exists(L1))],
[ ],

[aprojection(A,Blend)],[ ]).

묘사: 영역/개념 1 (A)에서 나온 모든 요소는 (변화되지 않은 채) 혼성공간으로 투사되어야 한다. 예컨대, "aprojection(horse)"에서 "말"의 모든 단순 요소(다리, 입, 코, 갈기, 울음, 달리기, 짐, 애완동물 등)는 혼성공간에 존재해야 한다.

이름: analogy_transfer

코드: frame(generic, analogy_transfer,
[{stats(domain1, A), stats(domain2, B),
findall(projection/A/X/Y, (m(_, X, Y), not(relationArc(A, X))), L1)},
op(exists(L1)),
{findall(projection/B/Y/Y, (m(_, _, Y), not(relationArc(B, Y))), L2)},
op(exists(L2))],
[ ],
[analogy_transfer(B,A)],[ ]).

묘사: 개념 A의 일부인 모든 사상된 요소 X는 개념 B의 대응요소로 투사되어야 한다(X가 행위자/행위물 이름에 해당할 때는 예외. 가령, "먹기"는 "읽기"가 아니라 "먹기"로 투사된다). 그리고 개념 B에서 나온 모든 요소 Y 역시 혼성공간에서 Y로 투사되어야 한다.

이름: aframe

코드: frame(generic, aframe(A),
[{stats(domain1, A), current_blend(Blend),
findall(R/X/Y, (rel(A, XA, R, YA), projection(Blend, A, XA, X),
projection(Blend, A, YA, Y)),L1)}, op(exists(L1)),
{findall(projection/A/Action/Action, relationArc(A, Action), L2)},
op(exists(L2))], [ ],

묘사: 영역/개념 1(A)에 존재하는 모든 관계 R은 논쟁 요소의 투사와 무관하게 혼성공간에도 존재해야 한다(가령, "ability(bird, fly)" 내의 능력 관계는 "ability(bird, fly)" 내에서처럼 혼성공간에 존재해야 한다). 다시 한 번 행동자/행위물 관계 설명의 특별한 경우가 존재하며, 이것 역시 투사되어야 한다(가령, 혼성 "basketball and trash disposal"에

서 aframe을 사용하면 "shooting"은 혼성공간뿐만 아니라 농구 영역의 관계로 투사되어야 한다).

이름: noun_noun

코드: frame(generic, noun noun(A, B),
[{stats(domain1, A), stats(domain2, B), L=[projection/A/A/A,
projection/B/B/B]}, op(exists(L)), isa(B, Something), projection(A,C,B),
{C\=B}, {(rel(generic, C, isa, Something); rel(A, C, isa,
Something))}],
[ ], [ ], [ ]).

묘사: 명사-명사 조합의 제안. 생각은 A와 B가 "property_of", "lives_in" 등의 관계적 연결을 가진다는 것이다.

A=house, B=dog인 예 "house dog"의 경우에, 이 프레임은 "house"와 "dog"이 정확히 지금처럼 혼성공간으로 투사되지만(그들은 같은 개념으로 남아 있다), "house" 영역에서 "dog" 영역으로의 투사도 있다는 것을 암시하는데(가령, "투사(house, person, dog)"), 이것은 "house dog"에 대한 한 가지 해석인 집에 거주하는 개를 생산한다.

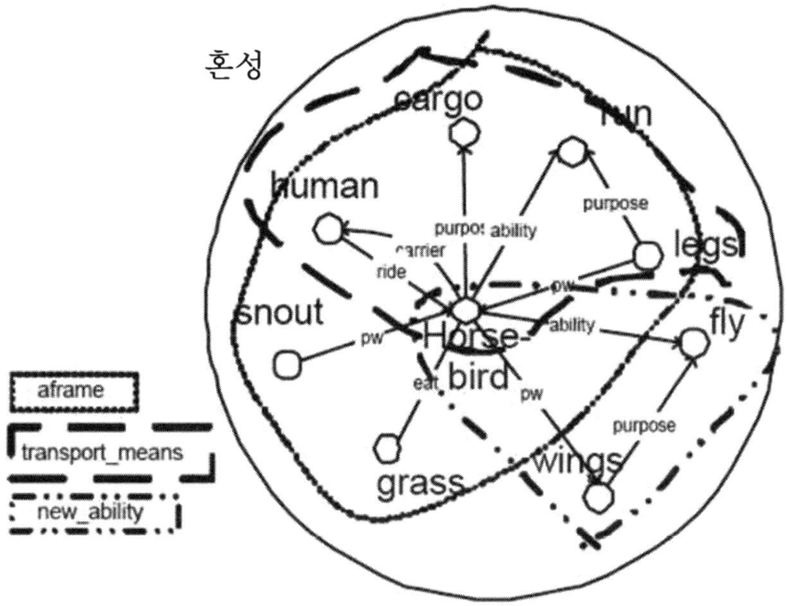

그림 63. 작은 혼성공간 속의 세 가지 프레임

그림 63은 프레임을 혼성공간으로 적용한다는 생각을 제시한다. (이해를 돕기 위해 프레임과 요소는 단순화되어 있다). 우리는 혼성공간이 "a프레임", "수송수단", "새로운 능력"을 달성하고(또는 충족하고), 전체 *프레임 유효범위*가 100%라고(모든 관계가 프레임 내에 포함되어 있다고) 말한다. "a프레임"의 유효범위는 약 72%이고("a프레임"이 차지하는 혼성공간의 비율), "수송수단"과 "새로운 능력"은 (각각) 54%와 27%의 유효범위를 가진다.

부록 D

집-보트 실험 사례들

이 부록에서는 집-배 실험의 실례에서 사용된 언어를 기술한다.

실례는 위계적 사례 표상을 따르는데, 위계 속의 각 마디는 프롤로그 같은 형식으로 작성한다.

case(Instance_Name, Node_Address, Node_Name, Cmd_List).

여기에서 *Instance_Name*은 실례의 식별자이고, *Node_Address*는 위치와 관련하여 실례 내의 마디의 고유한 식별자이며, *Node_Name*은 (반복될 수 있는) 실례 내부의 마디 식별자이고, *Cmd_List*는 특정 마디의 의미론에 대응하는 명령어의 목록이다. 따라서 이 표상은 하향식으로 구조화된다(속성 "아들"은 마디의 후손을 암시한다).

- 각 층위는 주소에 번호를 추가한다(가령, 0은 뿌리 마디이고, 0:0은 뿌리 마디의 첫째 아들이며, 0:0:1은 0:0의 둘째 아들이다)
- 구조 상의 각 마디는 하나 또는 그 이상의 모양을 포함하는 그림의 지역에 대응한다.
- 일부 모양은 로고에서 미리 정의되어 있다(가령, 평행사변형_배, 달걀형, 직사각형 등)
- 각 모양 위치는 참조점에 상대적이고("in"은 모양의 참조점에서 시작점으로 적용하라는 명령어를 가리킨다), 보통은 그 모양을 포함할 수 있는 가장 작은 직사각형의 위 오른쪽 모서리이다.

  모양을 정의하는 로고 핵심어는 다음과 같다:
- left/X. 45도 왼쪽으로 회전하라.
- right/X. 45도 오른쪽으로 회전하라.

- on/X. 현재 방향으로 움직여 X개의 픽셀에 써라.
- off/X. 현재 방향으로 움직이되 X개의 픽셀에 쓰지 마시오.

예컨대, 모양 triangle(X)를 정의하는 함수는 목록 [on/X, right/120, on/X, right/120, on/X, right/120]에 의해 정의된다. 사용된 모양은 파일 "logoCommands.pl"에서 모두 정의된다. 범선에 대한 표상도 이와 같다.

```
case(b1,0,sailing boat, [sons=3, size=small, type=simple, son_name=
    vessel, son name=mast, son name=sail]).
case(b1,0:0, vessel, [sons=2, in=[left/90, off/14, right/90], son name=
    floating structure, son_name=hatch]).
case(b1,0:0:0, floating structure, [shape=parallelogram_boat, size=small]).
case(b1,0:0:1, hatch, [shape=oval(5,5), size=small, in=[off/25, right/90,
    off/6, left/90]]).
case(b1,0:1, mast, [shape=rectangle(4,30), type=very_thin, in=[off/18]]).
case(b1,0:2, sail, [shape=triangle(30), in=[off/18, right/90, off/7, right/90,
    off/13, right/180]]).
```

그리고 집은 다음과 같이 표상된다.

```
case(1,0, house, [sons=2, size=small, type=simple, son name=roof, son
    name=body]).
case(1,0:0, roof, [shape=triangle(30)]).
case(1,0:1, body, [sons=3, in=[left/90, off/25, right/90], son_name=
    structure, son_name=window, son_name=door]).
case(1,0:1:0, structure, [shape=square]).
case(1,0:1:1, window, [shape=square(5), in=[off/20, right/90, off/15, left/90]]).
case(1,0:1:2, door, [shape=rectangle(4, 10), in=[off/3]]).
```

부록 E

실험, 데이터베이스, 기타 문서

이 부록은 본 책과 함께 제공한 CD에 대응한다. 그것은 그림 64에서 볼 수 있는 디렉터리 구조를 가지고 있다. 일부 파일과 디렉터리에 대한 설명은 "readme" 파일에 들어 있다.

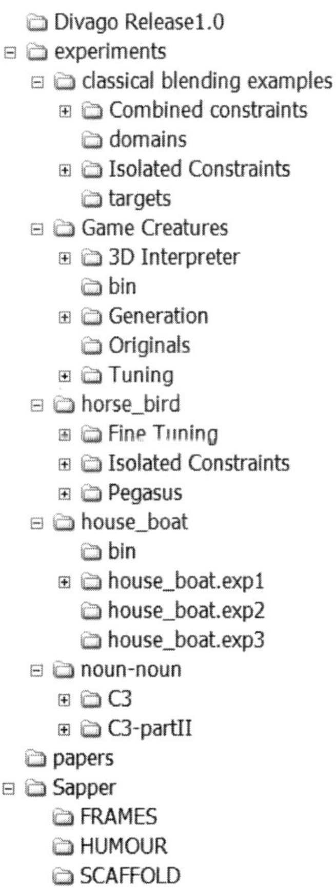

그림 64. CD의 디렉터리 구조

이 책의 웹사이트(http://eden.dei.uc.pt/~camara/AICreativity)에서 관련 소프트웨어와 보충 출간물의 가장 최신 버전을 발견할 수 있다.

참고문헌

Abelsson, Hal and Andrea diSessa. 1981. *Turtle Geometry*. Cambridge, Massachussets: MIT Press.

Albert, Robert and Mark Runco. 1999. A History of research on Creativity. In *Handbook of Creativity*, Robert Sternberg (ed.), 16–35. Cambridge: Cambridge University Press.

Amabile, Teresa. 1983. *The Social Psychology of Creativity*. New York: Springer.

Andersen, Carl Floyd. 1996. A Computational model of complex Concept Composition. MSc dissertation, University of Texas at Austin, USA.

Barnden, John A. 1998. An AI system for metaphorical reasoning about mental states in discourse. In *Discourse and Cognition: Bridging the Gap*, Jean-Pierre Koenig (ed.), 167–188. Cambridge: Cambridge University Press.

Barnden, John A. 1999 An implemented system for metaphor-based reasoning, with special application to reasoning about agents. In *Computation for Metaphors, Analogy, and Agents*, Crystopher Nehaniv (ed.), 143–153. (Lecture Notes in Artificial Intelligence 1562). New York: Springer.

Bateman, John, Bernardo Magnini and Giovanni Fabris. 1995. The Generalized Upper Model knowledge base: organization and use. In *Towards Very Large Knowledge Bases: Knowledge Building and Knowledge Sharing*, Nicolaas Mars (ed.), 60–73. Amsterdam: IOS Press.

Bentley, Peter. 1999. *Evolutionary Design by Computers*. Amsterdam: Elsevier.

Binsted, Kim. 1996. Machine humour: An implemented model of puns. PhD dissertation, University of Edimburgh, Scotland.

Boden, Margaret. 1990. *The Creative Mind: Myths and Mechanisms*. London: Weidenfeld and Nicholson.

Boden, Margaret. 1999. Computational models of creativity. In *Handbook of Creativity*, Robert Sternberg (ed.), 351–373. Cambridge: Cambridge University Press.

Boring, Edwin G. 1923. Intelligence as the tests test it. *New Republic* 34: 35–37.

van den Bosch, Alexander. 2001. Rationality in discovery: a study of logic, cognition, computation and neuropharmacology. PhD dissertation, University of Groningen, Holland.

Bringsjord, Selmer and David A. Ferrucci. 2000. *Artificial Intelligence and Literary Creativity*. Mahwah, New Jersey: Erlbaum.

Bulhak, Andrew C. 2000. On the simulation of postmodernism and mental debility using recursive transition networks. Department of Computer Science Technical Reports, Monash University, Melbourne, Australia.

Campos, José and A. Dias Figueiredo. 2001. Searching the unsearchable: Inducing serendipitous insights. In *Proceedings of the First Workshop on Creative Systems*, Amílcar Cardoso, Carlos Bento and GeraintWiggins (eds.), 159–165. International Conference of Case-Based Reasoning (ICCBR-01), Vancouver, Canada.

Chandler, Daniel. 2002. *Semiotics: The basics*. London: Routledge.

Cohen, Harold. 1981. On the modelling of Creative Behaviour. Rand paper p.6681. Santa Monica, California: Rand Corporation.

Colton, Simon. 2001. Experiments in meta-theory formation. In

Proceedings of the AISB'01 Symposium on AI and Creativity in Arts and Sciences, Geraint Wiggins (Ed.), 100–109. Brighton: SSAISB.

Colton, Simon, Alan Bundy and Toby Walsh. 1999. HR: Automatic concept formation in pure mathematics. In *Proceedings of the International Joint Conference on Artificial Intelligence*, Thomas Dean (ed.), 786–793. IJCAI'99. Burlington, Massachussets: Morgan Kaufmann.

Colton, Simon, Alan Bundy and Toby Walsh. 2000. Agent based cooperative theory formation in Pure Mathematics. In *Proceedings of the Symposium on Creative and Cultural Aspects and Applications of AI and Cognitive Science*, Geraint Wiggins (ed.), 11–18, Birmingham, UK.

Colton, Simon, Alison Pease and Graeme Ritchie. 2001. The effect of input knowledge on Creativity. In *Proceedings of the First Workshop on Creative Systems*, Amílcar Cardoso, Carlos Bento and Geraint Wiggins (eds.), 138–144. International Conference of Case-Based Reasoning (ICCBR-01), Vancouver, Canada.

Conklin, Darrell and Ian Witten. 1995. Multiple viewpoint systems for music prediction. *Journal of New Music Research* 1(24). London: Routledge.

Cope, David. 1991. *Computers and Musical Style*. Middleton, Wisconsin: A-R Editions.

Costello, Fintan J. 1997. Noun-noun conceptual combination: the polysemy of compound phrases. PhD dissertation, Trinity College, Dublin, Ireland.

Costello, Fintan J. and Mark T. Keane. 2000. Efficient Creativity: Constraint-guided Conceptual Combination. *Cognitive Science* 24(2): 299–349. New Jersey: Erlbaum.

Coulson, Seana. 2000. *Semantic Leaps: Frame-shifting and Conceptual Blending in Meaning Construction*. New

York/Cambridge: Cambridge University Press.

Cox, Catherine. 1926. *Genetic Studies of Genius: The Early Mental Traits of Three Hundred Geniuses*. Vol. 2. Stanford: Stanford University Press.

Craft, Alastair and Ian Cross. 2003. A n-gram approach to fugal exposition composition. In *Proceedings of AISB'03 Symposium on AI and Creativity in Arts and Science*, Pablo Gervas and Simon Colton (eds.), 74–83, Brighton: SSAISB.

Csikszentmihalyi, Mihalyi. 1996. *Creativity: Flow and Psychology of Discovery and Invention*. New York: Harper-Collins.

Eliasmith, Chris and Paul Thagard. 2001. Integrating structure and meaning: a distributed model of analogical mapping. *Cognitive Science* 25: 245–286. New Jersey: Erlbaum.

Ernst, George and Allen Newell. 1969. *GPS: A case study in Generality and Problem Solving*. New York: Academic Press.

Evans, Thomas G. 1968. A heuristic program to solve geometric analogy problems. PhD dissertation. Cambridge, Massachussets: MIT Press.

Falkenhainer, Brian and Kenneth D. Forbus and Dedre Gentner. 1989. The Structure Mapping Engine: Algorithm and examples. *Artificial Intelligence* 41: 1–63. Burlington, Massachussets / Amsterdam: Morgan Kaufmann/Elsevier.

Fauconnier, Gilles and Mark Turner. 1998. Conceptual Integration Networks. *Cognitive Science* 22(2): 133–187. New Jersey: Erlbaum.

Fauconnier, Gilles and Mark Turner. 2002 *The Way We Think*. New York: Basic Books.

Ferguson, Ronald, Kenneth Forbus and Dedre Gentner. 1997. On the proper treatment of noun-noun metaphor: A critique of the Sapper model. In *Proceedings of the Nineteenth Annual Conference of the Cognitive Science Society*, Pat Langley and Michael G. Shafto (eds.), 913–914. Hillsdale, New Jersey:

Erlbaum.

Figueiredo, António D. and José Campos. 2001. The serendipity equations. In *Proceedings of the First Workshop on Creative Systems, International Conference of Case-Based Reasoning*, Amílcar Cardoso, Carlos Bento and Geraint Wiggins (eds.), 121–125. ICCBR-01, Vancouver, Canada.

Finke, Ronald and Thomas Ward and Steven Smith. 1992. *Creative Cognition: Theory, Research and Applications*. Cambridge: MIT press.

Forbus, Kenneth D. and Daniel Oblinger. 1990. Making SME greedy and pragmatic. In *Proceedings of the Twelfth Annual Meeting of the Cognitive Science Society*, 61–68. Hillsdale, New Jersey: Earlbaum.

French, Robert M. 2002. The computational modeling of analogy-making. *Trends in Cognitive Sciences* 6(5): 200–205. Amsterdam: Elsevier.

Gagné, Christina and Edward Shoben. 1997. Influence of thematic relations on the comprehension of modifier-noun combinations. *Journal of Experimental Psychology: Learning, Memory and Cognition* 23, 71–87. Washington: APA Journals.

Gentner, Dedre. 1983. Structure-mapping: A theoretical framework for analogy. *Cognitive Science* 7(2): 155–170. Hillsdale, New Jersey: Erlbaum.

Gentner, Dedre and Keneth Forbus. 1995. MAC/FAC: a model of similarity-based retrieval. *Cognitive Science* 19(2): 141–205. Hillsdale, New Jersey: Erlbaum.

Gervás, Pablo. 2000. WASP: Evaluation of different strategies for the automatic generation of spanish verse. In *Proceedings of the AISB'00 Symposium on Creative and Cultural Aspects and Applications of AI and Cognitive Science*, Geraint Wiggins (ed.), 46–65. Brighton: SSAISB.

Gervás, Pablo. 2001. An expert system for the composition of formal Spanish poetry. *Journal of Knowledge-Based Systems*. 14(3-4): 181-188. Amsterdam: Elsevier.

Gervás, Pablo. 2002. Exploring qualitative evaluations of the creativity of automatic poets. In *Proceedings to the Second Workshop on Creative Systems*, Carlos Bento, Amílcar Cardoso and Geraint Wiggins (eds.), 39.47. European Conference of Artificial Intelligence, ECAI'02, Lyon, France.

Goguen, Joseph. 1999. An introduction to Algebraic Semiotics, with applications to User Interface design. In *Computation for Metaphor, Analogy and Agents*, Chrystopher Nehaniv (ed.), 242-291. (Lecture Notes in Artificial Intelligence 1562). New York: Springer.

Goldberg, David E. 1989. *Genetic Algorithms in Search, Optimization and Machine Learning*. Boston, Massachussets: Addison-Wesley.

Gomes, P., F. C. Pereira, P. Paiva, N. Seco, P. Carreiro, J. L. Ferreira and C. Bento. 2002. Case retrieval of software designs using WordNet. In *Proceedings of the European Conference of Artificial Intelligence (ECAI'02)*, Frank Van Hermelen (ed.), 245-250. Amsterdam: IOSPress.

Grady, Joe, Todd Oakley and Seana Coulson. 1999. Blending and Metaphor. In *Metaphor in Cognitive Linguistics*, Gerard Steen and Raymond Gibbs (eds.), 101-125 (Current Issues in Linguistic Theory 175). Amsterdam/Philadephia: John Benjamins.

Guilford, Joy P. 1950. Creativity. *American Psychologist* 5: 444-454. Washington: APA Journals.

Guilford, Joy P. 1967. *The Nature of Human Intelligence*. New York: McGraw-Hill.

Hampton, James A. 1987. Inheritance of attributes in natural concept conjunctions. *Memory and Cognition* 15: 55-71. Austin, Texas: Psychonomic Society Publications.

Hampton, James A. 1997. Conceptual combination. In *Knowledge, Concepts and Categories*, Lamberts and Shanks (eds.), 133-161. London: Psychology Press.

Helmholtz, Hermann Von. 1896. *Vortäge und Reden*. Brunswick, Germany: Friedrich Vieweg.

Hofstadter, Douglas. 1995. *Fluid Concepts and Creative Analogies*. New York: Basic Books.

Hofstadter, Douglas and Melanie Mitchell. 1988. Conceptual slippage and mapping: A report of the Copycat project. In *Proceedings of the Tenth Annual Conference of the Cognitive Science Society*, Vimla Patel and Guy Groen (eds.), 601-607. Hillsdale, New Jersey: Erlbaum.

Holyoak, Keith and Paul Thagard. 1989. Analogical mapping by constraint satisfaction. *Cognitive Science* 13: 295-355. Hillsdale, New Jersey: Erlbaum.

Holyoak, Keith and Paul Thagard. 1997, The analogical mind. *American Psychologist* 52(1): 35-44. Washington: APA Journals.

Hummel, John and Keith Holyoak. 1997. Distributed representations of structure: A theory of analogical access and mapping. *Psychological Review* 104: 427-466. Washington: APA Journals.

Johnson, Mark. 1987. *The Body in the Mind: The Bodily Basis of Meaning, Imagination and Reason*. Chicago: University of Chicago Press.

Karmiloff-Smith, Annette. 1993. Constraints on representational change: evidence from children's drawing. *Cognition* 34(1): 47-83. Burlington, Massachussets / Amsterdam: Morgan Kaufmann/Elsevier.

Keane, Mark T. and Fintan J. Costello. 2001. Setting limits on analogy: Why conceptual combination is not structural alignment. In *The Analogical Mind: A Cognitive Science*

Perspective, Dedre Gentner and Keith Holyoak and Boicho Kokinov (eds.), 172–198. Cambridge, Massachussets: MIT Press.

Koestler, Arthur. 1964. *The Act of Creation*. New York: Macmillan.

Kris, Ernst. 1952. *Psychoanalytic Explorations in Art*. New York: International Universities Press.

Lakatos, Imre. 1978. Falsification and the methodology of scientific research programs. In *Criticism and The Growth of Knowledge*, Imre Lakatos and Alan Musgrave (eds.), 91–195. Cambridge: Cambridge University Press.

Lakoff, George. 1987 *Women, Fire, and Dangerous Things:What Categories Reveal About the Mind*. Chicago: University of Chicago Press.

Lakoff, George and Mark Johnson. 1980. *Metaphors We Live By*. Chicago: University of Chicago Press.

Lawson, Anton, Michael Abraham and John Renner. 1989. A theory of instruction: Using the learning cycle to teach science concepts and thinking skills (Monograph). Vancouver: National Association for Research in Science Teaching (NARST).

Lee, Mark and John Barnden. 2001. Blending, Analogy and Counterfactuals. In *Proceedings of the SEMPRO-01 workshop: Cognitively plausible models of semantic processing*. Massimo Poesio (ed.), 67–72 Edinburgh, UK.

Leite, Jo.ao Alexandre. 2003. *Evolving Knowledge Bases: Specification and Semantics*. Amsterdam: IOS Press.

Lenat, Douglas. 1984. Why AM and EURISKO appear to work. *Artificial Intelligence Journal* 23: 269–294. Amsterdam: Elsevier.

Levy, Robert. 2001. A computational model of poetic creativity with neural network as measure of adaptive fitness. In *Proceedings of the First Workshop on Creative Systems,*

International Conference of Case-Based Reasoning, Amílcar Cardoso and Carlos Bento and Geraint Wiggins (eds.), 165–170. ICCBR-01, Vancouver, Canada.

Liu, Hugo and Push Singh. 2002. MAKEBELIEVE: Using commonsense knowledge to generate stories. In *Proceedings of the Eighteenth National Conference on Artificial Intelligence (AAAI, 2002)*, Dechter, Kerns and Sutton (eds.), 957–958. Menlo Park, California: AAAI Press.

Lothe, Mathis. 2000. Knowledge-based composition of minuets by a computer. In *Proceedings of the AISB'00 Symposium on Creative and Cultural Aspects and Applications of AI and Cognitive Science*, Geraint Wiggins (ed.), 25–31. Brighton: SSAISB.

Lubart, Todd I. 1999. Creativity across cultures. In *Handbook of Creativity*, Robert Sternberg (ed.), 339–351. Cambridge: Cambridge University Press.

Macedo, Luis and Amílcar Cardoso. 2001. Modelling forms of Surprise in an Artificial Agent. In *Proceedings of the 23rd Annual Conference of the Cognitive Science Society*, Moore and Stenning (eds.), 588–593. Mahwah, New Jersey: Erlbaum.

Machado, Fernando and Amílcar Cardoso. 2002. All the truth about NevAr. In *Applied Intelligence, Special issue on Creative Systems*, Peter Bentley and David Corne (eds.) 16(2). Dordrecht: Kluwer Academic Publishers.

Mandelblit, Nili. 1997. Grammatical Blending: Creative and schematic aspects in sentence processing and translation. PhD thesis, UC San Diego

Manurung, Hisar Maruli, Graeme Ritchie and Henry Thompson. 2000. Towards a computational model of poetry generation. Informatics Research Report EDI-INF-RR-0015. Edinburgh, UK.

Marin, Ricardo and Saturnino De La Torre. 1991. *Manual de la Creatividad*. Barcelona: Vicens Vives.

Marshall, James B. 2002. Metacat: A program that judges Creative Analogies in a Microworld. In *Proceedings to the Second Workshop on Creative Systems*, Carlos Bento, Amílcar Cardoso and Geraint Wiggins (eds.), 77–84. European Conference of Artificial Intelligence, ECAI'02, Lyon, France.

Martin, James H. 1990. *A computational Model of Metaphor Interpretation*. Amsterdam: Academic Press.

Martindale, Colin. 1999. Biological bases of Creativity. In *Handbook of Creativity*, Robert Sternberg (ed.), 137–153. Cambridge: Cambridge University Press.

Martindale, Colin and James Greenough. 1974. The differential effect of increased arousal on creative and intellectual performance. *Journal of Genetic Psychology* 124: 311–320. Washington: Heldref Publications.

Mendes, Mateus. 2004. Relacões lexicais na geraçāco de língua natural. MSc Dissertation. Departamento de Eng. Informática da Universidade de Coimbra. Coimbra, Portugal.

Milosavljevic, Maria and Robert Dale. 1996. Strategies for comparison in encyclopedia descriptions. In *Proceedings of the 8th. International Workshop on Natural Language Generation*, Donia Scott (ed.), 161–170. INLG'96, Herstmonceux, England.

Mitchell, Tom. 1978. Version Spaces: An approach to Concept Learning. PhD thesis. Stanford University.

Murphy, Gregory L. and Douglas L. Medin. 1985. The role of theories in conceptual coherence. *Psychological Review* 92. Washington: APA Journals.

Neisser, Ulric. 1976. *Cognition and Reality*. San Francisco: Freeman.

Oxman, Rivka. 1997. Design by re-representation: a model of visual reasoning in design. *Design Studies* 18(4). Amsterdam: Elsevier.

Pazos, A., A. Santos, B. Arcay, J. Dorado, J. Romero and J. Rodriguez. 2002. Application framework to build computer evolutionary systems in Music. *LEONARDO* 35(4). Cambridge, Massachussets: MIT Press.

Pease, Alison, Daniel Winterstein and Simon Colton. 2001. Evaluating Machine Creativity. In *Proceedings of the First Workshop on Creative Systems, International Conference of Case-Based Reasoning*, Amílcar Cardoso and Carlos Bento and Geraint Wiggins (eds.), 45–53. ICCBR-01, Vancouver, Canada.

Peirce, Charles Saunders. 1958. *Collected Writings from 1931 to 1958*. Cambridge, Massachussets: Harvard University Press.

Pereira, Francisco C. 1998. Modelling Divergent Production: a multi domain approach. In *Proceedings of European Conference of Artificial Intelligence, ECAI98*, Henri Prade (ed.), 131–132. Hoboken, New Jersey: John Wiley and Sons.

Pereira, Francisco C. 2000. Constru cão interactiva de Mapas Conceptuais (in Portuguese). MSc dissertation, Universidade de Coimbra, Portugal.

Pereira, Francisco C. 2005. Um modelo computacional de Criatividade. PhD Dissertation, Universidade de Coimbra, Portugal.

Pereira, Francisco C. and Amílcar Cardoso. 1999. Wondering in a multi-domain environment with Dr. Divago. In *Proceedings of the 8th Cognitive Science and Natural Language Processing Conference (CSNLP-8)*, McKevitt, Paul, Conn Mulvihill and Sean O'Nuallain (eds.), 37–45. Galway, Ireland.

Pereira, Francisco C. and Amílcar Cardoso. 2000. A module for automatic learning of Concept Maps. In *Proceedings of Diagrams 2000*, Anderson, Cheng and Haarslev (eds.), 468.470. New York: Springer.

Pereira, Francisco C. and Amílcar Cardoso. 2002. The Boat-House visual blending experience. In *Proceedings to the Second Workshop on Creative Systems*, Carlos Bento, Amílcar Cardoso and Geraint Wiggins (eds.), 19–25. European Conference of Artificial Intelligence, ECAI'02, Lyon, France.

Pereira, Francisco C. and Amílcar Cardoso. 2003a. The horse-bird creature generation experiment. *AISB Journal* 1(3): 33–45. Brighton: SSAISB.

Pereira, Francisco C. and Amílcar Cardoso. 2003b, Optimality Principles for Conceptual Blending: A first computational approach. In *Proceedings of AISB'03 Symposium on AI and Creativity in Arts and Science*, Pablo Gervás and Simon Colton (eds.), 64–73. Brighton: SSAISB

Pereira, Francisco C. and Amílcar Cardoso. 2003c. Optimality Principles for Conceptual Blending: A first computational approach. *AISB Journal* 1(4). Brighton: SSAISB.

Pereira, Francisco C. and Amílcar Cardoso. 2006 Experiments with free concept generation in Divago (revised and updated). *Knowledge Based Systems* 19(7): 459–471. Amsterdam: Elsevier.

Pereira, Francisco C. and Pablo Gervás. 2003. Natural language generation from concept blends. In *Proceedings of AISB'03 Symposium on AI and Creativity in Arts and Science*, Pablo Gervás and Simon Colton (eds.), 27–33. Brighton: SSAISB.

Pereira, Francisco C., Mateus Mendes and Pablo Gervás and Amílcar Cardoso. 2005 Experiments With assessment of creative systems: An application of Ritchie's criteria. In *Proceedings of the IJCAI 2005 Computational Creativity Workshop*, Pablo Gervás and Alison Pease and Tony Veale (eds.), 50–57. University of Edinburgh, UK.

Pereira, Francisco C., Ana Oliveira and Amílcar Cardoso. 2000. Extacting concept maps with Clouds. In *Lecture Notes in Artificial Intelligence. Proceedings to the Argentine*

Symposium on Artificial Intelligence (ASAI'00), Gabriela Henning (ed.), 60–68. New York: Springer.

Plate, Tony A. 1994. Distributed representations and nested compositional structure. Ph.D. dissertation. University of Toronto, Canada.

Popper, Karl. 1959. *The Logic of Scientific Discovery*. London: Hutchinson & Co.

Ram, Ashwin, Linda Wills, Eric Domeshek, Nancy Nersessian and Janet Kolodner. 1995. Understanding the Creative Mind. *Artificial Intelligence Journal*, 79: 111–128. Amsterdam: Elsevier.

Reffat, Rabee M. 2002. Intelligent agents for concept invention in design. In *Proceedings of the International Workshop on Agents in Design (WAID'02)*, John Gero and Frances. Brazier (eds.), 55–68. Cambridge, MA.

Ribeiro, P. and F. C. Pereira and M. Ferrand and A. Cardoso. 2001. Case-based melody generation with MuzaCazUza. In *Proceedings of the AISB'01 Symposium on AI and Creativity in Arts and Sciences*, Geraint Wiggins (ed.), 67–74. Brighton: SSAISB.

Ribeiro, P., F. C. Pereira, B. Marques, B. Leit.ao and A. Cardoso. 2003. A model for Creativity in creature generation. In *Proceedings of the 4th International Conference on Intelligent Games and Simulation (GAME ON'03)*, Qas Mehdi and Norman Gough (eds.), 175–180. EuroSIS / University of Wolverhampton, UK.

Ritchie, Graeme D. 2001. Assessing Creativity. In *Proceedings of the AISB'01 Symposium on AI and Creativity in Arts and Sciences*, GeraintWiggins (ed.), 3–11. Brighton: SSAISB.

Rohrer, Tim. 2000. Even the interface is for sale: Metaphors, visual blends and the hidden ideology of the internet. In *Language and Ideology: Cognitive Descriptive Approaches*,

René Dirven and Roslyn Frank and Cornelia Ilie (eds.), 189–214. Amsterdam/Philadelphia: John Benjamins.

Romero Cardalda, Juan Jesus. 1999. Metodología evolutiva para la construcción de modelos cognitivos complejos. Exploración de la 'creatividad artificial' en composición musical. PhD Dissertation. Universidad de La Coru.na, Spain.

Rosch, Eleanor. 1975. Cognitive representations of semantic categories. *Journal of Experimental Psychology: General* 104: 192–232. Washigton: APA Journal.

Saunders, Rob and John Gero. 2001. The Digital Clockwork Muse: A computational model of aesthetic evolution. In *Proceedings of the AISB'01 Symposium on AI and Creativity in Arts and Sciences*, Geraint Wiggins (Ed.), 12–21. Brighton: SSAISB.

De Saussure, Ferdinand. 1983. *Course in General Linguistics*. London: Duckworth.

Sims, Karl. 1991. Art Evolution for computer graphics. *ACMComputer Graphics* 25. New York: ACM Press.

Sosa, Ricardo and John Gero. 2003. Design and Change: A model of Situated Creativity. In *Proceedings of the Third Workshop on Creative Systems*, Amílcar Cardoso, Carlos Bento and John Gero (eds.) IJCAI-03, Acapulco, Mexico.

Steel, Graham. 1999. Cross-domain Concept Formation using HR. MSc Thesis. University of Edinburgh, UK.

Sternberg, Robert and Todd Lubart. 1996. Investing in Creativity. *American Psychologist* 51: 677–688. Washington: APA Journals.

Sternberg, Robert and Todd Lubart. 1999. The Concept of Creativity: Prospects and Paradigms. In *Handbook of Creativity*, Robert Sternberg (ed.), 3–16. Cambridge: Cambridge University Press.

Stock, Oliviero and Carlo Strapparava. 2003. Getting serious about the development of Computational Humor. In *Proceedings of the Eighteenth International Joint Conference on Artificial Intelligence*, Georg Gottlob and Toby Walsh (eds.), 59–64. Burlington, Massachussets: Morgan Kaufmann.

Sweetser, Eve and Barbara Dancygier. 2005. *Mental Spaces in Grammar: Conditional Constructions*. Cambridge: Cambridge University Press.

Thomas, Nigel. 1999. Are Theories of Imagery Theories of Imagination? An Active Perception approach to Conscious mental content. *Cognitive Science* 23: 207–245. New Jersey: Erlbaum.

Turner, Mark. 2006 Compression and Representation. *Language and Literature Journal* 15(1): 17–27. London: SAGE Publications.

Veale, Tony. 1995. Metaphor, Memory and Meaning: Symbolic and Connectionist issues in Metaphor interpretation. PhD Dissertation. Dublin City University, Ireland.

Veale, Tony and Mark Keane. 1997. The Competence of sub-optimal theories of StructureMapping on Hard Analogies. In *Proceedings of the International Joint Conference on Artificial Intelligence (IJCAI'97)*, Martha Pollack (ed.), 232–237. Burlington, Massachussets: Morgan Kaufmann.

Veale, Tony and Mark Keane. 1998. Principal differences in Structure Mapping: The contribution of non-classical models. In *Proceedings of Advances in Analogical Research*, Keith Holyoak and Dedre Gentner and Boicho Kokinov (eds.). New University of Bulgaria Press.

Veale, Tony and Diarmuid O'Donoghue. 2000. Computation and Blending. *Cognitive Linguistics* 11 (3): 253–281 (Special Issue on Conceptual Blending). Berlin/New York: Mouton de Gruyter.

Wallas, Graham. 1926. *The Art of Thought*. New York: Harcourt-Brace.

Ward, Thomas, Steven Smith and Ronald Finke. 1999. Creative Cognition. In *Handbook of Creativity*, Robert Sternberg (ed.), 189–213. Cambridge: Cambridge University Press.

Weisberg, Robert. 1999. Creativity and Knowledge: A challenge to theories. In *Handbook of Creativity*, Robert Sternberg (ed.), 226–251. Cambridge: Cambridge University Press.

Wiggins, Geraint A. 2001. Towards a more precise characterisation of creativity in AI. In *Proceedings of the First Workshop on Creative Systems, International Conference of Case-Based Reasoning (ICCBR-01)*, Amílcar Cardoso, Carlos Bento and Geraint Wiggins (eds.), 113–129. Vancouver, Canada.

Wiggins, Geraint A. 2003. Categorising creative systems. In *Proceedings of the Third Workshop on Creative Systems*, Amílcar Cardoso, Carlos Bento and John Gero (eds.), 4–13. IJCAI-03, Acapulco, Mexico.

Winston, Patrick H. 1980. Learning and reasoning by analogy. *Communications of the ACM* 23(12): 689–703. New York: ACM Press.

Wisniewski, Edward J. 1997. Conceptual Combination: Possibilities and aesthetics. In *Creative thought: An investigation of conceptual structures and processes*, Thomas Ward and Steven Smith and Jyotsna Vaid (eds.), 51–81. Washington: American Psychological Association.

색인

창의성과 인공지능

A-JIN

지은이와 협의 인지 생략

인 쇄 :	2020년 10월 20일
발 행 :	2020년 10월 30일
역 자 :	김동환·박한웅
발 행 처 :	도서출판 아진 437-120 경기도 의왕시 이미로 40 (포일동 653번지) 인덕원IT밸리 A동 1019호 TEL:02-737-0663 FAX:02-737-0664 Homepage:ajin.to E-mail:kgb@ajin.to
발 행 인 :	김 근 배
등록번호 :	제330-1995-56호
I S B N :	978-89-5761-529-4 92500

가격 25,000원